전기기능사필기
CBT 실전문제

김평식 편저

일진사

머리말

전기는 모든 산업사회의 원동력으로 작용하며, 전기 기술자는 이러한 핵심 기술을 다루는 중요한 역할을 맡고 있다. 이는 산업 발전과 함께 수요가 더욱 증가하고 있는데, 이러한 수요를 충족하기 위해서는 기술 자격을 갖춘 전문가들이 더욱 필요하다. 특히 전기 공학 분야에서는 국가기술 자격증을 취득하는 것이 사회적 보장을 받는 확실한 방법이다.

본 책은 전기기능사 자격을 취득하고자 하는 분들을 위해, 과거 출제되었던 모든 문제들을 분석하여 다음과 같은 사항에 중점을 두고 편집하였다.

첫째, CBT 출제문제 및 경향을 완벽히 분석하였다.

둘째, 문항 배열을 과목별, 단원별로 구성하여 편집하였다.

셋째, 철저한 해설을 통해 응용 문제 해결 능력을 향상시켰다.

넷째, 해설에 주요 그림, 접속도 및 회로도를 수록하여 줌으로써 이해도를 높였다.

저자로서 여러분들이 열심히 노력하여 원하는 목표를 달성하길 바라며, 본 서적이 큰 도움이 되기를 바란다. 또한, 만약 미흡한 부분이 있다면 앞으로 계속해서 수정·보완해 나갈 것이다.

마지막으로, 본 책의 출판에 도움을 주신 모든 분들과 도서출판 **일진사**에 깊은 감사를 전한다.

저자 씀

출제기준(필기)

직무 분야	전기·전자	중직무 분야	전기	자격 종목	전기기능사
○ 직무내용 : 전기에 필요한 장비 및 공구를 사용하여 회전기, 정지기, 제어장치 또는 빌딩, 공장, 주택 및 전력시설물의 전선, 케이블, 전기기계 및 기구를 설치, 보수, 검사, 시험 및 관리하는 직무이다.					
필기 검정방법	객관식	문제 수	60	시험시간	1시간

필기 과목명	문제 수	주요 항목	세부 항목
전기 이론, 전기 기기, 전기 설비	60	1. 전기의 성질과 전하에 의한 전기장	1. 전기의 본질
			2. 정전기의 성질 및 특수현상
			3. 콘덴서
			4. 전기장과 전위
		2. 자기의 성질과 전류에 의한 자기장	1. 자석에 의한 자기현상
			2. 전류에 의한 자기현상
			3. 자기 회로
		3. 전자력과 자유도	1. 전자력
			2. 전자 유도
		4. 직류 회로	1. 전압과 전류
			2. 전기 저항
		5. 교류 회로	1. 정현파 교류 회로
			2. 3상 교류 회로
			3. 비정현파 교류 회로
		6. 전류의 열작용과 화학작용	1. 전류의 열작용
			2. 전류의 화학작용
		7. 변압기	1. 변압기의 구조와 원리
			2. 변압기 이론 및 특성
			3. 변압기 결선
			4. 변압기 병렬 운전
			5. 변압기 시험 및 보수
		8. 직류기	1. 직류기의 원리와 구조
			2. 직류 발전기의 이론 및 특성
			3. 직류 전동기의 이론 및 특성
			4. 직류 전동기의 특성 및 용도
			5. 직류기의 시험법
		9. 유도 전동기	1. 유도 전동기의 원리와 구조
			2. 유도 전동기의 속도 제어 및 용도
		10. 동기기	1. 동기기의 원리와 구조
			2. 동기 발전기의 이론 및 특성
			3. 동기 발전기의 병렬 운전
			4. 동기 발전기의 운전

필기 과목명	문제 수	주요 항목	세부 항목
		11. 정류기 및 제어기기	1. 정류용 반도체 소자
			2. 각종 정류 회로 및 특성
			3. 제어 정류기
			4. 사이리스터의 응용 회로
			5. 제어기 및 제어장치
		12. 보호계전기	1. 보호계전기의 종류 및 특성
		13. 배선재료 및 공구	1. 전선 및 케이블
			2. 배선재료
			3. 전기설비에 관련된 공구
		14. 전선 접속	1. 전선의 피복 벗기기
			2. 전선의 각종 접속방법
			3. 전선과 기구단자와의 접속
		15. 배선설비공사 및 전선허용 전류계산	1. 전선관 시스템
			2. 케이블 트렁킹 시스템
			3. 케이블 덕팅 시스템
			4. 케이블 트레이 시스템
			5. 케이블 공사
			6. 저압 옥내배선 공사
			7. 특고압 옥내배선 공사
			8. 전선 허용전류
		16. 전선 및 기계 기구의 보안공사	1. 전선 및 전선로의 보안
			2. 과전류 차단기 설치공사
			3. 각종 전기 기기 설치 및 보안공사
			4. 접지공사
			5. 피뢰설비 설치공사
		17. 가공인입선 및 배전선 공사	1. 가공인입선 공사
			2. 배전선로용 재료와 기구
			3. 장주, 건주 및 가선
			4. 주상 기기의 설치
		18. 고압 및 저압 배전반 공사	1. 배전반 공사
			2. 분전반 공사
		19. 특수 장소 공사	1. 먼지가 많은 장소의 공사
			2. 위험물이 있는 곳의 공사
			3. 가연성 가스가 있는 곳의 공사
			4. 부식성 가스가 있는 곳의 공사
			5. 흥행장, 광산, 기타 위험 장소의 공사
		20. 전기 응용 시설 공사	1. 조명 배선
			2. 동력 배선
			3. 제어 배선
			4. 신호 배선
			5. 전기 응용 기기 설치공사

차 례

1회 CBT 실전문제

제1과목 전기 이론 - 20문항

01 전자의 전하량(C)은 어느 것인가?

① 약 9.109×10^{-31}
② 약 1.672×10^{-27}
③ 약 1.602×10^{-19}
④ 약 6.24×10^{-18}

해설 양성자, 중성자, 전자의 전하량

입자	전하량(C)
양성자	$+1.60219 \times 10^{-19}$
중성자	0
전자	-1.60219×10^{-19}

02 정전 용량의 단위를 나타낸 것으로 틀린 것은?

① $1\text{pF} = 10^{-12}\text{F}$
② $1\text{nF} = 10^{-7}\text{F}$
③ $1\mu\text{F} = 10^{-6}\text{F}$
④ $1\text{mF} = 10^{-3}\text{F}$

해설 정전 용량의 단위

$1\text{F} = 10^3\ \text{mF} = 10^6\ \mu\text{F} = 10^9\ \text{n F} = 10^{12}\ \text{pF} \quad \therefore\ 1\text{nF} = 10^{-9}\text{F}$

03 다음 중 전기력선의 성질로 틀린 것은?

① 전기력선은 양전하에서 나와 음전하에서 끝난다.
② 전기력선의 접선 방향이 그 점의 전장의 방향이다.
③ 전기력선의 밀도는 전기장의 크기를 나타낸다.
④ 전기력선은 서로 교차한다.

해설 전기력선은 당기고 있는 고무줄과 같이 언제나 수축하려고 하며, 전기장이 0이 아닌 곳에서는 두 개의 전기력선이 교차하지 않는다.

정답 01 ③ 02 ② 03 ④

04 영구 자석의 재료로서 적당한 것은?

① 잔류 자기가 적고 보자력이 큰 것
② 잔류 자기와 보자력이 모두 큰 것
③ 잔류 자기와 보자력이 모두 작은 것
④ 잔류 자기가 크고 보자력이 작은 것

해설 영구 자석 재료의 구비 조건
- 잔류 자속 밀도와 보자력이 클 것
- 재료가 안정할 것
- 전기적 · 기계적 성질이 양호할 것
- 열처리가 용이하고 가격이 쌀 것

05 다음 (㉠)과 (㉡)에 들어갈 내용으로 알맞은 것은?

"배율기는 (㉠)의 측정 범위를 넓히기 위한 목적으로 사용되는 것으로서, 회로에 (㉡)로 접속하는 저항기를 말한다."

① ㉠ 전압계, ㉡ 병렬
② ㉠ 전류계, ㉡ 병렬
③ ㉠ 전압계, ㉡ 직렬
④ ㉠ 전류계, ㉡ 직렬

해설
- 배율기(multiplier) : 전압계의 측정 범위를 넓히기 위한 목적으로, 전압계에 직렬로 접속한다.
- 분류기(shunt) : 전류계의 측정 범위를 넓히기 위한 목적으로, 전류계에 병렬로 접속한다.

06 다음 그림과 같이 직사각형의 코일에 큰 전류를 흐르게 하면 코일의 모양은 어떻게 변하는가?

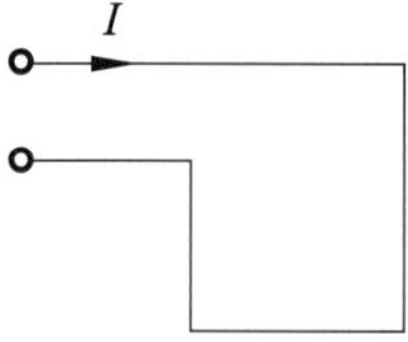

① 직사각형 ② 정사각형 ③ 삼각형 ④ 원형

해설 평행 도체 간에 작용하는 힘(전자력)이 반발력이므로, 원형으로 변한다.

정답 04 ② 05 ③ 06 ④

07 환상 코일의 자체 인덕턴스(L)와 권수(N)의 관계로 옳은 것은?

① $L \propto N$　② $L \propto N^2$　③ $L \propto N^3$　④ $L \propto \frac{1}{N}$

해설 $L = \frac{N\phi}{I} = \frac{N}{I} \cdot \mu \frac{NI}{l} A = \mu \frac{AN^2}{l}$ [H]　　$\therefore L \propto N^2$

08 2개의 자극 사이에 작용하는 힘의 세기는 무엇에 반비례하는가?

① 전류의 크기　② 자극의 세기
③ 자극 간 거리의 제곱　④ 전압의 크기

해설 쿨롱의 법칙(Coulomb's law) : $F = k\frac{m_1 m_2}{r^2}$ [N]

09 다음 회로에서 a, b 간의 합성 저항은 얼마인가?

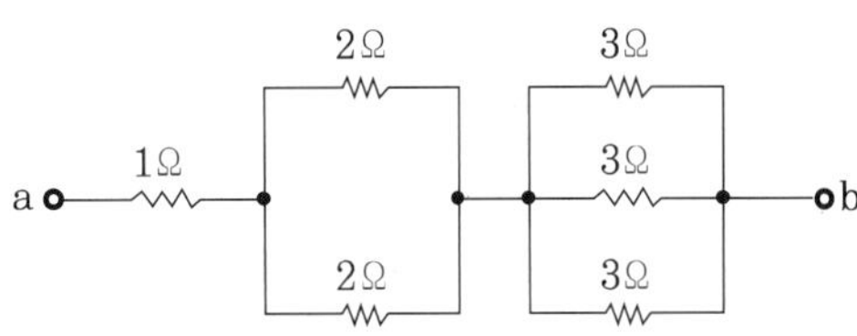

① 1Ω　② 2Ω　③ 3Ω　④ 4Ω

해설 $R_{ab} = R_s + \frac{R_p}{N} + \frac{R_p'}{N'} = 1 + \frac{2}{2} + \frac{3}{3} = 3\,\Omega$

10 물체의 전기 저항에 영향을 주는 요소가 아닌 것은?

① 물체의 종류　② 물체의 길이　③ 물체의 모양　④ 물체의 단면적

해설 도체의 전기 저항

$R = \rho\frac{l}{A}$ [Ω]

여기서, ρ : 고유 저항 (Ω·m), A : 단면적 (m^2), l : 길이 (m)

정답 07 ② 08 ③ 09 ③ 10 ③

11 $i_1 = 8\sqrt{2}\sin\omega t$[A], $i_2 = 4\sqrt{2}\sin(\omega t + 180°)$[A]과의 차에 상당한 전류의 실횻값은 얼마인가?

① 4 A ② 6 A ③ 8 A ④ 12 A

해설 $I_1 = 8\text{A},\ I_2 = -4\text{A}$ $\therefore\ I_1 - I_2 = 8-(-4) = 12\text{A}$

12 실횻값 5 A, 주파수 f [Hz], 위상 60°인 전류의 순싯값 i [A]를 수식으로 옳게 표현한 것은?

① $i = 5\sqrt{2}\sin\left(2\pi ft + \frac{\pi}{2}\right)$ ② $i = 5\sqrt{2}\sin\left(2\pi ft + \frac{\pi}{3}\right)$

③ $i = 5\sin\left(2\pi ft + \frac{\pi}{2}\right)$ ④ $i = 5\sin\left(2\pi ft + \frac{\pi}{3}\right)$

해설 $i = I_m\sin(\omega t + \theta) = \sqrt{2}\,I\sin(2\pi ft + 60°) = 5\sqrt{2}\sin\left(2\pi ft + \frac{\pi}{3}\right)$[A]

13 저항과 코일이 직렬로 접속된 회로에 교류 전압 200V를 가했을 때 20A의 전류가 흐른다. 이때 코일의 리액턴스는 몇 Ω인가? (단, 저항은 8Ω이다.)

① 4Ω ② 6Ω ③ 8Ω ④ 10Ω

해설 $Z = \frac{V}{I} = \frac{200}{20} = 10\Omega,\ Z = \sqrt{R^2 + X_L{}^2}$ 에서

$X_L = \sqrt{Z^2 - R^2} = \sqrt{10^2 - 8^2} = \sqrt{36} = 6\Omega$

14 사인파 교류를 복소수로 나타내어 교류 회로를 계산하는 방법을 기호법이라 하는데, 이 복소수는 ( )와 ( )로 이루어진다. ( ) 안에 들어갈 말로 적당한 것은?

① 양수, 음수 ② 양수, 실수 ③ 허수, 음수 ④ 실수, 허수

해설 복소수는 실수부와 허수부로 구성된 벡터량이다.

$\dot{A} = a \pm jb$

- 실수부 : $\pm a$ • 허수부 : $\pm jb$ (b 는 실수)

정답 11 ④ 12 ② 13 ② 14 ④

15 어느 회로에 피상 전력이 60kVA이고, 무효 전력이 36kVAR일 때 유효 전력(kW)은 얼마인가?

① 24 ② 48 ③ 70 ④ 96

해설 유효 전력 $P = \sqrt{{P_a}^2 - {P_r}^2} = \sqrt{60^2 - 36^2} = \sqrt{2304} = 48\,\mathrm{kW}$

16 다음 중 대칭 3상 교류의 조건에 해당되지 않는 것은?

① 기전력의 크기가 같을 것 ② 주파수가 같을 것

③ 위상차가 각각 $\frac{4\pi}{3}$ [rad]일 것 ④ 파형이 같을 것

해설 위상차가 각각 $\frac{2}{3}\pi$ [rad]일 것

17 출력 P_1 [kVA]의 단상 변압기 2대를 V결선한 때의 3상 출력(kVA)은?

① P_1 ② $\sqrt{3}P_1$ ③ $2P_1$ ④ $3P_1$

해설 V결선의 출력

$P_v = VI\cos(30+\theta) + VI\cos(30-\theta) = \sqrt{3}\,VI\cos\theta = \sqrt{3}\,P_1$[kVA]

18 정현파 교류의 왜형률(distortion factor)은 얼마인가?

① 0 ② 0.1212 ③ 0.2273 ④ 0.4834

해설 파형의 왜형률(일그러짐률)

- 정현파(사인파) : 0
- 사각형파 : 0.4834
- 삼각형파 : 0.1212
- 반파 정류파 : 0.4352
- 전파 정류파 : 0.2273

19 5마력을 와트(W) 단위로 환산하면 얼마인가?

① 4300 W ② 3730 W ③ 1317 W ④ 17 W

해설 5HP=5×746=3730W

정답 15 ② 16 ③ 17 ② 18 ① 19 ②

20 내부 저항 0.1 Ω인 건전지 10개를 직렬로 접속하고 이것을 한 조로 하여 5조 병렬로 접속하면 합성 내부 저항(Ω)은 얼마인가?

① 0.2 ② 0.3 ③ 1 ④ 5

해설 $r_o = \frac{n}{m} \times r = \frac{10}{5} \times 0.1 = 0.2\ \Omega$

제2과목 전기 기기 - 20문항

21 직류기의 3대 요소가 아닌 것은?

① 전기자 ② 계자 ③ 공극 ④ 정류자

해설 직류기의 3대 요소

1. 자기력선속을 발생하는 계자 (field)
2. 기전력을 발생하는 전기자(armature)
3. 교류를 직류로 변환하는 정류자 (commutator)

22 직류기에 있어서 불꽃 없는 정류를 얻는 데 가장 유효한 방법은?

① 보극과 탄소 브러시 ② 탄소 브러시와 보상 권선
③ 보극과 보상 권선 ④ 자기 포화와 브러시 이동

해설 불꽃 없는 정류를 얻는 데 가장 유효한 방법

- 전압 정류 : 보극 (정류극)을 설치
- 저항 정류 : 탄소질 및 금속 흑연질 브러시 사용(접촉 저항이 큰 것)

23 자극 사이에 있는 도체에 전류가 흐를 때 힘이 작용하는 것은 무엇인가?

① 발전기 ② 전동기 ③ 정류기 ④ 변압기

해설 전자력-전동기

- 자계 중에 두어진 도체에 전류를 흘리면 전류 및 자계와 직각 방향으로 도체를 움직이는 힘이 발생한다. 이것을 전자력이라 한다.
- 전자력을 응용한 기기로서 각종 직류 전동기, 가동 코일형 계기 등이 있다.

정답 **20** ① **21** ③ **22** ① **23** ②

24 균압 모선을 설치하여 병렬 운전하는 발전기는?
① 타여자 발전기 ② 분권 발전기 ③ 복권 발전기 ④ 동기기

해설 균압 모선(equalizer) : 직권이나 복권의 직권 계자 전류의 변화로 인한 부하 분담의 변화를 없애기 위하여 두 발전기의 직권 계자를 연결한 선으로서 운전의 안정상 반드시 필요하다.

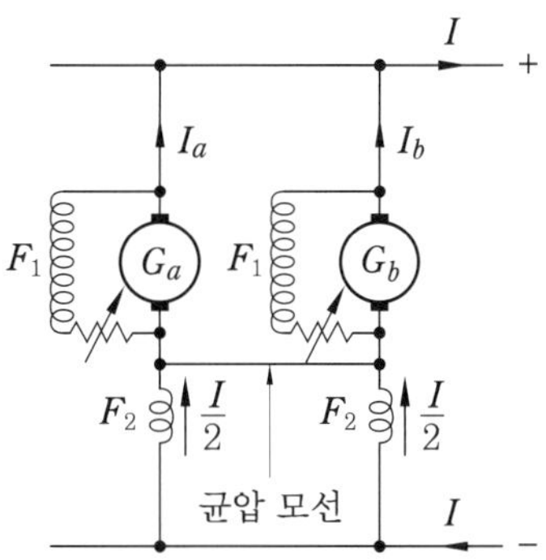

1
회

25 다음 중 2극 동기기가 1회전하였을 때의 전기각은 어느 것인가?
① π [rad] ② 2π [rad] ③ 3π [rad] ④ 4π [rad]

해설 $\text{전기각} = \text{각도} \times \frac{\pi}{180°} = 360° \times \frac{\pi}{180°} = 2\pi[\text{rad}]$

26 다음은 수소 냉각 발전기의 장점이다. 해당되지 않는 것은?
① 비중이 공기의 약 7%로 가볍다. ② 가스 냉각기가 적어도 된다.
③ 공기와 혼합하면 폭발할 우려가 있다. ④ 코로나 발생 전압이 높다.

해설 공기와 혼합하면 폭발할 우려가 있다는 것은 단점이다.

27 60Hz의 동기 전동기가 2극일 때 동기 속도는 몇 rpm인가?
① 7200 ② 4800 ③ 3600 ④ 2400

해설 $N_s = \frac{120f}{p} = \frac{120 \times 60}{2} = 3600\text{rpm}$

정답 **24** ③ **25** ② **26** ③ **27** ③

28 동기 발전기의 전기자 반작용 현상이 아닌 것은?

① 포화 작용 ② 증자 작용
③ 교차 자화 작용 ④ 감자 작용

해설 전기자 반작용 현상의 구분

- 가로축(횡축) : 교차 자화 작용
- 직축(종축) : 증자 작용과 감자 작용

29 다음 중 변압기의 원리와 관련이 있는 것은?

① 전기자 반작용 ② 전자 유도 작용
③ 플레밍의 오른손 법칙 ④ 플레밍의 왼손 법칙

해설 변압기의 원리 : 일정 크기의 교류 전압을 받아 전자 유도 작용에 의하여 다른 크기의 교류 전압으로 바꾸어, 이 전압을 부하에 공급하는 역할을 한다,

30 다음 중 권철심형 변압기의 특징이 아닌 것은?

① 중량 감소 ② 철손 감소
③ 여자 감소 ④ 동손 감소

해설 권철심형 변압기의 특징

- 압연 방향의 자기적 특성이 좋고 이음매가 적다.
- 철손 감소, 여자 전류 감소, 자기 저항 감소, 단면적 감소, 중량이 적은 이점이 있다.

31 변압기의 규약 효율은 어느 것인가?

① $\dfrac{\text{출력}}{\text{입력}} \times 100\,\%$ ② $\dfrac{\text{출력}}{\text{출력}+\text{손실}} \times 100\,\%$

③ $\dfrac{\text{출력}}{\text{입력}-\text{손실}} \times 100\,\%$ ④ $\dfrac{\text{입력}+\text{손실}}{\text{입력}} \times 100\,\%$

해설 $\eta = \dfrac{\text{출력}(\mathrm{kW})}{\text{출력}(\mathrm{kW}) + \text{전체 손실}(\mathrm{kW})} \times 100\%$

정답 28 ① 29 ② 30 ④ 31 ②

32 2대의 변압기로 V결선하여 3상 변압하는 경우 변압기 이용률(%)은 얼마인가?

① 57.8 ② 66.6 ③ 86.6 ④ 100

해설 $\text{이용률} = \dfrac{\text{V 결선의 출력}}{\text{2대의 정격}} = \dfrac{\sqrt{3}P}{2P} = \dfrac{\sqrt{3}}{2} = 0.866 \quad \therefore 86.6\%$

참고 $\text{출력비} = \dfrac{\text{V 결선의 출력}}{\text{3대의 정격 출력}} = \dfrac{\sqrt{3}P}{3P} = \dfrac{\sqrt{3}}{3} = 0.577 \quad \therefore 57.7\%$

33 유도 전동기의 동작 원리로 옳은 것은?

① 전자 유도와 플레밍의 왼손 법칙
② 전자 유도와 플레밍의 오른손 법칙
③ 정전 유도와 플레밍의 왼손 법칙
④ 정전 유도와 플레밍의 오른손 법칙

1 회

해설 유도 전동기의 원리 : 전자 유도 작용에 의한 전자력에 의해 회전력이 발생한 것으로, 회전 방향은 플레밍의 왼손 법칙에 의하여 정의된다.

34 다음 중 농형 유도 전동기의 장점이 아닌 것은?

① 구조가 간단하다. ② 가격이 저렴하다.
③ 보수 및 점검이 용이하다. ④ 기동 토크가 크다.

해설 농형 유도 전동기의 장점

- 구조가 간단하고 값이 싸며, 튼튼하고 고장이 적다.
- 보수 및 점검이 용이하며, 다루기가 간편하여 쉽게 운전할 수 있다.

참고 기동 토크가 작고 속도 제어가 곤란하다는 단점도 있다.

35 농형 유도 전동기의 기동법이 아닌 것은?

① 전 전압 기동 ② $\Delta-\Delta$ 기동
③ 기동 보상기에 의한 기동 ④ 리액터 기동

해설 농형 유도 전동기의 기동 방법 : 전 전압 기동, $\mathrm{Y}-\Delta$ 기동 방법, 리액터 기동 방법, 기동 보상기법

정답 32 ③ 33 ① 34 ④ 35 ②

36 3상 유도 전동기 슬립의 범위는?

① $0 < s < 1$ ② $-1 < s < 0$ ③ $1 < s < 2$ ④ $0 < s < 2$

해설 슬립(slip) : s

- 범위 : $0 < s < 1$
- 기동 시 : $s = 1$
- 무부하 시 : $s = 0$
- 전부하 시 : $s = 3 \sim 4\%$

37 단상 유도 전동기에 보조 권선을 사용하는 주된 이유는?

① 역률 개선을 한다. ② 회전 자장을 얻는다.
③ 속도 제어를 한다. ④ 기동 전류를 줄인다.

해설 보조 권선(ST) : 주권선과 직각으로 배치한 보조(기동) 권선을 이용하여 2상 교류의 회전 자장을 얻는다.

38 반도체 내에서 정공은 어떻게 생성되는가?

① 결합 전자의 이탈 ② 자유 전자의 이동
③ 접합 불량 ④ 확산 용량

해설 정공 (positive hole)

- 반도체에서의 가전자(價電子) 구조에서 공위(空位)를 나타내며, 결합 전자의 이탈에 의하여 생성된다.
- 가전자가 튀어나간 뒤에는 정공이 남아서 전기를 운반하는 캐리어(carrier)로서 전자 이외에 정공이 있는 것이 반도체 특징의 하나이다.

참고 P형 반도체 : 결합 전자의 이탈로 정공 (hole)에 의해서 전기 전도가 이루어진다.

39 교류 전압의 실횻값이 200 V일 때 단상 반파 정류에 의하여 발생하는 직류 출력 전압은 약 몇 V인가?

① 45V ② 90V ③ 105V ④ 110V

해설 $E_d = 0.45\,V = 0.45 \times 200 = 90\text{V}$

정답 **36** ① **37** ② **38** ① **39** ②

40 **다음 중 전력 제어용 반도체 소자가 아닌 것은?**

① TRIAC ② GTO
③ IGBT ④ LED

해설 전력 제어용 반도체 소자
- TRIAC (triode Ac switch)
- GTO (gate turn-off thyristor)
- IGBT(insulated gate bipolar transistor)

참고 • LED(light emitting diode) : 발광 다이오드

제3과목 전기 설비 - 20문항

41 **전압의 종류에서 정격 전압이란 무엇을 말하는가?**

① 비교할 때 기준이 되는 전압
② 그 어떤 기기나 전기 재료 등에 실제로 사용하는 전압
③ 지락이 생겨 있는 전기 기구의 금속제 외함 등이 인축에 닿을 때 생체에 가해지는 전압
④ 기계 기구에 대하여 제조자가 보증하는 사용 한도의 전압으로 사용상 기준이 되는 전압

해설 정격 전압 (rated voltage)이란?
- 기계 기구에 대하여 사용 회로 전압의 사용 한도를 말하며, 사용상 기준이 되는 전압
- 정격 출력일 때의 전압
- 정격에 의해 표시된 전압으로 개폐기, 차단기, 콘덴서 등을 안전하게 사용할 수 있는 전압의 한도

42 **전선 및 케이블의 구비 조건으로 맞지 않는 것은?**

① 고유 저항이 클 것 ② 기계적 강도 및 가요성이 풍부할 것
③ 내구성이 크고 비중이 작을 것 ④ 시공 및 접속이 쉬울 것

해설 전선 재료는 도전율은 커야 하고, 고유 저항은 작아야 한다.

정답 40 ④ 41 ④ 42 ①

43 전선을 접속하는 경우 전선의 강도는 몇 % 이상 감소시키지 않아야 하는가?

① 10 ② 20 ③ 40 ④ 80

해설 나전선 상호 또는 나전선과 절연 전선 캡타이어 케이블 또는 케이블과 접속하는 경우 : 전선의 강도(인장 하중)를 20 % 이상 감소시키지 않는다.

44 전선 $6mm^2$ 이하의 가는 단선을 직선 접속할 때 어느 방법으로 하여야 하는가?

① 브리타니아 접속 ② 트위스트 접속
③ 슬리브 접속 ④ 우산형 접속

해설 단선의 직선 접속 방법

- 트위스트(twist) 접속 : $6mm^2$ 이하의 가는 전선
- 브리타니아(britania) 접속 : $10mm^2$ 이상의 굵은 전선

45 접착력은 떨어지나 절연성, 내온성, 내유성이 좋아 연피 케이블의 접속에 사용되는 테이프는?

① 고무 테이프 ② 리노 테이프
③ 비닐 테이프 ④ 자기 융착 테이프

해설 리노 테이프(lino tape) : 접착성이 없으나 절연성, 내온성 및 내유성이 있으므로 연피 케이블 접속에는 반드시 사용된다.

46 전기 회로에서 실제로 대지를 0 V의 기준점으로 택하는 경우가 많다. 전기적인 안전을 확보하거나 신호의 간섭을 피하기 위해서 회로의 일부분을 대지에 도선으로 접속하여 '0' 전위가 되도록 하는 것을 무엇이라 하는가?

① 접지(earth) ② 전압 강하(voltage drop)
③ 전기 저항(electric resistance) ④ 부하(load)

해설 접지(earth ; grounding)

- 지기(地氣), 지락(地絡), 어스(earth)라고도 부른다.
- 전기 계통 내에서 대지를 '0' 전위로 하여 전위의 기준을 삼는다.

정답 43 ② 44 ② 45 ② 46 ①

47 저압 수용가 인입구 접지에 있어서 지중에 매설되어 있고 대지와의 전기 저항 값이 몇 Ω 이하의 값을 유지하고 있어야 금속제 수도 관로를 접지극으로 사용할 수 있는가?

① 3 ② 5 ③ 10 ④ 12

해설 저압 수용가 인입구 접지(KEC 142.4.1) : 대지와의 전기 저항 값이 3Ω 이하의 값을 유지하고 있으면 된다.

48 저압 전로에 사용되는 주택용 배선용 차단기에 있어서 정격 전류가 50A인 경우에 1.45배 전류가 흘렀을 때 몇 분 이내에 자동적으로 동작하여야 하는가?

① 30 ② 60 ③ 120 ④ 180

해설 과전류 트립 동작 시간 및 특성(주택용 배선 차단기)

정격 전류의 구분	시간	정격 전류의 배수	
		불 용단 전류	용단 전류
63A 이하	60분	1.13배	1.45배
63A 초과	120분	1.13배	1.45배

49 전선로의 종류가 아닌 것은?

① 옥측 전선로 ② 지중 전선로 ③ 가공 전선로 ④ 산간 전선로

해설 전선로 : 옥측 전선로, 옥상 전선로, 옥내 전선로, 지상 전선로, 가공 전선로, 지중 전선로, 특별 전선로

50 사람이 상시 통행하는 터널 내 배선의 사용 전압이 저압일 때 배선 방법으로 틀린 것은?

① 금속관 배선 ② 금속 덕트 배선
③ 합성수지관 배선 ④ 금속제 가요 전선관 배선

해설 사람이 상시 통행하는 터널 안의 저압 전선로(KEC 335.1) : 합성수지관 배선, 금속관 배선, 금속제 가요 전선관 배선, 케이블 배선으로 시공하여야 한다.

정답 47 ① 48 ② 49 ④ 50 ②

51 **화약류의 분말이 전기 설비가 발화원이 되어 폭발할 우려가 있는 곳에 시설하는 저압 옥내 배선의 공사 방법으로 가장 알맞은 것은?**

① 금속관 공사 ② 애자 사용 공사
③ 버스 덕트 공사 ④ 합성수지 몰드 공사

해설 폭연성 분진, 화약류 분말이 존재하는 곳(KEC 242.2.1) : 금속관 공사, 케이블 공사 (CD 케이블, 캡타이어 케이블은 제외)

52 **전선 굵기의 결정에서 다음과 같은 요소를 만족하는 굵기를 사용해야 한다. 가장 잘 표현된 것은?**

① 기계적 강도, 전선의 허용 전류를 만족하는 굵기
② 기계적 강도, 수용률, 전압 강하를 만족하는 굵기
③ 인장 강도, 수용률, 최대 사용 전압을 만족하는 굵기
④ 기계적 강도, 전선의 허용 전류, 전압 강하를 만족하는 굵기

해설 옥내 배선의 전선 지름 결정 요소 : 허용 전류, 전압 강하, 기계적 강도
여기서, 가장 중요한 요소는 허용 전류이다.

53 **합성수지관에 비하여 금속관의 장점이 아닌 것은?**

① 신축 작용이 적다. ② 기계적 강도가 높다.
③ 배선의 변경이 쉽다. ④ 내화성이 좋다.

해설 전선의 노후나 배선 방법의 변경이 필요한 경우 전선의 교환은 쉬우나, 시공 후 배선의 변경은 쉽지 않다.

54 **금속관에 비하여 합성수지 전선관의 장점이 아닌 것은?**

① 절연이 우수하다. ② 기계적 강도가 높다.
③ 내부식성이 우수하다. ④ 시공하기 쉽다.

해설 기계적 강도가 약하다.

정답 **51** ① **52** ④ **53** ③ **54** ②

55 다음 중 금속관 공사의 설명으로 잘못된 것은?

① 교류 회로는 1회로의 전선 전부를 동일 관내에 넣는 것을 원칙으로 한다.
② 교류 회로에서 왕복 도선은 반드시 같은 관에 넣을 필요는 없다.
③ 금속관 내에서는 절대로 전선 접속점을 만들지 않아야 한다.
④ 관의 두께는 콘크리트에 매입하는 경우 1.2mm 이상이어야 한다.

해설 전선·전자적 평형 : 교류 회로는 1회로의 전선 전부를 동일 관내에 넣는 것을 원칙으로 하며, 관내에 전자적 불평형이 생기지 않도록 시설하여야 한다.

56 굴곡이 많고 금속관 공사를 하기 어려운 경우나 전동기와 옥내 배선을 결합하는 경우, 또는 엘리베이터 배선 등에 채용되는 공사 방법은?

① 애자 사용 공사 ② 합성수지관 공사
③ 금속 몰드 공사 ④ 가요 전선관 공사

해설 가요 전선관 공사 : 작은 증설 공사, 안전함과 전동기 사이의 공사, 엘리베이터의 공사, 기차, 전차 안의 배선 등의 시설에 적당하다.

57 특고압 수전 설비의 기호와 명칭으로 잘못된 것은?

① CB－차단기 ② DS－단로기 ③ LA－피뢰기 ④ LF－전력 퓨즈

해설 수전 설비의 결선 기호와 명칭

기호	CB	DS	LA	PF	CT	PT	ZPT
명칭	차단기	단로기	피뢰기	전력 퓨즈	계기용 변류기	계기용 변압기	영상 변류기

58 점유 면적이 좁고 운전 보수에 안전하며 공장, 빌딩 등의 전기실에 많이 사용되는 배전반은 어떤 것인가?

① 데드 프런트형 ② 수직형 ③ 큐비클형 ④ 라이브 프런트형

해설 큐비클형(cubicle type) : 점유 면적이 좁고 운전·보수에 안전하므로 공장, 빌딩 등의 전기실에 많이 사용된다.

정답 55 ② 56 ④ 57 ④ 58 ③

59 가로 20m, 세로 18m, 천장의 높이 3.85m, 작업면의 높이 0.85m, 간접조명 방식인 호텔연회장의 실 지수는 약 얼마인가?

① 1.16 ② 2.16
③ 3.16 ④ 4.16

해설 $H = 3.85 - 0.85 = 3\text{m}$

$\therefore$ 실 지수 $K = \dfrac{XY}{H(X+Y)}$

$= \dfrac{20 \times 18}{3(20+18)} = \dfrac{360}{114} \fallingdotseq 3.16$

60 다음 심벌 명칭은 무엇인가?

————————

① 천장 은폐 배선 ② 바닥 은폐 배선
③ 노출 배선 ④ 바닥면 노출 배선

해설 • 바닥 은폐 배선 : – – – – – –
• 노출 배선 : -----------
• 바닥면 노출 배선 : — . . —

정답 59 ③ 60 ①

2회 CBT 실전문제

제1과목 전기 이론 - 20문항

01 다음 중 콘덴서의 정전 용량에 대한 설명으로 틀린 것은?

① 전압에 반비례한다. ② 이동 전하량에 비례한다.
③ 극판의 넓이에 비례한다. ④ 극판의 간격에 비례한다.

해설 • 극판의 간격(l)에 반비례하고, 극판의 넓이(A)에 비례한다. $C=\varepsilon\frac{A}{l}$[F]

• 전압(V)에 반비례하고, 전하량(Q)에 비례한다. $C=\frac{Q}{V}$[F]

02 다음 중 패러데이 관(Faraday tube)의 단위전위차당 보유 에너지는 몇 J인가?

① 2 ② 1 ③ 4 ④ 1/2

해설 패러데이 관(Faraday tube)

• 전기력선속에 의해 형성되는 관상(管狀) 구조이다.

• 패러데이 관의 단위전위차당 보유 에너지는 $\frac{1}{2}$J이다.

03 자극의 세기 4Wb, 자축의 길이 10cm의 막대자석이 100AT/m의 평등 자장 내에서 20N · m의 회전력을 받았다면 이때 막대자석과 자장과의 이루는 각도는 얼마인가?

① 0° ② 30° ③ 60° ④ 90°

해설 $T=mlH\sin\theta$ [N·m]에서, $\sin\theta=\frac{T}{mlH}=\frac{20}{4\times10\times10^{-2}\times100}=0.5$

$\therefore\ \theta=\sin^{-1}0.5=30°$

정답 01 ④ 02 ④ 03 ②

04 다음 중 1V와 같은 값을 갖는 것은?

① 1 J/C ② 1 Wb/m ③ 1Ω/m ④ 1A・s

해설 1V란, 1C의 전하가 이동하여 한 일이 1J일 때의 전위차이다.
∴ 1V=1J/C

05 무한히 긴 두 개의 도체를 진공 중에서 1m의 간격으로 놓고 전류를 흘렸을 때, 그 길이 1m마다 2×10^{-7} N의 힘을 생기게 하는 전류는 몇 A인가?

① 5 ② 4 ③ 3 ④ 1

해설 1A의 정의(국제단위계) : 무한히 긴 두 개의 도체를 진공 중에서 1m의 간격으로 놓고 전류를 흘렸을 때, 그 길이 1m 마다 2×10^{-7} N의 힘을 생기게 하는 전류를 1A라 한다.

06 다음 중 자기 작용에 관한 설명으로 틀린 것은?

① 기자력의 단위는 AT를 사용한다.
② 자기 회로의 자기 저항이 작은 경우는 누설자속이 거의 발생하지 않는다.
③ 자기장 내에 있는 도체에 전류를 흘리면 힘이 작용하는데, 이 힘을 기전력이라 한다.
④ 평행한 두 도체 사이에 전류가 동일한 방향으로 흐르면 흡인력이 작용한다.

해설 자기장 내에 있는 도체에 전류를 흘리면 힘이 작용하는데, 이 힘을 전자력이라 한다.

07 환상 솔레노이드에 10회를 감았을 때의 자기 인덕턴스는 100회 감았을 때의 몇 배가 되는가?

① 10 ② 100 ③ $\frac{1}{10}$ ④ $\frac{1}{100}$

해설 $L_s = \frac{\mu A}{l} \cdot N^2$ [H] 에서,

코일의 감긴 수가 $\frac{1}{10}$배이므로, 자기 인덕턴스는 $\left(\frac{1}{10}\right)^2$, 즉 $\frac{1}{100}$배가 된다.

정답 04 ① 05 ④ 06 ③ 07 ④

08 0.2℧의 저항체에 3A의 전류를 흘리려면 전압은 몇 V를 가해야 하는가?

① 5 ② 10 ③ 15 ④ 20

해설 $V = I \cdot \dfrac{1}{G} = 3 \times \dfrac{1}{0.2} = 15\ \text{V}$

09 10Ω과 15Ω의 병렬 회로에서 10Ω에 흐르는 전류가 3A이라면 전체 전류(A)는 얼마인가?

① 2 ② 3 ③ 4 ④ 5

해설 $I = \dfrac{R_1 + R_2}{R_2} \cdot I_1 = \dfrac{10+15}{15} \times 3 = 5\text{A}$

10 회로망의 임의의 접속점에 유입되는 전류는 $\sum I = 0$라는 법칙은?

① 쿨롱의 법칙 ② 패러데이의 법칙
③ 키르히호프의 제1법칙 ④ 키르히호프의 제2법칙

해설 키르히호프의 법칙(Kirchhoff's law)

- 제1법칙 : $\Sigma I = 0$
- 제2법칙 : $\Sigma V = \Sigma IR$

11 저항과 코일이 직렬 연결된 회로에서 직류 220V를 인가하면 20A의 전류가 흐르고, 교류 220V를 인가하면 10A의 전류가 흐른다. 이 코일의 리액턴스(Ω)는 얼마인가?

① 약 19.05Ω ② 약 16.06Ω
③ 약 13.06Ω ④ 약 11.04Ω

해설 • 직류 220V 인가 시 : $R = \dfrac{E}{I} = \dfrac{220}{20} = 11\,\Omega$

• 교류 220V 인가 시 : $Z = \dfrac{V}{I} = \dfrac{220}{10} = 22\,\Omega$

$\therefore X_L = \sqrt{Z^2 - R^2} = \sqrt{22^2 - 11^2} = \sqrt{484 - 121} \fallingdotseq 19.05\,\Omega$

정답 08 ③ 09 ④ 10 ③ 11 ①

12 전기다리미에는 저항선이 들어가 있다. 60Hz, 100V의 전압을 가할 경우 3A의 전류가 흐르는 것으로 한다. 이때 저항선은 몇 Ω인가?

① 3.3
② 33.3
③ 18
④ 300

해설 $R = \frac{V}{I} = \frac{100}{3} = 33.3\,\Omega$

13 다음 전압과 전류의 위상차는 어떻게 되는가?

$$v = \sqrt{2}\,V\sin\left(\omega t - \frac{\pi}{3}\right)$$
$$i = \sqrt{2}\,I\sin\left(\omega t - \frac{\pi}{6}\right)$$

① 전류가 $\frac{\pi}{3}$만큼 앞선다.
② 전압이 $\frac{\pi}{3}$만큼 앞선다.
③ 전압이 $\frac{\pi}{6}$만큼 앞선다.
④ 전류가 $\frac{\pi}{6}$만큼 앞선다.

해설 $\theta = \theta_1 - \theta_2 = -\frac{\pi}{3} - \left(-\frac{\pi}{6}\right) = -\frac{\pi}{3} + \frac{\pi}{6} = -\frac{2\pi - \pi}{6} = -\frac{\pi}{6}\,[\text{rad}]$

∴ 전류가 $\frac{\pi}{6}$만큼 앞선다.

참고 전압이 $\frac{\pi}{6}$만큼 뒤진다는 것은, 즉 전류가 $\frac{\pi}{6}$만큼 앞선다는 것이다.

14 R=4Ω, X_L=15Ω, X_C=12Ω의 RLC 직렬 회로에 100V의 교류 전압을 가할 때 전류와 전압의 위상차는 약 얼마인가?

① 0°
② 37°
③ 53°
④ 90°

해설 $\theta = \tan^{-1}\frac{X_L - X_C}{R} = \tan^{-1}\frac{15-12}{4} = \tan^{-1}\frac{3}{4} = \tan^{-1}0.75 \fallingdotseq 37°$

정답 12 ② 13 ④ 14 ②

15 역률 80% 부하의 유효 전력이 80kW이면 무효 전력(kVar) 은 얼마인가?

① 20 ② 40 ③ 60 ④ 80

해설 $P_a = \dfrac{P}{\cos\theta} = \dfrac{80}{0.8} = 100\,\text{kVA}$

$\therefore\ P_r = \sqrt{{P_a}^2 - P^2} = \sqrt{100^2 - 80^2} = 60\text{kVar}$

16 Y－Y 결선 회로에서 선간 전압이 220V일 때 상전압은 얼마인가?

① 60 V ② 100 V ③ 115 V ④ 127 V

해설 $V_p = \dfrac{V_l}{\sqrt{3}} = \dfrac{220}{1.732} \fallingdotseq 127\,\text{V}$

17 220V 60W 전구 2개를 전원에 직렬과 병렬로 연결했을 때 어느 것이 더 밝은가?

① 직렬로 연결했을 때 더 밝다. ② 병렬로 연결했을 때 더 밝다.
③ 둘이 밝기가 같다. ④ 두 전구 모두 켜지지 않는다.

해설 • 병렬연결 시 : 각 전구에 가해지는 전압은 220V로 전원 전압과 같다.

• 직렬연결 시 : 각 전구에 가해지는 전압은 전원 전압의 $\dfrac{1}{2}$로 110V로 된다.

∴ 병렬로 연결했을 때 더 밝다.

18 500W 전열기를 5분간 사용하면 20℃의 물 1kg을 약 몇 ℃로 올릴 수 있는가?

① 36 ② 46 ③ 56 ④ 66

해설 $H = 0.24Pt = m(T_2 - T_1)$[cal]에서,

• $H = 0.24Pt = 0.24 \times 500 \times 5 \times 60 = 36000\,\text{cal}$

∴ 36kcal

• $T_2 = \dfrac{H}{m} + T_1 = \dfrac{36}{1} + 20 = 56\,℃$

정답 **15** ③ **16** ④ **17** ② **18** ③

19 3상 교류 회로의 선간 전압이 13200V, 선 전류가 800A, 역률 80% 부하의 소비 전력은 약 몇 MW인가?

① 4.88 ② 8.45 ③ 14.63 ④ 25.34

해설 $P=\sqrt{3}\,VI\cos\theta=\sqrt{3}\times 13200\times 800\times 0.8\times 10^{-6}\fallingdotseq 14.63\text{MW}$

20 다음 중 (㉮), (㉯)에 들어갈 내용으로 알맞은 것은?

> 2차 전지의 대표적인 것으로 납축전지가 있다. 전해액으로 비중 약 (㉮) 정도의 (㉯)을 사용한다.

① ㉮ 1.15~1.21 ㉯ 묽은 황산
② ㉮ 1.25~1.36 ㉯ 질산
③ ㉮ 1.01~1.15 ㉯ 질산
④ ㉮ 1.23~1.26 ㉯ 묽은 황산

해설 납축전지의 전해액 : 묽은 황산(비중 1.23~1.26)

제2과목 전기 기기 - 20문항

21 직류기의 전기자 권선을 중권으로 하였을 때 다음 중 틀린 것은?

① 전기자 권선의 병렬 회로 수는 극수와 같다.
② 브러시 수는 항상 2개이다.
③ 전압이 낮고, 비교적 전류가 큰 기기에 적합하다.
④ 균압고리(환) 접속을 할 필요가 있다.

해설 중권과 파권의 비교

비교 항목	중권(병렬권)	파권(직렬권)
전기자 병렬 회로 수	극수와 같다.	항상 2개
용도	저전압 대전류용	고전압 소전류용
균압고리(환) 접속	필요	불필요

참고 중권의 브러시 수는 극수와 같다.

정답 19 ③ 20 ④ 21 ②

22 다음 그림과 같은 회로의 발전기 종류는?

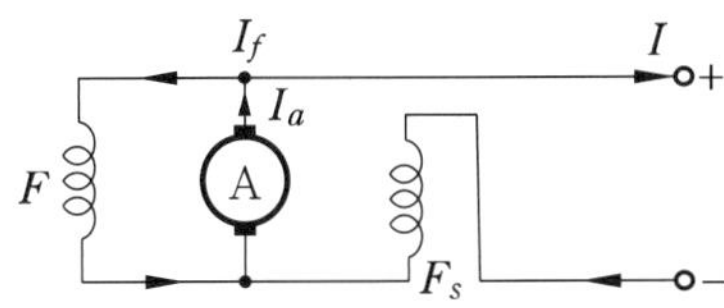

① 분권 발전기 ② 직권 발전기
③ 내분권 복권 발전기 ④ 외분권 복권 발전기

해설 복권 발전기
- 내분권(short shunt) : 복권 발전기의 표준
- 외분권(long shunt)

23 정격 부하를 걸고 16.3kg·m 토크를 발생하며, 1200rpm으로 회전하는 어떤 직류 분권 전동기의 역기전력이 100V라 한다. 전류는 약 몇 A인가?

① 100 ② 150 ③ 175 ④ 200

해설 $T = 975\dfrac{P}{N}$ [kg·m]에서, $P = \dfrac{N \cdot T}{975} = \dfrac{1200 \times 16.3}{975} = 20\text{kW}$

$\therefore I = \dfrac{P}{E} = \dfrac{20 \times 10^3}{100} = 200\text{A}$

24 동기 전동기에서 전기자 반작용을 설명한 것 중 옳은 것은?

① 공급 전압보다 앞선 전류는 감자 작용을 한다.
② 공급 전압보다 뒤진 전류는 감자 작용을 한다.
③ 공급 전압보다 앞선 전류는 교차 자화 작용을 한다.
④ 공급 전압보다 뒤진 전류는 교차 자화 작용을 한다.

해설 동기 전동기의 전기자 반작용
- 감자 작용 : I가 V보다 앞서는 경우
- 증자 작용 : I가 V보다 뒤지는 경우
- 교차 자화 작용 : I와 V가 동상인 경우

정답 22 ③ 23 ④ 24 ①

25 **동기기의 전기자 권선법이 아닌 것은?**

① 2층권/단절권 ② 단층권/분포권
③ 2층권/분포권 ④ 단층권/전절권

해설 동기기의 전기자 권선법

- 집중권과 분포권 중에서 분포권을, 전절권과 단절권 중에서 단절권을 사용한다.
- 일반적으로 2층권의 중권으로 감는다.

참고 전절권은 단절권에 비하여 단점이 많아 사용하지 않는다.

26 **동기 발전기의 무부하 포화 곡선에 대한 설명으로 옳은 것은?**

① 정격 전류와 단자 전압의 관계이다. ② 정격 전류와 정격 전압의 관계이다.
③ 계자 전류와 정격 전압의 관계이다. ④ 계자 전류와 단자 전압의 관계이다.

해설 무부하 포화 곡선 : 정격 속도 무부하에서 계자 전류 I_f를 증가시킬 때 무부하 단자 전압 V의 변화 곡선을 말한다.

27 **동기 발전기의 병렬 운전에 필요한 조건이 아닌 것은?**

① 기전력의 주파수가 같을 것 ② 기전력의 크기가 같을 것
③ 기전력의 용량이 같을 것 ④ 기전력의 위상이 같을 것

해설 병렬 운전의 필요조건 : 기전력의 크기, 위상, 주파수, 파형이 같을 것

28 **직류 전동기의 공급 전압 V, 자속 ϕ, 전기자 전류 I_a, 전기자 저항 R_a 일 때 속도 N 은? (단, K는 비례 상수이다.)**

① $N = K\phi(V - I_a R_a)$ ② $N = K\phi(V + I_a R_a)$
③ $N = K\dfrac{V - I_a R_a}{\phi}$ ④ $N = K\dfrac{V + I_a R_a}{\phi}$

해설 $N = K\dfrac{E}{\phi} = K\dfrac{V - I_a R_a}{\phi}$

정답 25 ④ 26 ④ 27 ③ 28 ③

29 변압기에 대한 설명 중 틀린 것은?

① 전압을 변성한다.
② 전력을 발생하지 않는다.
③ 정격 출력은 1차측 단자를 기준으로 한다.
④ 변압기 정격 용량은 피상 전력으로 표시한다.

해설 정격 출력은 2차측 단자를 기준으로 한다.

참고 정격 용량(출력) = 정격 2차 전압 × 정격 2차 전류

30 60Hz 변압기를 같은 전압, 같은 용량에서 60Hz보다 낮은 주파수로 사용할 때의 현상은?

① 철손 증가, % 임피던스 증가
② 철손 감소, % 임피던스 감소
③ 철손 감소, % 임피던스 증가
④ 철손 증가, % 임피던스 감소

해설
- $E = 4.44 f N\phi_m$ [V]에서, 전압이 일정하고 주파수 f 만 낮아지면 자속 ϕ_m 이 증가, 즉 여자 전류가 증가하므로 철손이 증가하게 된다.
- % 임피던스는 대부분 % 리액턴스인데, 주파수에 비례하므로 감소한다.

31 농형 회전자에 비뚤어진 홈을 쓰는 이유는 무엇인가?

① 출력을 높인다.
② 회전수를 증가시킨다.
③ 소음을 줄인다.
④ 미관상 좋다.

해설 비뚤어진 홈 (skewed slot)
- 회전자가 고정자의 자속을 끊을 때 발생하는 소음을 억제하는 효과가 있다.
- 기동 특성, 파형을 개선하는 효과가 있다.

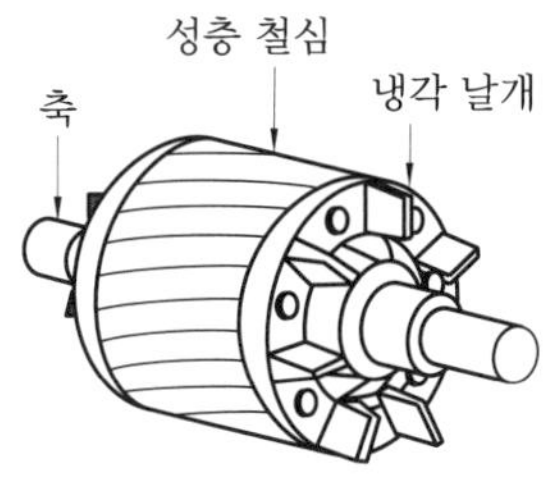

비뚤어진 홈

정답 29 ③ 30 ④ 31 ③

32 다음 중 변압기를 병렬 운전하기 위한 조건이 아닌 것은?

① 극성이 같을 것 ② 권수비가 같을 것
③ 중량이 같을 것 ④ 백분율 임피던스 전압이 같을 것

해설 병렬 운전 조건
- 극성이 같고, 정격 전압과 권수비가 같을 것
- 백분율 임피던스 강하가 같고, 내부 저항과 리액턴스비가 같을 것

33 단상 변압기에 있어서 부하 역률이 80%의 지상 역률에서 전압 변동률 4%이고, 부하 역률 100%에서 전압 변동률 3%라고 한다. 이 변압기의 퍼센트 리액턴스는 약 몇 %인가?

① 2.7 ② 3.0 ③ 3.3 ④ 3.6

해설 전압 변동률
- 부하 역률 100%에서 전압 변동률이 3%이므로,
  $\varepsilon = p\cos\theta + q\sin\theta$에서, $3 = p \times 1 + q \times 0$ $\therefore p = 3$
- 부하 역률 80%의 지상 역률에서 전압 변동률 4%이므로,
  $\varepsilon = p\cos\theta + q\sin\theta$에서, $4 = 3 \times 0.8 + q \times 0.6$ $\therefore q \fallingdotseq 2.7$

여기서, $\cos\theta = 1$일 때 $\sin\theta = 0$ $\left(\sin\theta = \sqrt{1-\cos^2\theta} = \sqrt{1-0.8^2} = 0.6\right)$

34 기계적 출력 P_0, 2차 입력 P_2, 슬립을 s라 할 때 유도 전동기의 2차 효율을 나타낸 식은? (단, N은 회전 속도, N_s는 동기 속도)

① $\eta_2 = \dfrac{P_0}{P_2} = 1 - s = \dfrac{N}{N_s}$ ② $\eta_2 = \dfrac{P_0}{P_2} = 1 - s = \dfrac{N_s}{N}$

③ $\eta_2 = \dfrac{P_2}{P_0} = 1 - s = \dfrac{N}{N_s}$ ④ $\eta_2 = \dfrac{P_0}{P_2} = 1 - s^2 = \dfrac{N}{N_s}$

해설 $P_0 = P_2 - P_{c_2} = P_2 - sP_2 = (1-s)P_2 = \dfrac{N}{N_s}P_2$ [W]

$$\therefore \eta_2 = \frac{P_0}{P_2} = 1 - s = \frac{N}{N_s}$$

정답 **32** ③ **33** ① **34** ①

35 회전자 입력 10kW, 슬립 3%인 3상 유도 전동기의 2차 동손(W)은?

① 300 ② 400 ③ 500 ④ 700

해설 $P_{c2}=s\,P_2=0.03\times10\times10^3=300\text{W}$

36 다음 중 토크(회전력)의 단위는?

① rpm ② N·m ③ W ④ N

해설 ① rpm(revolutions per minute) : 매분 회전수
② N·m(newton·meter) : 토크(회전력)
③ W(watt) : 전력
④ N(newton) : 힘

37 주파수가 60Hz인 3상 4극의 유도 전동기가 있다. 슬립이 10%일 때 이 전동기의 회전수는 몇 rpm인가?

① 1200 ② 1620 ③ 1746 ④ 1800

해설 $N_s=\dfrac{120}{p}\cdot f=\dfrac{120}{4}\times60=1800\text{ rpm}$

$\therefore\ N=(1-s)\cdot N_s=(1-0.1)\times1800=1620\text{rpm}$

참고 $N=\dfrac{120f(1-s)}{p}=\dfrac{120\times60(1-0.1)}{4}=1620\text{rpm}$

38 P형 반도체의 전기 전도의 주된 역할을 하는 반송자는?

① 전자 ② 정공 ③ 전자 ④ 5가 불순물

해설 정공(positive hole)
- 반도체에서의 가전자(價電子) 구조에서 공위(空位)를 나타내며, 결합 전자의 이탈에 의하여 생성된다.
- 가전자가 튀어나간 뒤에는 정공이 남아서 전기를 운반하는 캐리어(carrier)로서 전자 이외에 정공이 있는 것이 반도체 특징의 하나이다.

참고 P형 반도체 : 결합 전자의 이탈로 정공(hole)에 의해서 전기 전도가 이루어진다.

정답 35 ① 36 ② 37 ② 38 ②

39 **직류 스테핑 모터(DC stepping motor)의 특징 설명 중 가장 옳은 것은?**

① 교류 동기 서보 모터에 비하여 효율이 나쁘고 토크 발생도 작다.
② 이 전동기는 입력되는 각 전기 신호에 따라 계속하여 회전한다.
③ 이 전동기는 일반적인 공작 기계에 많이 사용된다.
④ 이 전동기의 출력을 이용하여 특수 기계의 속도, 거리, 방향 등의 정확한 제어가 가능하다.

해설 직류 스테핑(stepping) 모터

- 교류 동기 서보(servo) 모터에 비하여 값이 싸고, 효율이 훨씬 좋으며, 큰 토크를 발생한다,
- 입력 펄스 제어만으로 속도 및 위치 제어가 용이하다.
- 특수 직류 전동기로 특수 기계의 속도, 거리, 방향 등의 정확한 제어가 가능하다.

40 **다음 그림은 전력 제어 소자를 이용한 위상 제어 회로이다. 전동기의 속도를 제어하기 위해서 '가' 부분에 사용되는 소자는?**

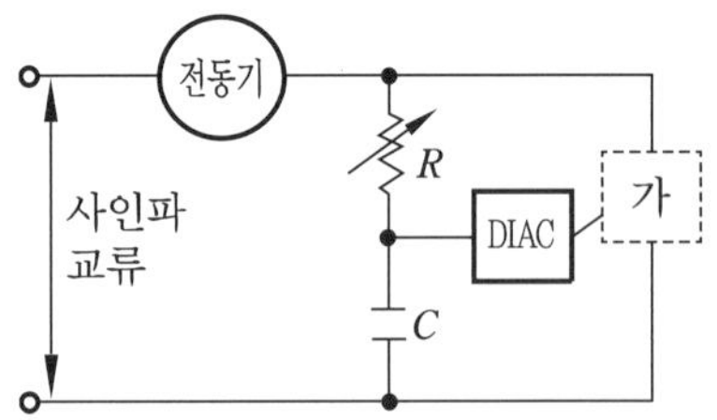

① 전력용 트랜지스터
② 제너 다이오드
③ 트라이액
④ 레귤레이터 78XX 시리즈

해설 TRIAC (triode Ac switch)은 교류 스위치 소자로 위상 제어용

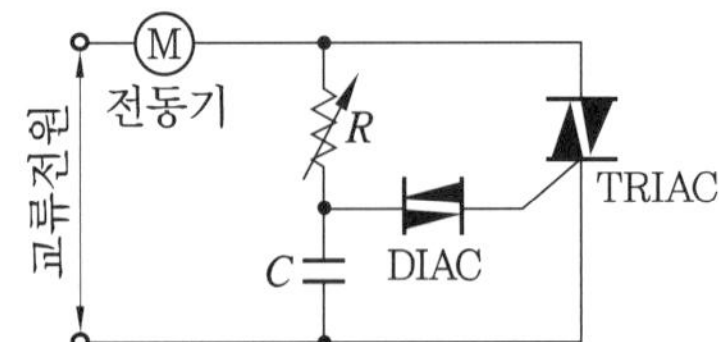

정답 39 ④ 40 ③

제3과목 전기 설비 - 20문항

41 다음 중 300/500V 기기 배선용 유연성 단심 비닐 절연 전선을 나타내는 약호는?

① NFV ② NFI ③ NR ④ NRC

해설 ① NFV : 폴리에틸렌 절연 비닐 시스 네온 전선
② NFI : 300/500V 기기 배선용 유연성 단심 비닐 절연 전선
③ NR : 450/750V 일반용 단심 비닐 절연 전선
④ NRC : 고무 절연 클로로프렌 시스 네온 전선

42 대지로부터 절연하여야 하는 것은?

① 수용 장소의 인입구 접지
② 특고압과 저압의 혼촉에 의한 위험방지 시설
③ 저압 전로에 접지 공사를 하는 경우의 접지점
④ 전기 기계·기구의 충전부

해설 충전부(live part) : 통상적인 운전 상태에서 전압이 걸리도록 되어 있는 도체 또는 도전부로 대지로부터 절연하여야 한다.

43 정밀 측정의 디지털(digital)화에 관한 일반적인 설명 중 올바른 것은?

① 개인차에 따른 측정 오차가 제거된다.
② 정보의 전송은 쉬우나 연산할 때 오차가 크다.
③ 읽음과 기록은 간단하나, 측정하는 시간이 많이 소요된다.
④ 측정의 다중화 작업이 어렵다.

해설 디지털(digital) 계측기는 개인차에 따른 측정 오차가 제거된다.

44 보조 접지극 2개를 이용하여 계기판의 눈금이 0을 가리키는 순간의 저항 다이얼의 값을 읽어 접지 저항을 측정하는 방법은?

① 캘빈더블 브리지 ② 휘트스톤 브리지
③ 콜라우시 브리지 ④ 접지 저항계

정답 41 ② 42 ④ 43 ① 44 ④

해설 ① 캘빈더블 브리지(Kelvin double bridge) : 1Ω 이하의 저저항의 정밀 측정
② 휘트스톤 브리지(Wheatstone bridge) : 10~4Ω 정도의 저항 측정
③ 콜라우시 브리지(Kohlrausch bridge) : 접지 저항, 전해액 저항 측정
④ 접지 저항계(earth tester) : 접지 저항 측정기

45 **접지극 공사 방법이 아닌 것은?**

① 동판 면적은 900cm^2 이상의 것이어야 한다.
② 동피복 강봉은 지름 6mm 이상의 것이어야 한다.
③ 접지선과 접지극은 은 납땜 기타 확실한 방법에 의해 접속한다.
④ 사람이 접촉할 우려가 있는 곳에 설치할 경우, 손상을 방지하도록 방호장치를 시설해야 한다.

해설 접지극 : 동봉, 동피복 강봉을 사용하는 경우는 지름 8mm 이상, 길이 0.9m 이상의 것일 것

46 **다음 중 "ELB"은 어떤 차단기를 의미하는가?**

① 유입 차단기 ② 진공 차단기 ③ 배전용 차단기 ④ 누전 차단기

해설 ① 유입 차단기(OCB : Oil Circuit Breaker)
② 진공 차단기(VCB : Vacuum Circuit Breaker)
③ 배선용 차단기(NFB : No-Fuse Breaker)
④ 누전 차단기(ELB : Earth Leakage Breaker)

47 **소맥분, 전분 기타 가연성의 분진이 존재하는 곳의 저압 옥내 배선 공사 방법에 해당되는 것으로 짝지어진 것은?**

① 케이블 공사, 애자 사용 공사
② 금속관 공사, 콤바인 덕트관, 애자 사용 공사
③ 케이블 공사, 금속관 공사, 애자 사용 공사
④ 케이블 공사, 금속관 공사, 합성수지관 공사

해설 가연성 분진 위험 장소(KEC 242.2.2) : 저압 옥내 배선은 금속 전선관, 합성수지 전선관, 케이블 배선으로 시공하여야 한다.

정답 45 ② 46 ④ 47 ④

48 옥내 배선 공사할 때 연동선을 사용할 경우 전선의 최소 굵기는 몇 mm^2인가?

① 1.5　② 2.5　③ 4　④ 6

해설 저압 옥내 배선의 사용 전선 및 중선의 굵기(KEC 231.3) : 단면적 $2.5\,mm^2$ 이상의 연동선

49 교류 전등 공사에서 금속관 내에 전선을 넣어 연결한 방법 중 옳은 것은?

①
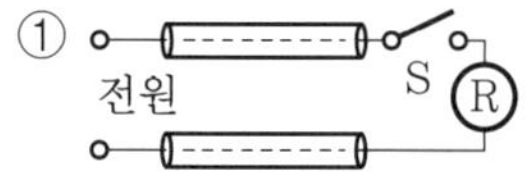

②
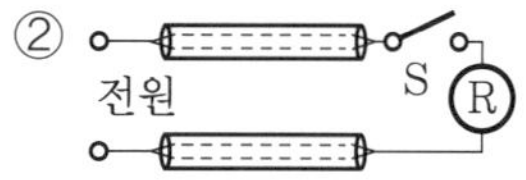

③
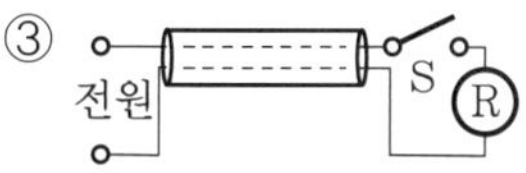

④
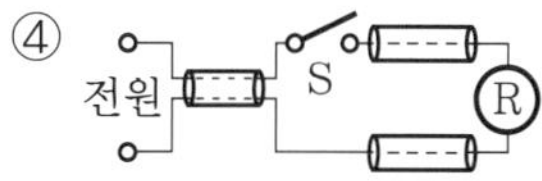

해설 전선·전자적 평형 : 교류 회로는 1회로의 전선 전부를 동일 관내에 넣는 것을 원칙으로 하며, 관내에 전자적 불평형이 생기지 않도록 시설하여야 한다.

50 케이블 공사에 의한 저압 옥내 배선에서 케이블을 조영재의 아랫면 또는 옆면에 따라 붙이는 경우에는 지지점간 거리는 몇 m 이하이어야 하는가?

① 0.5　② 1　③ 1.5　④ 2

해설 케이블 공사의 시설 조건(KEC 232.51.1)

- 지지점간 거리는 2m 이하
- 사람이 접촉할 우려가 없는 곳에서 수직으로 붙이는 경우는 6m 이하

51 다음 중 덕트 공사의 종류가 아닌 것은?

① 금속 덕트 공사　② 버스 덕트 공사
③ 케이블 덕트 공사　④ 플로어 덕트 공사

해설 덕트 공사의 종류 : 금속 덕트 공사, 버스 덕트 공사, 플로어 덕트 공사, 라이팅 덕트 공사, 셀룰러 덕트 공사

정답 48 ② 49 ③ 50 ④ 51 ③

2회

52 다음 ( ) 안에 알맞은 내용은?

> "고압 및 특고압용 기계·기구의 시설에 있어 고압은 지표상 (㉠) 이상(시가지에 시설하는 경우), 특고압은 지표상 (㉡) 이상의 높이에 설치하고 사람이 접촉될 우려가 없도록 시설하여야 한다."

① ㉠ 3.5 m ㉡ 4 m
② ㉠ 4.5 m ㉡ 5 m
③ ㉠ 5.5 m ㉡ 6 m
④ ㉠ 5.5 m ㉡ 7 m

해설 고압 및 특고압용 기계·기구 시설(KEC 341.8, KEC 341.4)
- 시가지에 시설하는 고압 : 4.5 m 이상(시가지 이외는 4 m)
- 특고압 : 5m 이상

53 전주의 길이가 15 m 이하인 경우 땅에 묻히는 깊이는 전주 길이의 얼마 이상으로 하여야 하는가? (단, 설계 하중은 6.8kN 이하이다.)

① 1/2 ② 1/3
③ 1/5 ④ 1/6

해설 가공 전선로 지지물의 기초 안전율(KEC 331.7) : 전체의 길이가 15m 이하인 경우 1/6 이상으로 할 것

참고 15m를 초과하는 경우는 2.5m 이상으로 할 것

54 배전 선로 보호를 위하여 설치하는 보호 장치는?

① 기중 차단기 ② 진공 차단기
③ 자동 재폐로 차단기 ④ 누전 차단기

해설 자동 재폐로 차단 장치 : 배전 선로에 고장이 발생하였을 때, 고장 전류를 검출하여 지정된 시간 내에 고속 차단하고 자동 재폐로 동작을 수행하여 고장 구간을 분리하거나 재송전하는 장치이다.

정답 52 ② 53 ④ 54 ③

55 변전소의 전력 기기를 시험하기 위하여 회로를 분리하거나 계통의 접속을 바꾸거나 하는 경우에 사용되는 것은?

① 나이프 스위치 ② 차단기
③ 퓨즈 ④ 단로기

해설 단로기(DS) : 개폐기의 일종으로 기기의 점검, 측정, 시험 및 수리를 할 때 기기를 활선으로부터 분리하여 확실하게 회로를 열어놓거나 회로 변경을 위하여 설치한다.

56 무효 전력을 조정하는 전기 기계 기구는?

① 조상 설비 ② 개폐 설비
③ 차단 설비 ④ 보상 설비

해설 조상 설비 설치 목적
- 무효 전력을 조정하여 역률 개선에 의한 전력 손실 경감
- 전압의 조정과 송전 계통의 안정도 향상

57 다음 중 배선 차단기의 기호로 옳은 것은?

① MCCB ② ELB
③ ACB ④ DS

해설 ① MCCB(Molded Case Circuit Breaker) : 배선용 차단기
② ELB(Earth Leakage Breaker) : 누전 차단기
③ ACB(Air Circuit Breaker) : 기중 차단기
④ DS(Disconnecting Switch) : 단로기

58 조명 설계 시 고려해야 할 사항 중 틀린 것은?

① 적당한 조도일 것 ② 휘도 대비가 높을 것
③ 균등한 광속 발산도 분포일 것 ④ 적당한 그림자가 있을 것

해설 우수한 조명의 조건 중에서 휘도의 대비가 적당할 것

정답 55 ④ 56 ① 57 ① 58 ②

59 조명 기구의 용량 표시에 관한 사항이다. 다음 중 F40의 설명으로 알맞은 것은?

① 수은등 40W
② 나트륨등 40W
③ 메탈 할라이드등 40W
④ 형광등 40W

해설 ① 수은등 : H
② 나트륨등 : N
③ 메탈 할라이드등 : M
④ 형광등 : F

참고 형광등(fluorescent lamp)

60 조명용 백열전등을 여관 및 숙박업소에 설치할 때 현관 등은 최대 몇 분 이내에 소등되는 타임스위치를 시설하여야 하는가?

① 1
② 2
③ 3
④ 4

해설 점멸기의 시설(KCE 234.6)

- 일반 주택 및 아파트 각 호실의 형광등은 3분 이내에 소등
- 숙박업에 이용되는 객실의 입구등은 1분 이내에 소등

정답 59 ④ 60 ①

3회 CBT 실전문제

제1과목 전기 이론 - 20문항

01 1eV는 몇 J인가?

① 1
② 1×10^{-10}
③ 1.16×10^{4}
④ 1.602×10^{-19}

해설 전자의 전하 $e = 1.60219 \times 10^{-19}$ C

$\therefore$ $1\text{eV} = 1.60219 \times 10^{-19} \times 1 \fallingdotseq 1.602 \times 10^{-19}$ J

02 용량이 큰 콘덴서를 만들기 위한 방법이 아닌 것은?

① 극판의 면적을 작게 한다.
② 극판간의 간격을 작게 한다.
③ 극판 간에 넣는 유전체를 비유전율이 큰 것으로 사용한다.
④ 극판의 면적을 크게 한다.

해설 $C = \varepsilon \dfrac{A}{l}$ [F]에서, 극판의 면적 A를 크게 한다.

03 다음 중 자기력선(line of magnetic force)에 대한 설명으로 옳지 않은 것은?

① 자석의 N극에서 시작하여 S극에서 끝난다.
② 자기장의 방향은 그 점을 통과하는 자기력선의 방향으로 표시한다.
③ 자기력선은 상호 간에 교차한다.
④ 자기장의 크기는 그 점에서의 자기력선의 밀도를 나타낸다.

해설 자력선은 서로 반발하는 성질이 있어서 서로 교차하지 않는다.

정답 01 ④ 02 ① 03 ③

04 **전기장의 세기에 대한 단위로 옳은 것은?**

① m/V ② V/m^2 ③ V/m ④ m^2/V

해설 전기장의 세기 : 1V/m는 전기장 중에 놓인 +1 C의 전하에 작용하는 힘이 1N인 경우의 전기장 세기를 의미한다.

05 **진공 중에서 같은 크기의 두 자극을 1m 거리에 놓았을 때, 그 작용하는 힘(N)은? (단, 자극의 세기는 1Wb이다.)**

① 6.33×10^4 ② 8.33×10^4

③ 9.33×10^5 ④ 9.09×10^9

해설 MKS 단위계에서는 진공 중에서 같은 크기의 두 자극을 1 m 거리에 놓았을 때, 그 작용하는 힘이 6.33×10^4 N이 되는 자극의 세기를 단위로 하여 1Wb라고 한다.

06 **자기 인덕턴스가 각각 L_1, L_2 [H]의 두 원통 코일이 서로 직교하고 있다. 두 코일간의 상호 인덕턴스는?**

① $L_1 + L_2$ ② $L_1 L_2$ ③ 0 ④ $\sqrt{L_1 L_2}$

해설 직교, 즉 직각 교차이므로 서로 쇄교 자속이 없으므로 상호 인덕턴스는 '0'이다.

07 **정전기와 자기의 요소를 서로 대칭되게 나타내지 않은 것은?**

① 유전율-투자율 ② 전계-자계

③ 전류-자속 ④ 전속 밀도-자속 밀도

해설 전속-자속

- 전속(electric flux) : 전기력선의 집합을 말하며, 단위 면적을 직각으로 관통하는 전기력선의 수를 전속 밀도라 한다.
- 자속(magnetic flux) : 자기력선속을 줄인 말로, 자기력선의 다발을 일컫는 말이다 (단위 정자극에서 나오는 자력선을 하나의 묶음으로 한 것).

정답 04 ③ 05 ① 06 ③ 07 ③

08 100V의 전압계가 있다. 이 전압계를 써서 200V의 전압을 측정하려면 최소 몇 Ω의 저항을 외부에 접속해야 하는가? (단, 전압계의 내부 저항은 5000Ω이다.)

① 10000　② 5000　③ 2500　④ 1000

해설 $R_m = (m-1) \cdot R_v = (2-1) \times 5000 = 5000\,\Omega$　여기서, 배율 $m = \frac{200}{100} = 2$

09 2Ω, 4Ω, 6Ω의 세 개의 저항을 병렬로 연결하였을 때 전 전류가 10A이면, 2Ω에 흐르는 전류는 몇 A인가?

① 1.81　② 2.72　③ 5.45　④ 7.64

해설 4Ω과 6Ω의 합성 저항 : $R_p = \frac{4 \times 6}{4+6} = 2.4\Omega$

∴ 2Ω 전류 : $I_1 = \frac{R_p}{R_1 + R_p} \times I = \frac{2.4}{2+2.4} \times 10 = 5.45\text{A}$

10 다음 중 전도율의 단위는?

① Ω · m　② ℧ · m　③ Ω/m　④ ℧/m

해설 전도율(conductivity)

- 고유 저항의 역수로, 물질 내 전류 흐름의 정도를 나타낸다.
- 기호는 σ, 단위는 [℧/m]를 사용한다.

11 다음 중 전기 저항 25Ω에 50V의 사인파 전압을 가할 때 전류의 순싯값은? (단, 각속도 $\omega = 377$rad/s이다.)

① $2\sin 377t$[A]　② $2\sqrt{2}\sin 377t$[A]
③ $4\sin 377t$[A]　④ $4\sqrt{2}\sin 377t$[A]

해설
- $v = E_m \sin\omega t = \sqrt{2}\,V\sin 377t = 50\sqrt{2}\sin 377t\,[\text{V}]$
- $R = 25\,\Omega$

∴ $i = \frac{v}{R} = \frac{50\sqrt{2}}{25} \cdot \sin 377t = 2\sqrt{2}\sin 377t\,[\text{A}]$

정답 08 ② 09 ③ 10 ④ 11 ②

3회

12 RL 직렬 회로에 직류 전압 100V를 가했더니 전류가 25A 흘렀다. 여기에 교류 전압 100V, $f=60$Hz를 인가하였더니 전류가 10A 흘렀다. 유도성 리액턴스는 몇 Ω인가?

① 5.24 ② 7.11 ③ 9.17 ④ 10.38

해설 • 직류 인가 시 : $R=\dfrac{E}{I}=\dfrac{100}{25}=4\,\Omega$

• 교류 인가 시 : $Z=\dfrac{V}{I}=\dfrac{100}{10}=10\,\Omega$

$\therefore X_L=\sqrt{Z^2-R^2}=\sqrt{10^2-4^2}=9.17\,\Omega$

13 다음 중 LC 병렬 공진 회로에서 최대가 되는 것은?

① 임피던스 ② 어드미턴스 ③ 전압 ④ 전류

해설 병렬 공진 회로에서는 공진 시에 어드미턴스가 최소, 임피던스는 최대가 된다.

14 200V의 3상 3선식 회로에 $R=4\Omega$, $X_L=3\,\Omega$의 부하 3조를 Y결선했을 때 부하 전류는?

① 약 11.5A ② 약 23.1A ③ 약 28.6A ④ 약 40A

해설 $I_L=\dfrac{V_P}{Z}=\dfrac{\dfrac{200}{\sqrt{3}}}{\sqrt{4^2+3^2}}=\dfrac{115.5}{5}\fallingdotseq 23.1\,\text{A}$

15 정격 전압에서 1kW의 전력을 소비하는 저항에 정격의 80% 전압을 가했을 때, 전력은 몇 W가 되는가?

① 640 ② 780 ③ 810 ④ 900

해설 소비 전력은 전열기의 저항이 일정할 때 사용 전압의 제곱에 비례한다.

$\therefore P'=P\times\left(\dfrac{V'}{V}\right)^2=1\times10^3\times\left(\dfrac{80}{100}\right)^2$

$=1000\times0.64=640\,\text{W}$

정답 **12** ③ **13** ① **14** ② **15** ①

16 다음 복소수의 값이 다른 것은?

① $-1+j$　② $-j(1+j)$　③ $\dfrac{(-1-j)}{j}$　④ $j(1+j)$

해설 복소수 표시주의

① $-1+j=j-1$

② $-j(1+j)=-j-j^2=-j-(\sqrt{-1})^2=-j+1=1-j$

③ $\dfrac{(-1-j)}{j}=\dfrac{-1}{j}-\dfrac{j}{j}=-1(-j)-1=j-1$

④ $j(1+j)=j+j^2=j+(\sqrt{-1})^2=j-1$

∴ ①=③=④

17 100kVA 단상 변압기 2대를 V결선하여 3상 전력을 공급할 때의 출력은?

① 17.3 kVA　② 86.6 kVA　③ 173.2 kVA　④ 346.8 kVA

해설 $P_v=\sqrt{3}P_1=\sqrt{3}\times 100 \fallingdotseq 173.2\,\text{kVA}$

18 용량이 250kVA인 단상 변압기 3대를 Δ결선으로 운전 중 1대가 고장나서 V결선으로 운전하는 경우, 출력은 Δ결선 출력의 약 몇 %인가?

① 57.7 %　② 70.7 %　③ 86.6 %　④ 100 %

해설 $\text{출력비}=\dfrac{\sqrt{3}\times 250}{3\times 250}\times 100=\dfrac{1}{\sqrt{3}}\times 100=57.7\%$

19 전원 100V에 가전제품 50W 10개, 25W 10개, 30W 5개, 1kW 전열기 1개를 동시에 병렬로 접속하면 전체 전류는 몇 A인가?

① 17　② 19　③ 23　④ 27

해설 $I=\dfrac{P}{V}=\dfrac{50\times 10+25\times 10+30\times 5+1\times 10^3}{100}=19\text{A}$

정답 16 ② 17 ③ 18 ① 19 ②

20 황산구리 용액에 10A의 전류를 60분간 흘린 경우 이때 석출되는 구리의 양은? (단, 구리의 전기 화학당량은 0.3293×10^{-3}[g/c]이다.)

① 약 1.97g ② 약 5.93g ③ 약 7.82g ④ 약 11.86g

해설 $W = kIt = 0.3293 \times 10^{-3} \times 10 \times 3600 = 11.86\text{g}$

제2과목 전기 기기 - 20문항

21 2극의 직류 발전기에서 코일변의 유효 길이 l[m], 공극의 평균 자속 밀도 B[Wb/m^2], 주변 속도 v[m/s]일 때 전기자 도체 1개에 유도되는 기전력의 평균값 e[V]은?

① $e = Blv$[V] ② $e = \sin\omega t$[V]

③ $e = B\sin\omega t$[V] ④ $e = v^2 Bl$[V]

해설 도체가 1초 동안에 v[m] 이동하므로, lv[m^2]의 면적 안에 자속 $\Phi = Blv$[Wb]가 끊겨서 유도되는 기전력은 $e = Blv$[V]이다.

22 무부하에서 119V되는 분권 발전기의 전압 변동률이 6%이다. 정격 전부하 전압은 약 몇 V인가?

① 110.2 ② 112.3 ③ 122.5 ④ 125.3

해설 $\varepsilon = \dfrac{V_0 - V_n}{V_n} \times 100\,\%$

$$\therefore\ V_n = \frac{V_0}{1+\varepsilon} = \frac{119}{1+0.06} = 112.3\text{V}$$

23 다음 중 워드 레오나드 방식으로 속도를 제어하는 방법에 사용되는 전동기는?

① 타여자 ② 직권 ③ 분권 ④ 복권

해설 워드 레오나드(Word－Leonard) 방식은 주 여자 전동기로 타여자 전동기를 사용하고, 전원으로는 타여자 발전기를 이용한다.

정답 20 ④ 21 ① 22 ② 23 ①

24 직류 분권 전동기나 타여자식 전동기의 기동 시 계자 저항의 적절한 값은?

① 최솟값　　② 중간값
③ 최댓값　　④ 저항을 떼어낸다.

해설 기동 토크를 크게 하기 위하여 계자 저항 FR을 최솟값으로 한다. 즉, 저항값을 0으로 한다.

참고 기동 전류를 줄이기 위하여 기동 저항기 SR을 최댓값으로 한다.

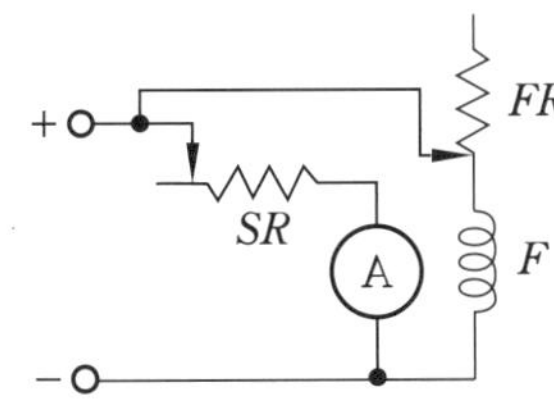

3
회

25 회전자가 1초에 30회전을 하면 각속도는 얼마인가?

① 30π[rad/s]　　② 60π[rad/s]
③ 90π[rad/s]　　④ 120π[rad/s]

해설 $\omega = 2\pi\,n = 2\pi \times 30 = 60\pi\,[\text{rad/s}]$

26 정격이 6000V, 8000kVA인 3상 동기 발전기의 %동기 임피던스가 80%라면 동기 임피던스는 몇 Ω인가?

① 3.0　　② 3.2
③ 3.4　　④ 3.6

해설 • $I_n = \dfrac{P_s}{\sqrt{3}\,V_n} = \dfrac{8000 \times 10^3}{\sqrt{3} \times 6000} = 770\text{A}$

• %동기 임피던스 : $z_s = \dfrac{Z_s I_n}{V_n / \sqrt{3}} \times 100\%$에서,

$$Z_s = \frac{z_s V_n}{100\sqrt{3}\,I_n} = \frac{80 \times 6000}{100\sqrt{3} \times 770} = 3.6\,\Omega$$

정답 24 ① 25 ② 26 ④

27 **수차 발전기의 난조 원인은 무엇인가?**

① 조속기 감도 예민 ② 계통 역률 저하
③ 관성 효과 과대 ④ 전기자 저항 감소

해설 난조(hunting) 발생의 원인
- 원동기의 조속기 감도가 지나치게 예민한 경우
- 원동기의 토크에 고조파 토크가 포함된 경우
- 전기자 회로의 저항이 상당히 큰 경우
- 부하가 맥동할 경우

28 **전력 계통에 접속되어 있는 변압기나 장거리 송전 시 정전 용량으로 인한 충전 특성 등을 보상하기 위한 기기는?**

① 유도 전동기 ② 동기 발전기 ③ 유도 발전기 ④ 동기 조상기

해설 동기 전동기를 무부하 운전으로 동기 조상기로 사용
- 동기 전동기는 V곡선(위상 특성 곡선)을 이용하여 역률을 임의로 조정할 수 있다.
- 변압기나 장거리 송전 시 정전 용량으로 인한 충전 특성 등을 보상하기 위하여 사용된다.

29 **변압기의 용도가 아닌 것은?**

① 교류 전압의 변환 ② 주파수의 변환
③ 임피던스의 변환 ④ 교류 전류의 변환

해설 변압기는 교류 전압, 전류, 임피던스를 변환시킬 수 있으나 주파수는 변환시킬 수 없다.

30 **변압기의 2차 측을 개방하였을 경우 1차 측에 흐르는 전류는 무엇에 의하여 결정되는가?**

① 저항 ② 임피던스 ③ 누설 리액턴스 ④ 여자 어드미턴스

해설 2차 개방 시 1차 측에 흐르는 전류 : $I_0 = Y_0 \cdot V_1$

∴ 여자 어드미턴스 Y_0에 의하여 결정된다.

정답 27 ① 28 ④ 29 ② 30 ④

31 변압기유로 쓰이는 절연유에 요구되는 성질이 아닌 것은?

① 점도가 클 것
② 비열이 커 냉각 효과가 클 것
③ 절연 재료 및 금속 재료에 화학 작용을 일으키지 않을 것
④ 인화점이 높고 응고점이 낮을 것

해설 변압기 기름의 구비 조건
- 점도가 낮을 것
- 비열이 커 냉각 효과가 클 것
- 절연 재료나 금속에 접촉할 때 화학 작용을 일으키지 않을 것
- 인화점이 높으며, 응고점이 낮을 것
- 냉각 작용이 좋고, 비열과 열전도도가 클 것

32 1대의 출력이 20kVA인 단상 변압기 2대로 V결선하여 3상 전력을 공급하려고 한다. 이때 최대 전력은 몇 kVA인가?

① 52.3kVA
② 34.6kVA
③ 20.4kVA
④ 12.5kVA

해설 $P_v = \sqrt{3}P = \sqrt{3} \times 20 \fallingdotseq 34.64\text{kVA}$

33 다음 중 농형 유도 전동기가 많이 사용되는 이유가 아닌 것은?

① 구조가 간단하다.
② 값이 싸고 튼튼하다.
③ 운전과 사용이 편리하다.
④ 속도 조정이 쉽고 기동 특성이 좋다.

해설 유도 전동기의 특성
- 구조가 간단하고 값이 싸며, 튼튼하고 고장이 적다.
- 다루기가 간편하여 쉽게 운전할 수 있다.
- 기동 토크가 작고 속도 제어가 곤란하다는 단점도 있다.

정답 **31** ① **32** ② **33** ④

34 유도 전동기의 권선법 중 가장 많이 쓰이고 있는 것은?

① 단층 집중권 ② 단층 분포권 ③ 2층 집중권 ④ 2층 분포권

해설 유도 전동기의 고정자 권선법 : 집중권과 분포권 중에서 분포권을, 단층권과 2층권 중에서 2층권을, 파권과 중권 중에서 중권을 주로 사용한다.

35 다음 중 비례 추이의 성질을 이용할 수 있는 전동기는 어느 것인가?

① 직권 전동기 ② 단상 동기 전동기
③ 권선형 유도 전동기 ④ 농형 유도 전동기

해설 비례 추이(proportional shift)

- 토크 속도 곡선이 2차 합성 저항의 변화에 비례하여 이동하는 것을 토크 속도 곡선이 비례 추이한다고 한다.
- 권선형 유도 전동기는 비례 추이의 성질을 이용하여 기동 토크를 크게 한다든지 속도 제어를 할 수도 있다.

36 유도 전동기의 제동법이 아닌 것은?

① 역상 제동 ② 발전 제동 ③ 회생 제동 ④ 3상 제동

해설 유도 전동기의 제동법

① 역상 제동(plugging) : 회전 방향과 반대 방향으로 토크를 발생시켜 갑자기 정지시킨다.
② 발전 제동 : 대형의 천장 기중기와 케이블 카 등에 많이 쓰이고 있다.
③ 회생 제동 : 전동기가 가지는 운동 에너지를 전기 에너지로 변화시키고, 이것을 전원에 환원시켜 전력을 회생시킨다.

37 단상 유도 전동기 중 ㉠ 반발 기동형, ㉡ 콘덴서 기동형, ㉢ 분상 기동형, ㉣ 셰이딩 코일형이라 할 때, 기동 토크가 큰 것부터 옳게 나열한 것은?

① ㉠ > ㉡ > ㉢ > ㉣ ② ㉠ > ㉣ > ㉡ > ㉢
③ ㉠ > ㉢ > ㉣ > ㉡ ④ ㉠ > ㉡ > ㉣ > ㉢

정답 34 ④ 35 ③ 36 ④ 37 ①

해설 기동 토크가 큰 순서(정격 토크의 배수)
반발 기동형(4~5배) → 콘덴서 기동형(3배) → 분상 기동형(1.25~1.5배) → 셰이딩 코일형(0.4~ 0.9배)

38 보호 계전기를 동작 원리에 따라 구분할 때 해당되지 않는 것은?

① 유도형 ② 정지형 ③ 디지털형 ④ 저항형

해설 동작 원리에 따른 보호 계전기의 구분
- 전자형(電磁形) : 전자력 이용 – 유도형, 흡인형
- 정지형 : 트랜지스터형, 홀 효과형, 전자관형
- 디지털형 : IC, LSI 등 집적도가 높은 소자들로 구성

39 다음 중 실리콘 제어 정류기(SCR)에 대한 설명으로서 적합하지 않은 것은?

① 정류 작용을 할 수 있다.
② P–N–P–N 구조로 되어 있다.
③ 정방향 및 역방향의 제어 특성이 있다.
④ 인버터 회로에 이용될 수 있다.

해설 SCR의 특성
- P–N–P–N의 구조로 되어 있다.
- 정류 작용을 할 수 있다.
- 인버터 회로에 이용될 수 있다.
- 고속도의 스위치 작용을 할 수 있다.
- 정방향성 제어 특성을 갖는다.
- 조명의 조광 제어, 전기로의 온도 제어, 형광등의 고주파 점등에 사용된다.

40 다음 중 인버터(inverter)의 설명으로 바르게 나타낸 것은?

① 직류를 교류로 변환 ② 교류를 교류로 변환
③ 직류를 직류로 변환 ④ 교류를 직류로 변환

해설
- 역변환 장치 : 직류를 교류로 바꾸어 주는 장치, 인버터(inverter)
- 순변환 장치 : 교류를 직류로 바꾸어 주는 장치, 컨버터(converter)

정답 38 ④ 39 ③ 40 ①

제3과목 전기 설비 - 20문항

41 전로 이외를 흐르는 전류로서 전로의 절연체 내부 및 표면과 공간을 통하여 선간 또는 대지 사이를 흐르는 전류를 무엇이라 하는가?

① 지락 전류 ② 누설 전류

③ 정격 전류 ④ 영상 전류

해설 누설 전류(leakage current) : 전로 이외의 절연물의 내부 또는 표면을 통하여 흐르는 미소 전류

참고 지락 전류는 땅과 연결(대지와 혼촉 또는 접지선과 혼촉)되어 흐르는 전류

42 나전선 상호 또는 나전선과 절연 전선, 캡타이어 케이블 또는 케이블과 접속하는 경우 옳지 못한 방법은?

① 전선의 세기를 20% 이상 감소시키지 않을 것

② 알루미늄 전선과 구리 전선을 접속하는 경우에는 접속 부분에 전기적 부식이 생기지 않도록 할 것

③ 코드 상호, 캡타이어 케이블 상호, 케이블 상호 또는 이들 상호를 접속하는 경우에는 코드 접속기·접속함 기타의 기구를 사용할 것

④ 알루미늄 전선을 옥외에 사용하는 경우에는 반드시 트위스트 접속을 할 것

해설 도체에 알루미늄을 사용하는 절연 전선 또는 케이블을 옥내 배선, 옥측 배선 또는 옥외 배선에 사용하는 경우로 해당 전선을 접속할 때는 전선 접속기를 사용하여야 한다.

43 전선과 대지 사이 및 전선심선 상호간의 절연 저항은 사용 전압에 대한 누설 전류가 공급 전류의 얼마를 넘지 않아야 하는가?

① $\frac{1}{100}$ ② $\frac{1}{1000}$ ③ $\frac{1}{2000}$ ④ $\frac{1}{2500}$

해설 전선로의 절연 성능(기술 기준 27조) : 사용 전압에 대한 누설 전류 ≦ 최대 공급 전류의 $\frac{1}{2000}$ 로 유지하여야 한다.

정답 41 ② 42 ④ 43 ③

44 다음 중 단선의 브리타니아 직선 접속에 사용되는 것은?

① 조인트선 ② 파라핀선 ③ 바인드선 ④ 에나멜선

해설 브리타니아(britania) 직선 접속은 $10mm^2$ 이상의 굵은 단선인 경우에 적용되며 1.0 ~1.2mm 정도의 조인트선과 첨선이 사용된다.

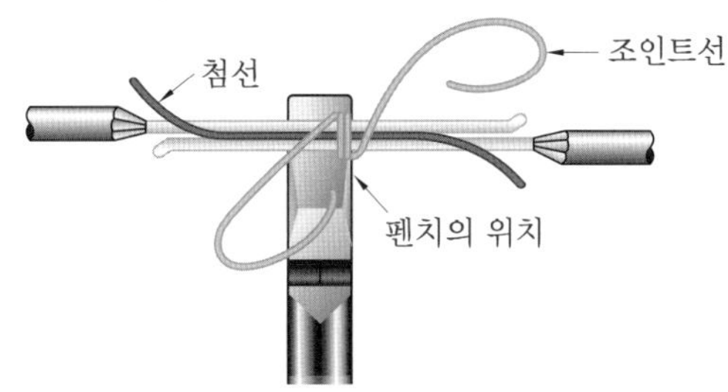

45 다음 중 접지의 목적으로 알맞지 않은 것은?

① 감전의 방지 ② 전로의 대지 전압 상승
③ 보호 계전기의 동작 확보 ④ 이상 전압의 억제

해설 접지의 목적

- 전로의 대지 전압 저하
- 감전 방지
- 보호 계전기 등의 동작 확보
- 보호 협조
- 기기 전로의 영전위 확보(이상 전압의 억제)
- 외부의 유도에 의한 장애를 방지한다.

46 한국전기설비규정에 따라 저압 수용 장소에서 계통 접지가 TN-C-S 방식인 경우 중성선 겸용 보호 도체(PEN)는 고정 전기 설비에만 사용할 수 있다. 도체가 알루미늄인 경우 단면적(mm^2)은 얼마 이상이어야 하는가?

① 2.5 ② 4 ③ 10 ④ 16

해설 주택 등 저압 수용 장소 접지(KEC 142.4.2) TN-C-S 방식인 경우

- 중성선 겸용 보호 도체(PEN)는 고정 전기 설비에만 사용할 수 있다.
- 그 도체의 단면적이 구리는 $10mm^2$ 이상, 알루미늄은 $16mm^2$ 이상이어야 한다.

정답 44 ① 45 ② 46 ④

47 **한 수용 장소의 인입선에서 분기하여 지지물을 거치지 아니하고 다른 수용 장소의 인입구에 이르는 부분의 전선을 무엇이라 하는가?**

① 가공 전선　② 가공 지선
③ 가공 인입선　④ 연접 인입선

해설 • 연접 인입선 : 수용 장소의 인입선에서 분기하여 지지물을 거치지 않고 다른 수용 장소의 인입구에 이르는 부분의 전선로이다.
• 가공 인입선(service drop) : 다른 지지물을 거치지 않고 수용 장소의 지지점에 이르는 가공 전선이다.

48 **다음 중 터널 안 전선로의 시설 방법으로 옳지 않은 것은?**

① 저압 전선은 지름 2.6mm 경동선의 절연 전선을 사용하였다.
② 고압 전선은 절연 전선을 사용하여 애자 사용 배선으로 시설하였다.
③ 저압 배선을 애자 사용 공사에 의하여 시설하고, 이를 레일면상 또는 노면상 2.2m 높이에 시설하였다.
④ 고압 전선을 금속관 공사로 시설하고 이를 레일면상 또는 노면상 3m 높이로 시설하였다.

해설 터널 안 전선로 시설(KEC 335.1) (철도, 궤도 또는 자동차도 전용 터널 안의 전선로) : 저압 배선을 애자 사용 배선에 의해 시설하고 이를 레일면상 또는 노면상 2.5m 이상의 높이로 시설하여야 한다.

49 **불연성 먼지가 많은 장소에 시설할 수 없는 저압 옥내 배선의 방법은?**

① 금속관 배선
② 애자 사용 배선
③ 금속제 가요 전선관 배선
④ 합성수지 몰드 공사

해설 불연성 먼지가 많은 장소의 공사(KEC 242.2.3)
• 탄광, 시멘트, 석분 등의 공장, 도자기 원료의 분쇄 등 불연성 먼지가 많은 장소를 말한다.
• ①, ②, ③ 이외에 합성수지관, 금속 덕트, 버스 덕트, 케이블 공사에 의한다.

정답 47 ④　48 ③　49 ④

50 **금속 전선관의 종류에서 후강 전선관 규격(mm)이 아닌 것은?**

① 16 ② 19 ③ 28 ④ 36

해설 후강 전선관 규격 : 16, 22, 28, 36, 42, 54, 70, 82, 92, 104

참고 • 후강 : 내경(안지름)에 가까운 짝수
• 박강 : 외경(바깥지름)에 가까운 홀수

51 **다음 중 금속 전선관의 종류에서 박강 전선관의 규격이 아닌 것은?**

① 19 ② 25 ③ 31 ④ 35

해설 박강 전선관의 규격 : 19, 25, 31, 39, 51, 63, 75mm

52 **다음 중 가요 전선관 공사로 적당하지 않은 것은?**

① 옥내의 천장 은폐 배선으로 8각 박스에서 형광등 기구에 이르는 짧은 부분의 전선관 공사
② 프레스 공작 기계 등의 굴곡 개소가 많아 금속관 공사가 어려운 부분의 전선관 공사
③ 금속관에서 전동기 부하에 이르는 짧은 부분의 전선관 공사
④ 수변전실에서 배전반에 이르는 부분의 전선관 공사

해설 가요 전선관 시설 장소 : 건조한 노출 장소 및 점검 가능한 은폐 장소
• 굴곡 개소가 많은 곳
• 안전함과 전동기 사이
• 짧은 부분, 작은 증설 공사, 금속관 말단
• 엘리베이터, 기차, 전차 안의 배선 금속관 말단

53 **가공 전선의 지지물에 승탑 또는 승강용으로 사용하는 발판 볼트 등은 지표상 몇 m 미만에 시설하여서는 안 되는가?**

① 1.2m ② 1.5m ③ 1.6m ④ 1.8m

해설 가공 전선로 지지물의 오름 방지(KEC 331.4) : 지지물에 발판 볼트 등을 지표상 1.8m 미만에 시설하여서는 안 된다.

정답 50 ② 51 ④ 52 ④ 53 ④

54 액세스 플로어(access floor) 내의 케이블 배선에 대한 설명으로 잘못된 것은?

① 분전반은 원칙적으로 플로어 안에 시설하여서는 안 된다.
② 콘센트, 기타 이와 유사한 것은 원칙적으로 플로어 면 또는 플로어 위에 시설하여야 한다.
③ 금속제 박스(box) 등 기타의 금속제 부분은 접지 공사를 하여야 한다.
④ 케이블을 구부리는 경우, 그 굴곡부의 내측 반경은 원칙적으로 케이블 외경의 4배 이상으로 시설하여야 한다.

해설 굴곡부의 내측 반경은 케이블 외경의 6배(단심에 있어서 8배) 이상으로 시설하여야 한다.

55 A종 철근 콘크리트주의 길이가 7m이고 설계 하중이 6.8kN인 경우, 땅에 묻히는 깊이는 최소 몇 m 이상이어야 하는가?

① 1.17 ② 1.5
③ 1.8 ④ 2.0

해설 전체의 길이가 15m 이하인 경우 : 전장의 $\frac{1}{6}$ 이상으로 할 것

$\therefore\ h \geqq 7 \times \frac{1}{6} \geqq 1.17\,\text{m}$

56 한국전기설비규정에 따라 고압 가공 전선로 철탑의 경간은 몇 m 이하로 제한하고 있는가?

① 150 ② 600
③ 500 ④ 250

해설 고압 가공 전선로의 경간의 제한(KEC 332.9)

지지물의 종류	경간
철탑	600 m 이하
B종 철주 또는 B종 철근 콘트리트주	250 m 이하
목주, A종 철주 또는 A종 철근 콘크리트주	150 m 이하

정답 **54** ④ **55** ① **56** ②

57 차단기 문자 기호 중 "OCB"는?

① 진공 차단기 ② 기중 차단기 ③ 자기 차단기 ④ 유입 차단기

해설 유입 차단기(OCB : Oil Circuit Breaker) : 아크를 절연유의 소호 작용에 의하여 소호한다.

58 수전 설비의 저압 배전반은 배전반 앞에서 계측기를 판독하기 위하여 앞면과 최소 몇 m 이상 유지하는 것을 원칙으로 하고 있는가?

① 0.6 ② 1.2 ③ 1.5 ④ 1.7

해설 수전 설비의 배전반 등의 최소 유지 거리 (단위 : m)

위치별 / 기기별	앞면 또는 조작·계측면	뒷면 또는 점검면
특고압 배전반	1.7	0.8
고압 배전반	1.5	0.6
저압 배전반	1.5	0.6

59 다음 중 형광 램프를 나타내는 기호는?

① HID ② FL ③ H ④ M

해설 • FL : 형광 램프
• HID등(H : 수은등, M : 메탈 할라이드등, N : 나트륨등)

60 저압으로 수전하는 3상 4선식에서는 단상 접속 부하로 계산하여 설비 불평형률을 몇 % 이하로 하는 것을 원칙으로 하는가?

① 10 ② 20 ③ 30 ④ 40

해설 불평형 부하의 제한
• 단상 3선식 : 40 % 이하
• 3상 3선식 또는 3상 4선식 : 30 % 이하

정답 57 ④ 58 ③ 59 ② 60 ③

4회 CBT 실전문제

제1과목 전기 이론 - 20문항

01 다음 중 진공의 유전율(F/m)은 어느 것인가?

① 6.33×10^{4} ② 8.85×10^{-12}
③ $4\pi \times 10^{-7}$ ④ 9×10^{9}

해설 $\varepsilon_0 = \dfrac{10^7}{4\pi C^2} = 8.855 \times 10^{-12}$ F/m (빛의 속도 $C ≒ 3 \times 10^8$ m/s)

02 두 콘덴서 C_1, C_2가 병렬로 접속되어 있을 때의 합성 정전 용량은?

① $C = C_1 + C_2$ ② $C = \dfrac{1}{C_1 + C_2}$
③ $C = \dfrac{C_1 C_2}{C_1 + C_2}$ ④ $C = \dfrac{C_1 + C_2}{C_1 C_2}$

해설 $C_p = C_1 + C_2 + C_3 + \cdots C_n$ [F]

03 전기력선에 대한 설명으로 틀린 것은?

① 같은 전기력선은 흡인한다.
② 전기력선은 서로 교차하지 않는다.
③ 전기력선은 도체의 표면에 수직으로 출입한다.
④ 전기력선은 양전하의 표면에서 나와서 음전하의 표면에서 끝난다.

해설 전기력선의 성질 중에서 같은 전기력선은 서로 반발한다.

정답 01 ② 02 ① 03 ①

04 전류에 의해 만들어지는 자기장의 자기력선 방향을 간단하게 알아내는 방법은?

① 플레밍의 왼손 법칙　② 렌츠의 자기 유도 법칙
③ 앙페르의 오른나사 법칙　④ 패러데이의 전자 유도 법칙

해설 앙페르의 오른나사 법칙 : 전류의 방향을 오른나사가 진행하는 방향으로 하면, 자기장의 방향은 오른나사의 회전 방향이 된다.

05 전류 2π[A]가 흐르고 있는 무한 직선 도체로부터 1m 떨어진 P점의 자계의 세기는?

① 1 A/m　② 2 A/m　③ 3 A/m　④ 4 A/m

해설 $H = \dfrac{I}{2\pi r} = \dfrac{2\pi}{2\pi \times 1} = 1\ \mathrm{AT/m}$

4회

06 공기 중에 40cm 떨어진 왕복 도선에 100A의 전류가 흐를 때 도선 1km에 작용하는 힘은 몇 N인가?

① 0.5　② 1　③ 5　④ 10

해설 $F = \dfrac{2I_1 I_2}{r} \times 10^{-7} = \dfrac{2 \times 100 \times 100}{40 \times 10^{-2}} \times 10^{-7} = 5 \times 10^{-3}\ \mathrm{N}$

∴ 도선 1 km에 작용하는 힘 : $F' = F \times 10^3 = 5 \times 10^{-3} \times 10^3 = 5\mathrm{N}$

07 다음 설명에서 나타내는 법칙은?

"유도 기전력은 자신이 발생 원인이 되는 자속의 변화를 방해하려는 방향으로 발생한다."

① 줄의 법칙　② 렌츠의 법칙　③ 플레밍의 법칙　④ 패러데이의 법칙

해설 렌츠의 법칙(Lenz's law) : 전자 유도에 의하여 생긴 기전력의 방향은 그 유도 전류가 만드는 자속이 항상 원래 자속의 증가 또는 감소를 방해하는 방향이다.

참고 패러데이의 법칙(Faraday's law) : 유도 기전력의 크기는 코일을 지나는 자속의 매초 변화량과 코일의 권수에 비례한다.

정답 04 ③ 05 ① 06 ③ 07 ②

08 전압계 및 전류계의 측정 범위를 넓히기 위하여 사용하는 배율기와 분류기의 접속 방법은?

① 배율기는 전압계와 병렬접속, 분류기는 전류계와 직렬접속
② 배율기는 전압계와 직렬접속, 분류기는 전류계와 병렬접속
③ 배율기 및 분류기 모두 전압계와 전류계에 직렬접속
④ 배율기 및 분류기 모두 전압계와 전류계에 병렬접속

해설
• 배율기(multiplier) : 전압계의 측정 범위를 넓히기 위한 목적으로 전압계에 직렬로 접속한다.
• 분류기(shunt) : 전류계의 측정 범위를 넓히기 위한 목적으로 전류계에 병렬로 접속한다.

09 10Ω의 저항 3개, 5Ω의 저항 4개, 100Ω의 저항 1개가 있다. 이들을 모두 직렬로 접속할 때의 합성 저항(Ω)은?

① 75 ② 100 ③ 125 ④ 150

해설 $R = R_1 \cdot n_1 + R_2 \cdot n_2 + R_3 \cdot n_3 = 10 \times 3 + 5 \times 4 + 100 = 150\,\Omega$

10 중첩의 정리를 이용하여 회로를 해석할 때 전압원과 전류원은 각각 어떻게 하여야 하는가?

① 전압원-단락, 전류원-개방 ② 전압원-개방, 전류원-개방
③ 전압원-개방, 전류원-단락 ④ 전압원-단락, 전류원-단락

해설 중첩의 원리(회로를 해석할 때)
• 전압 전원은 단락하여 그 전압을 0으로 한다.
• 전류 전원은 개방하여 그 전류를 0으로 한다.

11 $v = V_m \sin(\omega t + 30°)$ [V], $i = I_m \sin(\omega t - 30°)$ [A]일 때 전압을 기준으로 할 때 전류의 위상차는?

① 60° 뒤진다. ② 60° 앞선다. ③ 30° 뒤진다. ④ 30° 앞선다.

해설 위상차 $\theta = \theta_1 - \theta_2 = 30° - (-30°) = 60°$ $\therefore$ 전류 i는 전압 e보다 60° 뒤진다.

정답 08 ② 09 ④ 10 ① 11 ①

12 일반적인 경우 교류를 사용하는 전기난로의 전압과 전류의 위상은?

① 전압과 전류는 동상이다. ② 전압이 전류보다 90° 앞선다.
③ 전류가 전압보다 90° 앞선다. ④ 전류가 전압보다 60° 앞선다.

해설 전기난로는 저항만의 교류 회로로 취급되므로 전압과 전류는 동상이다.

13 다음 그림의 벡터는 어느 회로를 나타내는가?

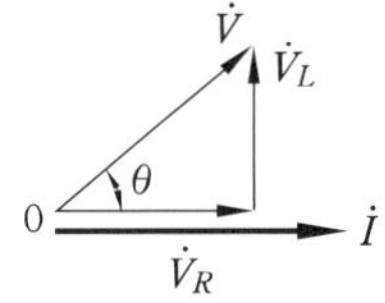

① RG 직렬 회로 ② RC 직렬 회로
③ LC 직렬 회로 ④ RL 직렬 회로

해설 RL 직렬 회로의 벡터도 : 기준 벡터를 I로 하면

$\theta = \tan^{-1}\frac{\omega L}{R}$만큼 전압이 앞선다.

14 다음 중 교류에서 무효 전력 P_r[Var]은?

① VI ② $VI\cos\theta$ ③ $VI\sin\theta$ ④ $VI\tan\theta$

해설 ① : 피상 전력(VA) ② : 유효 전력(W) ③ : 무효 전력(Var)

15 어느 회로에 200V의 교류 전압을 가할 때 $\frac{\pi}{6}$[rad] 위상이 높은 10A의 전류가 흐른다. 이 회로의 전력(W)은?

① 3452 ② 2361 ③ 1732 ④ 1215

해설 $\frac{\pi}{6}[\text{rad}] = 30°$

$\therefore P = VI\cos 30° = 200 \times 10 \times \frac{\sqrt{3}}{2} ≒ 1732\,\text{W}$

정답 12 ① 13 ④ 14 ③ 15 ③

16 정격 전압 13.2kV의 전원 3개를 Y결선하여 3상 전원으로 할 때, 이 전원의 정격 전압(kV)은 얼마인가?

① 22.9 ② 13.2 ③ 7.6 ④ 3.0

해설 $V_l = \sqrt{3} \cdot V_p = 1.732 \times 13.2 \fallingdotseq 22.9\text{kV}$

17 다음 중 비정현파를 여러 개의 정현파의 합으로 표시하는 방법은?

① 키르히호프의 법칙 ② 노튼의 법칙
③ 푸리에 분석 ④ 테일러의 분석

해설 푸리에 분석(Fourier 分析) : 하나의 복잡한 비정현파를 여러 개의 정현파로 분석하는 것이다.

18 4L의 물을 15°C에서 90°C로 온도를 높이는 데 1kW의 커피포트를 사용하여 30분간 가열하였다. 이 커피포트의 효율은 약 몇 %인가?

① 56.2 ② 69.8 ③ 81.3 ④ 82.7

해설
- $H = m(T_2 - T_1) = 4 \times (90 - 15) = 300\text{kcal}$
- 커피포트의 발생 열량 $H' = 860\,Pt = 860 \times 1 \times 0.5 = 430\,\text{kcal}$

$\therefore \eta = \frac{H}{H'} \times 100 = \frac{300}{430} \times 100 \fallingdotseq 69.8\%$

19 저항 300Ω의 부하에서 90kW의 전력이 소비되었다면 이때 흐른 전류는?

① 약 3.3 A ② 약 17.3 A
③ 약 30 A ④ 약 300 A

해설 $P = I^2 R\,[\text{W}]$에서,

$$I = \sqrt{\frac{P}{R}} = \sqrt{\frac{90}{300} \times 10^3} \fallingdotseq 17.3\,\text{A}$$

정답 16 ① 17 ③ 18 ② 19 ②

20 기전력 1.5V, 내부 저항 0.5Ω의 전지 10개를 직렬로 접속한 전원에 저항 25Ω의 저항을 접속하면 저항에 흐르는 전류는 몇 A가 되겠는가?

① 0.25 ② 0.5 ③ 2.5 ④ 7.5

해설 $I = \frac{nE}{nr+R} = \frac{10\times1.5}{10\times0.5+25} = \frac{15}{30} = 0.5\,\mathrm{A}$

제2과목 전기 기기 - 20문항

21 직류 발전기에서 계자의 주된 역할은?

① 기전력을 유도한다. ② 자속을 만든다.
③ 정류 작용을 한다. ④ 정류자면에 접촉한다.

해설 계자(field) : 자속(자기력선속)을 발생하는 부분이며 계철, 계자 철심, 계자 권선, 자극편으로 구성된다.

22 직류 발전기의 병렬 운전 중 한쪽 발전기의 여자를 늘리면 그 발전기는 어떻게 되는가?

① 부하 전류는 불변, 전압은 증가 ② 부하 전류는 줄고, 전압은 증가
③ 부하 전류는 늘고, 전압은 증가 ④ 부하 전류는 늘고, 전압은 불변

해설 여자 자속이 늘면 유기 기전력이 증가하게 되어 전류는 증가하고, 전압도 약간 증가한다.

23 직류 전동기의 제어에 널리 응용되는 직류-직류 전압 제어 장치는?

① 인버터 ② 컨버터 ③ 초퍼 ④ 전파 정류

해설 어떤 직류 전압을 입력으로 하여 크기가 다른 직류를 얻기 위한 회로가 직류 초퍼(DC chopper) 회로이다.

참고 지하철, 전철의 견인용 직류 전동기의 속도 제어 등에 널리 응용된다.

정답 20 ② 21 ② 22 ③ 23 ③

24 다음 그림의 직류 전동기는 어떤 전동기인가?

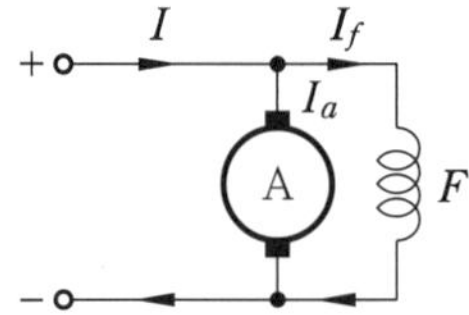

① 직권 전동기 ② 타여자 전동기
③ 분권 전동기 ④ 복권 전동기

해설
- 분권 전동기 : 전기자(A)와 계자 권선(F)이 병렬접속
- 직권 전동기 : 전기자(A)와 계자 권선(F)이 직렬접속

25 동기 발전기에서 여자기라 함은?

① 발전기의 속도를 일정하게 하기 위한 것
② 부하 변동을 방지하는 것
③ 직류 전류를 공급하는 것
④ 주파수를 조정하는 것

해설 여자기(excitor)
- 동기 발전기의 계자 권선에 직류 전류를 공급하여 계자 철심을 자화시키기 위한 것이다.
- 분권 또는 복권 직류 발전기를 사용한다.

26 동기 발전기의 전기자 반작용 중에서 전기자 전류에 의한 자기장의 축이 항상 주자 속의 축과 수직이 되면서 자극편 왼쪽에 있는 주자 속을 증가시키고, 오른쪽에 있는 주자 속은 감소시켜 편자 작용을 하는 전기자 반작용은?

① 증자 작용
② 직축 반작용
③ 교차 자화 작용
④ 감자 작용

해설 교차 자화 작용은 역률이 1인 경우에 일어나는 현상으로 편자 작용을 일으킨다.

정답 24 ③ 25 ③ 26 ③

27 동기 발전기 2대를 병렬 운전하고자 할 때 필요로 하는 조건이 아닌 것은?
① 발생 전압의 주파수가 서로 같아야 한다.
② 각 발전기에서 유도되는 기전력의 크기가 같아야 한다.
③ 발전기에서 유도된 기전력의 위상이 일치해야 한다.
④ 발전기의 용량이 같아야 한다.

해설 병렬 운전의 필요조건 : 기전력의 크기, 위상, 주파수, 파형이 같을 것

28 동기 전동기의 기동법으로 옳은 것은?
① 직류 초퍼법, 기동 전동기법
② 자기 기동법, 기동 전동기법
③ 자기 기동법, 직류 초퍼법
④ 계자 제어법, 저항 제어법

해설 • 자기 기동법 : 계자의 자극 면에 감은 기동(제동) 권선을 이용
• 기동 전동기법 : 기동용 전동기를 이용

29 1차 전압 6300V, 2차 전압 210V, 주파수 60Hz의 변압기가 있다. 이 변압기의 권수비는?
① 30 ② 40
③ 50 ④ 60

해설 $a=\dfrac{V_1}{V_2}=\dfrac{6300}{210}=30$

30 변압기의 성층 철심 강판 재료의 규소 함유량은 대략 몇 %인가?
① 8 ② 6
③ 4 ④ 2

해설 변압기의 철심은 철손을 적게 하기 위하여 약 3～4%의 규소를 포함한 연강판을 쓰는데, 이것을 포개어 성층 철심으로 한다.

정답 27 ④ 28 ② 29 ① 30 ③

31 변압기의 전압 변동률을 작게 하려면 어떻게 해야 하는가?

① 권수비를 크게 한다. ② 권선의 임피던스를 작게 한다.
③ 권수비를 작게 한다. ④ 권선의 임피던스를 크게 한다.

해설 전압 변동률을 작게 하려면 권수비와는 관계없고 권선의 임피던스를 작게 하면 된다.

32 다음 ( ) 안에 들어갈 내용으로 알맞은 것은?

유입 변압기에 많이 사용되는 목면, 명주, 종이 등의 절연 재료는 내열 등급 ( )으로 분류되고, 장시간 지속하여 최고 허용 온도 ( )℃를 넘어서는 안 된다.

① Y종, 90 ② A종, 105
③ E종, 120 ④ B종, 130

해설 절연 종별과 최고 허용 온도

종별	Y	A	E	B	F	H	C
℃	90	105	120	130	155	180	180 초과

33 3상 유도 전동기의 회전 원리를 설명한 것 중 틀린 것은?

① 회전자의 회전 속도가 증가하면 도체를 관통하는 자속 수는 감소한다.
② 회전자의 회전 속도가 증가하면 슬립도 증가한다.
③ 부하를 회전시키기 위해서는 회전자의 속도는 동기 속도 이하로 운전되어야 한다.
④ 3상 교류 전압을 고정자에 공급하면 고정자 내부에서 회전 자기장이 발생된다.

해설 슬립(slip) : 회전자의 회전 속도가 증가할수록 슬립은 감소하여 동기 속도에서는 그 값이 0이 된다.

참고 회전자의 회전 속도가 증가하여 동기 속도에 가까워지면 회전 자기장과 회전자의 속도의 차는 감소하고, 회전자 도체가 자속을 끊는 횟수도 줄어들고, 회전자에 발생하는 토크도 감소하여 이것이 부하 토크와 평형을 유지하는 속도로 회전을 계속한다.

정답 31 ② 32 ② 33 ②

34 출력 15kW, 1500rpm으로 회전하는 전동기의 토크는 약 몇 kg·m인가?

① 6.54 ② 9.75 ③ 47.78 ④ 95.55

해설 $T = 975\dfrac{P}{N} = 975 \times \dfrac{15}{1500} = 9.75\text{kg}\cdot\text{m}$

35 200V, 50Hz, 4극, 15kW의 3상 유도 전동기가 있다. 전부하일 때의 회전수가 1320rpm이면 2차 효율(%)은?

① 78 ② 88 ③ 96 ④ 98

해설 $N_s = 120 \times \dfrac{f}{p} = 120 \times \dfrac{50}{4} = 1500\text{rpm}$ $\therefore \eta_2 = \dfrac{N}{N_s} \times 100 = \dfrac{1320}{1500} \times 100 = 88\%$

36 3상 유도 전동기의 기동법 중 전전압 기동에 대한 설명으로 옳지 않은 것은?

① 소용량 농형 전동기의 기동법이다.
② 소용량의 농형 전동기에서는 일반적으로 기동 시간이 길다.
③ 기동 시에는 역률이 좋지 않다.
④ 전동기 단자에 직접 정격 전압을 가한다.

해설 전전압 기동(line starting)

- 기동 장치를 따로 쓰지 않고, 직접 정격 전압을 가하여 기동하는 방법으로, 일반적으로 기동 시간이 짧고 기동이 잘 된다.
- 보통 3.7kW(5 Hp) 이하의 소형 유도 전동기에 적용되는 직입 기동 방식이다.
- 기동 전류가 4~6배로 커서 권선이 탈 염려가 있다.
- 기동 시에는 역률이 좋지 않다.

37 유도 전동기의 속도 N을 변화시키는 방법이 아닌 것은?

① 슬립 s를 변화 ② 전압 E를 변화
③ 극수 p를 변화 ④ 주파수 f를 변화

해설 유도 전동기의 속도 제어 방법 : 주파수 변환법, 극수 변환법, 2차 저항법, 2차 여자법, 전압 제어법

정답 34 ② 35 ② 36 ② 37 ①

38 고장 시의 불평형 전류 차가 평형 전류의 어떤 비율 이상으로 되었을 때 동작하는 계전기는?

① 과전압 계전기 ② 과전류 계전기
③ 전압 차동 계전기 ④ 비율 차동 계전기

해설 비율 차동 계전기(RDFR)

- 동작 코일과 억제 코일로 되어 있으며, 전류가 일정 비율 이상이 되면 동작한다.
- 변압기 단락 보호용으로 주로 사용된다.

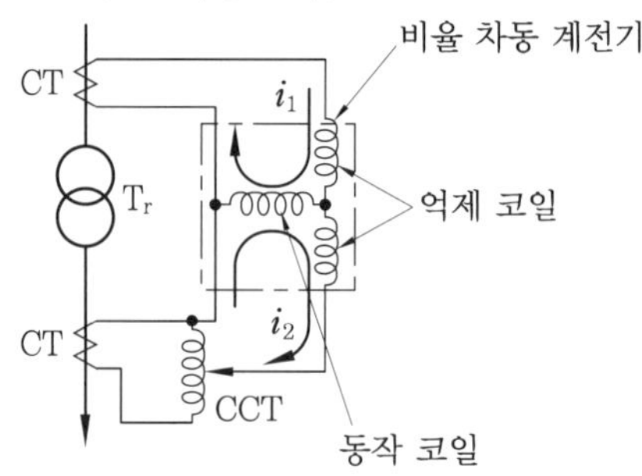

39 진성 반도체를 P형 반도체로 만들기 위하여 첨가하는 것은?

① 인 ② 인듐 ③ 비소 ④ 안티몬

해설 반도체의 비교

구분	첨가 불순물			반송자
	명칭	종류	원자가	
N형	도너(donor)	인(P), 비소(As), 안티몬(Sb)	5	과잉 전자
P형	억셉터(accepter)	인듐(In), 붕소(B), 알루미늄(Al)	3	정공

40 단상 반파 정류 회로의 전원 전압 200V, 부하 저항이 10Ω이면, 부하 전류는 약 몇 A인가?

① 4 ② 9 ③ 13 ④ 18

해설 $I_{d0} = \dfrac{E_{d0}}{R} = 0.45\dfrac{V}{R} = 0.45 \times \dfrac{200}{10} \fallingdotseq 9\text{A}$

정답 38 ④ 39 ② 40 ②

제3과목 전기 설비 - 20문항

41 전선 굵기의 결정에서 다음과 같은 요소를 만족하는 굵기를 사용해야 한다. 가장 잘 표현된 것은?

① 기계적 강도, 전선의 허용 전류를 만족하는 굵기
② 기계적 강도, 수용률, 전압 강하를 만족하는 굵기
③ 인장 강도, 수용률, 최대 사용 전압을 만족하는 굵기
④ 기계적 강도, 전선의 허용 전류, 전압 강하를 만족하는 굵기

해설 옥내 배선의 전선 지름 결정 요소 : 허용 전류, 전압 강하, 기계적 강도
여기서, 가장 중요한 요소는 허용 전류이다.

42 절연 전선 중 옥외용 비닐 절연 전선을 무슨 전선이라고 호칭하는가?

① VV ② NR ③ OW ④ DV

해설 ① VV : 비닐 절연 비닐 외장 케이블
② NR : 450/750 V 일반용 단심 비닐 절연 전선
③ OW : 옥외용 비닐 절연 전선
④ DV : 인입용 비닐 절연 전선

43 접지 시스템의 시설 종류에 해당되지 않는 것은?

① 단독 접지 ② 보호 접지 ③ 공통 접지 ④ 통합 접지

해설 접지 시스템의 시설 종류 : 단독 접지, 공통 접지, 통합 접지
참고 보호 접지는 접지 시스템의 구분에 해당된다.

44 네온 검전기를 사용하는 목적은?

① 주파수 측정 ② 충전 유무 조사 ③ 전류 측정 ④ 조도율 조사

해설 네온 검전기 : 네온(neon) 램프를 이용하여 전기 기기 설비 및 전선로 등 작업에 임하기 전에 충전 유무를 확인하기 위하여 사용한다.

정답 41 ④ 42 ③ 43 ② 44 ②

45 저압 옥내 배선 공사에서 부득이한 경우 전선 접속을 해도 되는 곳은?

① 가요 전선관 내 ② 금속관 내 ③ 금속 덕트 내 ④ 경질 비닐관 내

해설 전선의 접속 장소의 제한

- 전선 접속 금지 : 전선관(금속, 가요, 경질 비닐) 내에서는 전선의 접속은 절대 금지된다.

46 사람의 전기 감전을 방지하기 위하여 설치하는 주택용 누전 차단기는 정격 감도 전류와 동작 시간이 얼마 이하이어야 하는가?

① 3mA, 0.03초 ② 30mA, 0.03초 ③ 300mA, 0.3초 ④ 300mA, 0.03초

해설 주택용 누전 차단기(KEC 142.7 참조) : 사람의 전기 감전을 방지하기 위하여 주택용 누전 차단기는 정격 감도 전류 30mA 이하, 0.03초 이내에 동작하도록 규정하고 있다.

47 일반적으로 저압 가공 인입선이 도로를 횡단하는 경우 노면상 설치 높이는 몇 m 이상이어야 하는가?

① 3 ② 4 ③ 5 ④ 6.5

해설 저압 인입선의 시설(KEC 221.1.1)

구분	이격 거리
도로	도로를 횡단하는 경우는 5 m 이상
철도 또는 궤도를 횡단	레일면상 6.5 m 이상
횡단보도교의 위쪽	횡단보도교의 노면상 3 m 이상
상기 이외의 경우	지표상 4 m 이상

48 아크 용접기는 절연 변압기를 사용하고, 그 1차 측 전로의 대지 전압은 최대 몇 V 이하이어야 하는가?

① 100 V ② 200 V ③ 300 V ④ 400 V

정답 45 ③ 46 ② 47 ③ 48 ③

해설 아크 용접기(KEC 241.10)

- 용접 변압기의 1차 측 전로의 대지 전압은 300 V 이하일 것
- 용접 변압기는 절연 변압기일 것

49 화약고 등의 위험 장소에서 전기 설비 시설에 관한 내용으로 옳은 것은?

① 전로의 대지 전압은 400V 이하일 것
② 전기 기계 기구는 전폐형을 사용할 것
③ 화약고 내의 전기 설비는 화약고 장소에 전용 개폐기 및 과전류 차단기를 시설할 것
④ 개폐기 및 과전류 차단기에서 화약고 인입구까지의 배선은 케이블 배선으로 노출로 시설할 것

해설 화약류 저장소 등의 위험 장소 (KEC 242.5)

- 전로의 대지 전압은 300V 이하로 할 것
- 전기 기계 기구는 전폐형을 사용할 것
- 개폐기 및 과전류 차단기에서 화약고의 인입구까지의 배선은 케이블을 사용하고 또한 이것을 지중에 시설하여야 한다.

4 회

50 합성수지관 공사에 대한 설명 중 옳지 않은 것은?

① 습기가 많은 장소 또는 물기가 있는 장소에 시설하는 경우에는 방습 장치를 한다.
② 관 상호간 및 박스와는 관을 삽입하는 깊이를 바깥지름의 1.2배 이상으로 한다.
③ 관의 지지점 간의 거리는 3 m 이상으로 한다.
④ 합성수지관 안에는 전선에 접속점이 없도록 한다.

해설 합성 수지관 및 부품의 시설 (KEC 232.11.3) : 관의 지지점 간의 거리는 1.5 m 이하로 할 것

51 가요 전선관 공사에 다음의 전선을 사용하였다. 맞게 사용한 것은?

① 알루미늄 35mm^{2}의 단선 ② 절연 전선 16mm^{2}의 단선
③ 절연 전선 10mm^{2}의 연선 ④ 알루미늄 25mm^{2}의 단선

정답 49 ② 50 ③ 51 ③

해설 금속제 가요 전선관 공사의 시설 조건(KEC 232.13.1)

- 전선은 절연 전선(옥외용 비닐 절연 전선은 제외한다)일 것
- 전선은 연선일 것. 다만, 단면적 10 mm^2 (알루미늄 선은 16 mm^2) 이하인 것은 그러하지 아니하다.

52 금속 덕트를 조영재에 붙이는 경우에는 지지점 간의 거리는 최대 몇 m 이하로 하여야 하는가?

① 1.5 ② 2.0 ③ 3.0 ④ 3.5

해설 금속 덕트의 시설(KEC 232.31.3)

- 금속 덕트는 3m 이하의 간격으로 견고하게 지지할 것
- 취급자만이 출입 가능하고, 수직으로 설치시는 6m 이하

53 건조한 장소에 시설하는 진열장 또는 이와 유사한 것의 내부에 사용 전압이 400V 이하의 배선을 외부에서 잘 보이는 장소에 시설하는 경우 사용하는 전선의 단면적은?

① 0.1mm^2 ② 0.25mm^2 ③ 0.5mm^2 ④ 0.75mm^2

해설 진열장 또는 이와 유사한 것의 내부 배선(KEC 234.8) : 배선은 단면적 0.75mm^2 이상의 코드 또는 캡타이어 케이블일 것

54 고압 보안 공사 시 고압 가공 전선로의 경간은 철탑의 경우 얼마 이하이면 되는가?

① 100 m ② 150 m ③ 400 m ④ 600 m

해설 고압 보안 공사의 경간의 제한(KEC 332.10)

지지물의 종류	경간
목주 A종 철주 또는 A종 철근 콘크리트주	100 m 이하
B종 철주 또는 B종 철근 콘크리트주	150 m 이하
철탑	400 m 이하

정답 52 ③ 53 ④ 54 ③

55 차단기 문자 기호 중 "ACB"는?

① 진공 차단기 ② 기중 차단기 ③ 자기 차단기 ④ 유입 차단기

해설 ① 진공 차단기 (VCB : Vacuum Circuit Breaker)
② 기중 차단기 (ACB : Air Circuit Breaker)
③ 자기 차단기 (MBCB : Magnetic-Blast Circuit Breaker)
④ 유입 차단기 (OCB : Oil Circuit Breaker)

56 수·변전 설비 중에서 동력 설비 회로의 역률을 개선할 목적으로 사용되는 것은?

① 전력 퓨즈 ② MOF ③ 지락 계전기 ④ 진상용 콘덴서

해설 진상용 콘덴서 : 고압의 수·변전 설비 또는 개개의 부하의 역률 개선을 위해 사용하는 콘덴서이다.

참고 MOF(Metering Out Fit) : 전력 수급용 계기용 변성기

57 전동기에 과전류가 흘렀을 때 이를 차단하여 전동기가 손상되는 것을 방지하는 기기는?

① MC ② ELB ③ EOCR ④ MCCB

해설 EOCR(Electronic Over Current Relay, 전자식 과전류 계전기) : 전동기 등이 연결된 회로에서 구동 중에 과전류에 의해서 소손이 발생할 수 있는데 이때 과전류를 차단하는 기기이다.

- MC (Magnetic Contactor) : 전자 접촉기
- ELB (Earth Leakage Breaker) : 누전 차단기
- MCCB (Molded Case Circuit Breaker) : 배선용 차단기

58 실내 전반 조명을 하고자 한다. 작업대로 부터 광원의 높이가 2.4m인 위치에 조명기구를 배치할 때, 벽에서 한 기구 이상 떨어진 기구에서 기구 간의 거리는 일반적으로 최대 몇 m로 배치하여 설치하는가? (단, $S \leq 1.5H$를 사용하여 구하도록 한다.)

① 1.8 ② 2.4 ③ 3.2 ④ 3.6

정답 55 ② 56 ④ 57 ③ 58 ④

해설 $S \leq 1.5H$[m]

$\therefore S = 1.5 \times 2.4 = 3.6$ m

59 실링 직접 부침등을 시설하고자 한다. 배선도에 표기할 그림 기호로 옳은 것은?

① ⊢Ⓝ ② ⊗ ③ (CL) ④ (R)

해설 ① : 벽등(나트륨등)

② : 외등

③ : 실링 직접 부침등

④ : 리셉터클

60 전등 1개를 2개소에서 점멸하고자 할 때 필요한 3로 스위치는 최소 몇 개인가?

① 1개 ② 2개 ③ 3개 ④ 4개

해설 N개소 점멸을 위한 스위치의 소요

N= (2개의 3로 스위치)+[($N-2$)개의 4로 스위치] $= 2S_3 + (N-2)S_4$

- $N=2$일 때 : 2개의 3로 스위치
- $N=3$일 때 : 2개의 3로 스위치+1개의 4로 스위치

5회 CBT 실전문제

제1과목 전기 이론 - 20문항

01 일반적으로 절연체를 서로 마찰시키면 이들 물체는 전기를 띠게 된다. 이와 같은 현상은?

① 분극(polarization) ② 대전(electrification)
③ 정전(electrostatic) ④ 코로나(corona)

해설 마찰에 의한 대전 : 일반적으로 절연체를 서로 마찰시키면 정상 상태보다 전자의 수가 많거나 적어졌을 때 양전기나 음전기를 가지게 되어 전기를 띠게 된다.

02 $C_1 = 6\mu\mathrm{F}$, $C_2 = 4\mu\mathrm{F}$의 두 콘덴서를 직렬로 접속할 때 합성 정전 용량은 몇 μF인가?

① 7.2μF ② 2.4μF ③ 10μF ④ 24μF

해설 $C_s = \dfrac{C_1 C_2}{C_1 + C_2} = \dfrac{6 \times 4}{6+4} = 2.4\,\mu\mathrm{F}$

03 다음 중 공기 중에 있는 5×10^{-4} [Wb]의 자극으로부터 10cm 떨어진 점에 3×10^{-4} [Wb]의 자극을 놓으면 몇 N의 힘이 작용하는가?

① 95 ② 90
③ 95×10^{-2} ④ 90×10^{-2}

해설 쿨롱의 법칙(Coulomb's law)

$$F = 6.33 \times 10^4 \times \frac{m_1 \cdot m_2}{r^2} = 6.33 \times 10^4 \times \frac{5 \times 10^{-4} \times 3 \times 10^{-4}}{(10 \times 10^{-2})^2}$$

$$= 6.33 \times 10^4 \times \frac{1.5 \times 10^{-7}}{1 \times 10^{-2}} \fallingdotseq 95 \times 10^{-2}\,[\mathrm{N}]$$

정답 01 ② 02 ② 03 ③

04 똑같은 2개의 점전하 4.5×10^{-9} C가 20cm만큼 떨어져 있을 때의 중심점에서 전기장의 세기는 얼마인가?

① 2.25×10^{-10}
② 4.5×10^{-10}
③ 6.75×10^{-10}
④ 0

해설 똑같은 2개의 점전하 사이의 중심점에서 벡터적인 합의 전기장 세기는 0이다.

05 환상 철심에 감은 코일에 5A의 전류를 흘려 2000AT의 기자력을 발생시키고자 한다면 코일의 권수는 몇 회로 하면 되는가?

① 100회 ② 200회 ③ 300회 ④ 400회

해설 $F = NI$ [AT]에서

$$N = \frac{F}{I} = \frac{2000}{5} = 400\text{회}$$

06 공기 중에서 2cm의 간격을 유지하고 있는 2개의 평행도선에 100A의 전류가 흐를 때 도선 1m마다 작용하는 힘은 몇 N/m인가?

① 0.05 ② 0.1 ③ 1.5 ④ 2.0

해설 $F = \frac{2I_1I_2}{r}\times10^{-7} = \frac{2\times100\times100}{2\times10^{-2}}\times10^{-7} = \frac{2\times10^4}{2\times10^{-2}}\times10^{-7} = 0.1\text{N/m}$

07 두 코일의 자체 인덕턴스를 L_1[H], L_2[H]라 하고 상호 인덕턴스를 M이라 할 때, 두 코일을 자속이 동일한 방향과 역방향이 되도록 하여 직렬로 각각 연결하였을 경우, 합성 인덕턴스의 큰 쪽과 작은 쪽의 차는?

① M ② $2M$ ③ $4M$ ④ $8M$

해설 ㉠ 가동 접속 : $L_1 + L_2 + 2M$
㉡ 차동 접속 : $L_1 + L_2 - 2M$
∴ ㉠식 − ㉡ 식 $= 4M$

정답 04 ④ 05 ④ 06 ② 07 ③

08 15V의 전압에 3A의 전류가 흐르는 회로의 컨덕턴스 ℧는 얼마인가?

① 0.1 ② 0.2 ③ 5 ④ 30

해설 $G = \frac{I}{V} = \frac{3}{15} = 0.2℧$

09 다음과 같은 회로에서 양 단자 A, B 사이의 합성 저항 R은 무엇인가?

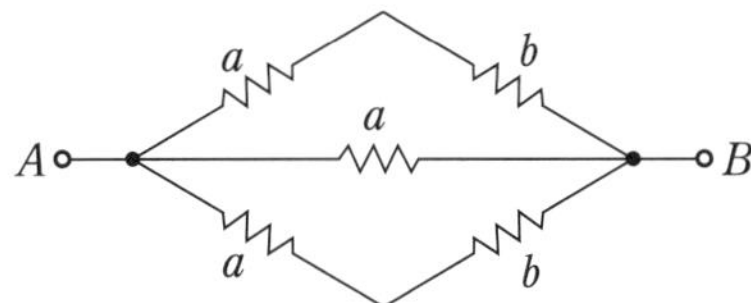

① $\dfrac{1}{\dfrac{1}{ab}+\dfrac{1}{a}+\dfrac{1}{ab}}$ ② $\dfrac{1}{\dfrac{1}{a+b}+\dfrac{1}{a}+\dfrac{1}{a+b}}$

③ $(a+b)+a+(a+b)$ ④ $ab+a+ab$

해설 병렬접속의 합성 저항

$\frac{1}{R} = \frac{1}{a+b}+\frac{1}{a}+\frac{1}{a+b}$ $\therefore R = \dfrac{1}{\dfrac{1}{a+b}+\dfrac{1}{a}+\dfrac{1}{a+b}}$

10 다음 그림과 같이 저항 8Ω, 유도 리액턴스 6Ω인 RL 직렬 회로에 $e = 100\sqrt{2}\sin\omega t$ [V]의 전압을 가할 때 전류의 실횻값은?

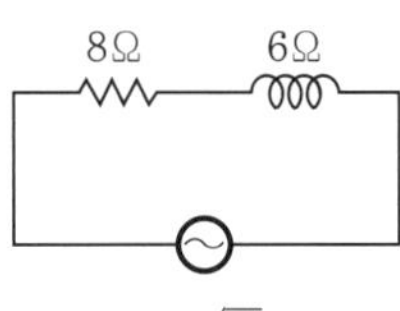

$e = 100\sqrt{2}\sin\omega t$

① 10A ② 1.73A ③ 100A ④ 5A

해설 $Z = \sqrt{R^2+X^2} = \sqrt{8^2+6^2} = 10\ \Omega$ $\therefore I = \frac{V}{Z} = \frac{100}{10} = 10\text{A}$

정답 08 ② 09 ② 10 ①

11 $e = 200\sin(100\pi t)$[V]의 교류 전압에서 $t = \dfrac{1}{600}$초일 때 순싯값은?

① 100 V ② 173 V ③ 200 V ④ 346 V

해설 $e = 200\sin(100\pi t) = 200\sin\left(100\pi \times \dfrac{1}{600}\right) = 200\sin\dfrac{\pi}{6}$

$= 200\sin 30° = 200 \times \dfrac{1}{2} = 100\,\text{V}$

12 어느 정도 이상으로 전압이 높아지면 급격히 저항이 낮아지는 성질을 이용하여 이상 전압에 대하여 회로를 보호하기 위한 소자는 무엇인가?

① 다이오드 ② SCR ③ 바리스터 ④ 커패시터

해설 바리스터(varistor) : 어떤 수치보다 높은 전압이 가해지면 흐르는 전류가 갑자기 증가하는 저항 소자. 다른 전자 부품을 높은 전압으로부터 보호하기 위한 바이패스로 이용된다. 배리스터라고도 부른다.

13 교류 순시 전류 $i = 10\sin\left(314t - \dfrac{\pi}{6}\right)$가 흐른다. 이를 복소수로 표시하면?

① $6.12 - j3.5$ ② $17.32 - j5$
③ $3.54 - j6.12$ ④ $5 - j17.32$

해설 ㉠ $i = 10\sin\left(314\,t - \dfrac{\pi}{6}\right)$

$= \sqrt{2} \times \dfrac{10}{\sqrt{2}}\sin\left(314\,t - \dfrac{\pi}{6}\right) ≒ 7.07\sqrt{2}\sin\left(314t - \dfrac{\pi}{6}\right)[\text{A}]$

㉡ $\dot{I} = 7.07\left(\cos\dfrac{\pi}{6} - j\sin\dfrac{\pi}{6}\right)$

- 실수축 $a \rightarrow 7.07\cos\dfrac{\pi}{6} = 7.07 \times \dfrac{\sqrt{3}}{2} ≒ 6.12$
- 허수축 $b \rightarrow 7.07\sin\dfrac{\pi}{6} = 7.07 \times \dfrac{1}{2} ≒ 3.5$

$\therefore \dot{I} = a + jb = 6.12 - j3.5$

정답 11 ① 12 ③ 13 ①

14 단상 전압 220V에 소형 전동기를 접속하였더니 2.5A의 전류가 흘렀다. 이때의 역률이 75%일 때 이 전동기의 소비전력(W)은 얼마인가?

① 187.5W ② 412.5W ③ 545.5W ④ 714.5W

해설 $P = VI\cos\theta = 220 \times 2.5 \times 0.75 = 412.5\,\text{W}$

15 대칭 3상 교류를 바르게 설명한 것은?

① 3상의 크기 및 주파수가 같고 상차가 60°의 간격을 가진 교류
② 3상의 크기 및 주파수가 각각 다르고 상차가 60°의 간격을 가진 교류
③ 동시에 존재하는 3상의 크기 및 주파수가 같고 상차가 120°의 간격을 가진 교류
④ 동시에 존재하는 3상의 크기 및 주파수가 같고 상차가 90°의 간격을 가진 교류

해설 3상 교류는 자기장 내에 3개의 코일을 120° 간격으로 배치하여 회전시키면 3개의 사인파 전압이 발생한다.

16 Δ 결선 전압기 1개가 고장으로 V 결선으로 바꾸었을 때 변압기의 이용률은 얼마인가?

① $\frac{1}{2}$ ② $\frac{\sqrt{3}}{3}$ ③ $\frac{2}{3}$ ④ $\frac{\sqrt{3}}{2}$

해설 $\text{이용률} = \frac{\text{출력}}{\text{용량}} = \frac{\sqrt{3}\,P_1}{2P_1} = \frac{\sqrt{3}}{2}$

17 어떤 3상 회로에서 선간 전압이 200V, 선전류 25A, 3상 전력이 7kW였다. 이때 역률은 얼마인가?

① 약 60% ② 약 70% ③ 약 80% ④ 약 90%

해설 $P = \sqrt{3}\,V_l \cdot I_l \cos\theta\ [\text{W}]$

$$\therefore \cos\theta = \frac{P}{\sqrt{3}\,V_l I_l} \times 100 = \frac{7 \times 10^3}{\sqrt{3} \times 200 \times 25} \times 100 \fallingdotseq 80\%$$

정답 **14** ② **15** ③ **16** ④ **17** ③

18 전기다리미의 저항선에 100V, 60Hz의 전압을 가할 경우 6A의 전류가 흐른다. 이때의 저항선은 몇 Ω인가?

① 14.7Ω ② 16.7Ω ③ 18.7Ω ④ 20.7Ω

해설 $R=\frac{V}{I}=\frac{100}{6}\fallingdotseq 16.7\Omega$

19 다음은 무엇을 설명한 내용인가?

"금속 A와 B로 만든 열전쌍과 접점 사이에 임의의 금속 C를 연결해도 C의 양 끝의 접점의 온도를 똑같이 유지하면 회로의 열기전력은 변화하지 않는다."

① 제베크 효과 ② 톰슨 효과 ③ 제3금속의 법칙 ④ 펠티에 법칙

해설 제3금속의 법칙 : 열전쌍 사이에 제3의 금속을 연결해도 열기전력은 변화하지 않는다.

20 다음은 납축전지에 대한 설명이다. 옳지 않은 것은?

① 전해액은 황산을 물에 섞어서 비중을 1.2~1.3 정도로 하여 사용한다.
② 충전 시 양극은 PbO로, 음극은 $PbSO_4$로 된다.
③ 방전 전압의 한계는 1.8V로 하고 있다.
④ 용량은 방전 전류×방전 시간으로 표시하고 있다.

해설 충전 시 양극은 PbO_2로, 음극은 Pb로 된다.

참고 방전되면 음극과 양극은 $PbSO_4$이다.

제2과목 전기 기기 - 20문항

21 직류 발전기 전기자 반작용의 영향에 대한 설명으로 틀린 것은?

① 브러시 사이에 불꽃을 발생시킨다.
② 주 자속이 찌그러지거나 감소된다.
③ 전기자 전류에 의한 자속이 주 자속에 영향을 준다.
④ 회전 방향과 반대 방향으로 자기적 중성축이 이동된다.

정답 18 ② 19 ③ 20 ② 21 ④

해설 전기자 반작용이 직류 발전기에 주는 현상

㉠ 전기적 중성축이 이동된다.

- 발전기 : 회전 방향
- 전동기 : 회전 방향과 반대 방향

㉡ 주자속이 감소하여 기전력이 감소된다.

㉢ 정류자편 사이의 전압이 고르지 못하게 되어, 부분적으로 전압이 높아지고 불꽃 섬락이 일어난다.

22 **직류기에서 전압 변동률이 (+) 값으로 표시되는 발전기는?**

① 분권 발전기 ② 과복권 발전기 ③ 직권 발전기 ④ 평복권 발전기

해설 전압 변동률

(+) 값 : 타여자, 분권 및 차동 복권 발전기

(−) 값 : 직권, 평복권, 과복권 발전기

23 **다음 중 분권 전동기의 토크와 회전수 관계를 올바르게 표시한 것은?**

① $T \propto \frac{1}{N}$ ② $T \propto N$ ③ $T \propto \frac{1}{N^2}$ ④ $T \propto N^2$

해설 전압 전류가 일정하면 $N = \frac{V - I_a R_a}{\kappa\phi}$ 에서, $\phi \propto \frac{1}{N}$

$\therefore\ T = \kappa\phi I_a = \kappa' \frac{1}{N}$

24 **직류 전동기의 회전 방향을 바꾸려면 어떻게 해야 하는가?**

① 전기자 전류의 방향이나 계자의 극성을 바꾸면 된다.

② 발전기로 운전시킨다.

③ 전원의 극성을 바꾼다.

④ 차동 복권을 가동 복권으로 바꾼다.

해설 계자 또는 전기자 접속을 반대로 바꾸면 회전 방향은 반대가 된다.

정답 22 ① 23 ① 24 ①

25 동기 발전기는 무엇에 의하여 회전수가 결정되는가?

① 역률과 극수 ② 주파수와 역률 ③ 주파수와 극수 ④ 정격 전압과 극수

해설 동기 속도 : $N_s = \frac{120}{p} \cdot f\,[\mathrm{rpm}]$

26 다음 중 고조파를 제거하기 위하여 동기기의 전기자 권선법으로 많이 사용되는 방법은?

① 단절권/집중권 ② 단절권/분포권 ③ 전절권/분포권 ④ 단층권/분포권

해설 단절권/분포권은 전절권/집중권보다 유도 기전력이 감소되는 단점도 있지만, 고조파를 제거하는 등 많은 장점을 가지고 있어 많이 사용된다.

27 정격 전압 220 V의 동기 발전기를 무부하로 운전하였을 때의 단자 전압이 253 V이었다. 이 발전기의 전압 변동률은 얼마인가?

① 13 % ② 15 % ③ 20 % ④ 33 %

해설 $\varepsilon = \frac{V_o - V_n}{V_n} \times 100 = \frac{253 - 220}{220} \times 100 = 15\%$

28 다음 중 제동 권선에 의한 기동 토크를 이용하여 동기 전동기를 기동시키는 방법은?

① 저주파 기동법 ② 고주파 기동법 ③ 기동 전동기법 ④ 자기 기동법

해설 자기 기동법 : 회전자 자극 표면에 설치한 기동(제동) 권선에 의하여 발생하는 토크를 이용한다.

29 변압기의 1차에 6600V를 가할 때 2차 전압이 220V라면 이 변압기의 권수비는 얼마인가?

① 0.3 ② 30 ③ 300 ④ 600

정답 25 ③ 26 ② 27 ② 28 ④ 29 ②

해설 $a = \frac{V_1}{V_2} = \frac{6600}{220} = 30$

30 출력 10kW, 효율 80%인 기기의 손실은 약 몇 kW인가?

① 0.6 kW ② 1.1 kW ③ 2.0 kW ④ 2.5 kW

해설 $입력 = \frac{출력}{효율} = \frac{10}{0.8} = 12.5\,\text{kW}$ $\therefore\ 손실 = 12.5 - 10 = 2.5\text{kW}$

31 다음은 3상 유도 전동기 고정자 권선의 결선도를 나타낸 것이다. 옳은 것은?

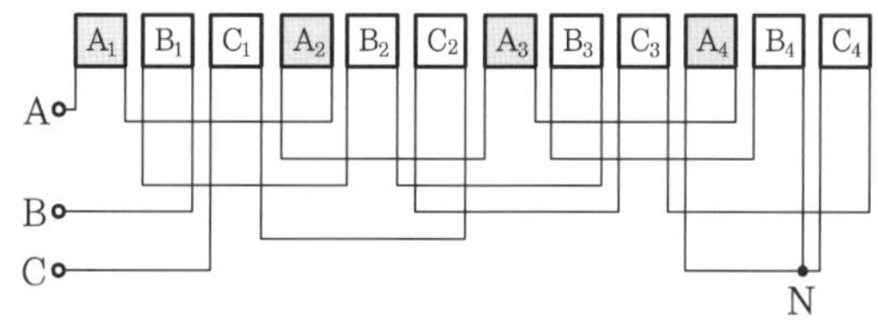

① 3상 2극, Y결선 ② 3상 4극, Y결선
③ 3상 2극, Δ결선 ④ 3상 4극, Δ결선

해설
- 3상 : A상, B상, C상
- 4극 : 극 번호 1, 2, 3, 4
- Y 결선 : 독립된 인출선 A, B, C와 성형점 N이 존재

32 변압기의 결선 방식에 대한 설명으로 틀린 것은?

① $\Delta-\Delta$ 결선에서 1상분의 고장이 나면 나머지 2대로서 V결선 운전이 가능하다.
② Y-Y 결선에서 1차, 2차 모두 중성점을 접지할 수 있으며, 고압의 경우 이상 전압을 감소시킬 수 있다.
③ Y-Y 결선에서 중성점을 접지하면 제5고주파 전류가 흘러 통신선에 유도 장해를 일으킨다.
④ Y-Δ 결선에서 1상에 고장이 생기면 전원 공급이 불가능해진다.

해설 Y-Y 결선에서 제3고주파 전류가 흘러 통신선에 유도 장해를 일으킨다.

정답 30 ④ 31 ② 32 ③

33 변압기의 콘서베이터 사용 목적은?

① 일정한 유압의 유지 ② 과부하로부터의 변압기 보호
③ 냉각 장치의 효과를 높임 ④ 변압 기름의 열화 방지

해설 변압기유의 열화 방지
- 변압기 기름 : 절연과 냉각용으로 광유 또는 불연성 합성 절연유를 쓴다.
- 콘서베이터(conservator) : 기름과 공기의 접촉을 끊어 열화를 방지하는 장치이다.

34 유도 전동기의 회전자가 동기 속도로 회전할 때 회전자에 나타나는 주파수에 관한 설명 중 올바른 것은?

① 전원 주파수와 같은 주파수 ② 전원 주파수에 권수비를 나눈 주파수
③ 전원 주파수에 슬립을 나눈 주파수 ④ 주파수가 나타나지 않는다.

해설
- 동기 속도로 회전 : $s=0$
- 회전자 주파수 : $f_2 = sf = 0$

∴ 주파수가 나타나지 않는다.

참고 회전자가 동기 속도로 회전하게 되면 상대 속도가 '0'이 되어 회전자 도체는 자속을 끊지 못하므로 2차 전압이 유도되지 않는다.
∴ $N_s > N$ 이어야 한다.

35 3상 유도 전동기에서 2차측 저항을 2배로 하면 그 최대 토크는 어떻게 되는가?

① 변하지 않는다. ② 2배로 된다. ③ $\sqrt{2}$ 배로 된다. ④ 1/2배로 된다.

해설 비례 추이(proportional shift)에서 최대 토크 T_m은 항상 일정하다.

36 3상 유도 전동기에 Y−Δ 기동기를 사용하는 목적은?

① 기동 토크를 크게 하기 위하여 ② 기동 전류를 적게 하기 위하여
③ 기동 시간을 짧게 하기 위하여 ④ 기동 시 진동을 방지하기 위하여

해설 Y−Δ 기동 방법은 기동 전류가 전전압 기동 방법에 비하여 1/3이 되므로 기동 전류는 전부하 전류의 200~250% 정도로 제한된다.

정답 33 ④ 34 ④ 35 ① 36 ②

37 비례 추이를 이용하여 속도 제어가 되는 전동기는?

① 권선형 유도 전동기 ② 농형 유도 전동기
③ 직류 분권 전동기 ④ 동기 전동기

해설 권선형 유도 전동기 : 비례 추이의 성질을 이용하여 기동 토크를 크게 하거나 속도를 제어할 수 있다.

38 자동 제어 장치의 특수 전기 기기로 사용되는 전동기는?

① 전기 동력계 ② 3상 유도 전동기
③ 직류 스테핑 모터 ④ 초 동기 전동기

해설 직류 스테핑(stepping) 모터

- 자동 제어 장치를 제어하는 데 사용되는 특수 직류 전동기로 특히 정밀한 서보(servo) 기구에 많이 사용된다.
- 입력 펄스 제어만으로 속도 및 위치 제어가 용이하다.

5 회

39 다음 중 SCR의 기호는?

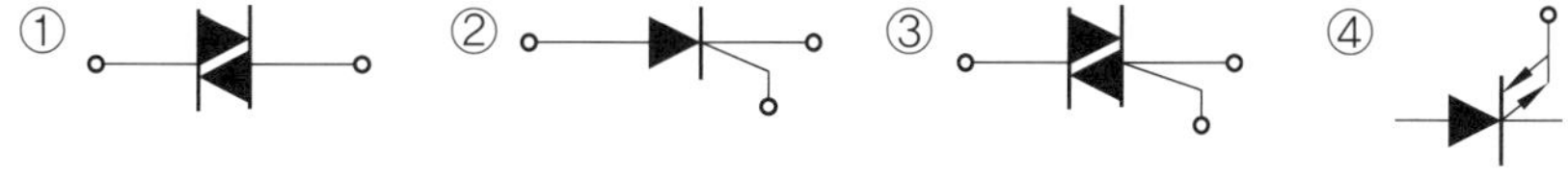

해설 ① DIAC ② SCR ③ TRIAC ④ GTO

40 다음과 같은 회로를 이용하여 제어할 수 있는 전동기는?

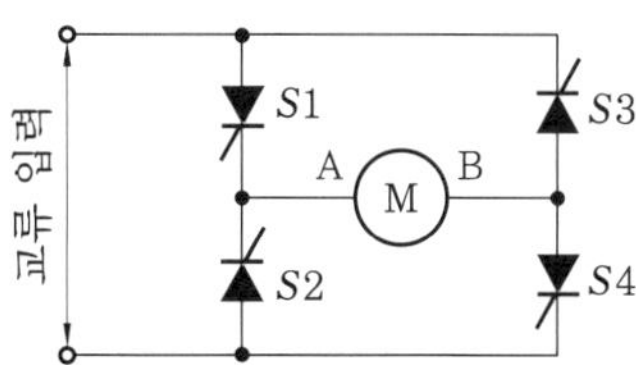

① 직류 전동기 ② 단상 유도 전동기 ③ 동기기 ④ 3상 유도 전동기

해설 전파 정류 작용으로 단상 교류 입력을 직류로 변환하여 직류 전동기 속도를 제어하는 사이리스터 위상 제어 회로이다.

정답 37 ① 38 ③ 39 ② 40 ①

제3과목 전기 설비 - 20문항

41 전선에 일정량 이상의 전류가 흘러서 온도가 높아지면 절연물을 열화하여 절연성을 극도로 악화시킨다. 그러므로 도체에는 안전하게 흘릴 수 있는 최대 전류가 있다. 이 전류는?

① 줄 전류 ② 허용 전류
③ 불평형 전류 ④ 평형 전류

해설 전선은 그 사용 목적에 따라 많은 종류가 있으며, 각각의 전선에는 안전하게 흐를 수 있는 최대 전류가 각각 정해져 있다. 이 최대 전류를 허용 전류라 한다.

참고 열화(劣化) : 절연체가 외부적인 영향이나 내부적인 영향에 따라 화학적 및 물리적 성질이 나빠지는 현상

42 전선 약호 중 경동선을 나타내는 것은?

① MI ② NR ③ OC ④ H

해설 ① MI : 미네랄 인슐레이션 케이블
② NR : 450/750 V 일반용 단심 비닐 절연 전선
③ OC : 옥외용 가교 폴리에틸렌 절연 전선
④ H : 경동선

43 다음 그림과 같은 전선의 접속법은?

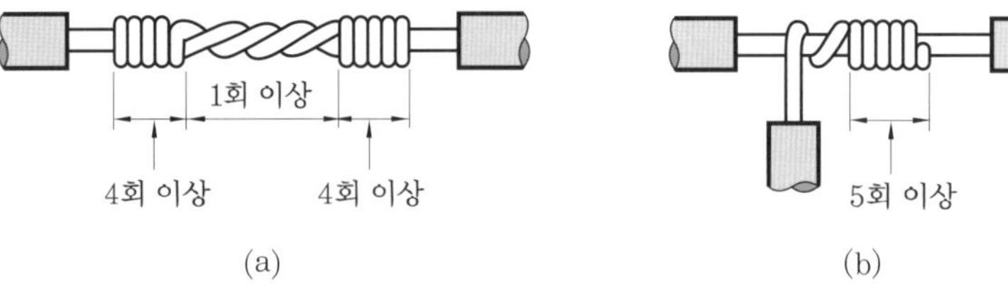

① 직선 접속, 분기 접속 ② 직선 접속, 종단 접속
③ 종단 접속, 직선 접속 ④ 직선 접속, 슬리브에 의한 접속

해설 그림 (a)는 트위스트 직선 접속, 그림 (b)는 트위스트 분기 접속

정답 41 ② 42 ④ 43 ①

44 다음 중 전선 접속에 대한 설명으로 틀린 것은?

① 접속 부분의 전기 저항을 증가시킨다.
② 접속 부분에는 납땜을 한다.
③ 전선의 강도를 20% 이상 감소시키지 않는다.
④ 접속 부분에는 전선 접속 기구를 사용한다.

해설 접속 부분을 절연 전선의 절연물과 동등 이상의 절연 효력이 있는 것으로 충분히 피복하여야 하며, 접속 부분의 전기 저항을 최대한 감소시킨다.

45 SELV 및 PELV 저압 전로의 절연 저항(MΩ) 값은 얼마 이상인가?

① 0.1 ② 0.2
③ 0.4 ④ 0.5

해설 저압 전로의 절연 성능(KEC 132)

전로의 사용 전압	절연 저항(MΩ)
SELV 및 PELV	0.5 이상
PELV, 500V 이하	1.0 이상
500V 초과	1.0 이상

참고 SELV : Safety Extra-Low Voltage
PELV : Protective Extra-Low Voltage

46 저압 옥내 배선의 회로 점검을 하는 경우 필요로 하지 않는 것은?

① 어스 테스터 ② 슬라이덕스
③ 서킷 테스터 ④ 메거

해설 ① 어스 테스터(earth tester) : 접지 저항 측정기
② 슬라이덕스(slidacs) : 입력된 교류 전압을 원하는 크기로 변환시켜 새로운 교류 전원을 만드는 장치
③ 서킷 테스터(circuit tester) : 전류·전압 및 저항 등을 육안으로 읽을 수 있는 측정 계기
④ 메거(Megger) : 절연 저항을 측정하는 계기

정답 44 ① 45 ④ 46 ②

47 **다음 중 접지극 형태에 해당되지 않는 것은?**

① 접지봉이나 관
② 접지 테이프이나 선
③ 합성수지제 수도관 설비
④ 매입된 철근 콘크리트에 용접된 금속 보강재

해설 접지극 형태(KEC 42.2)는 ①, ②, ④ 이외에 접지판, 기초부에 매입한 접지극, 금속제 수도관 설비 등이 있다.

48 **저압 옥내 간선으로부터 분기하는 곳에 설치하여야 하는 것은?**

① 지락 차단기
② 과전류 차단기
③ 누전 차단기
④ 과전압 차단기

해설 저압 간선에서 분기하는 경우는 그 접속 개소에 단락 전류로부터 보호하기 위하여 과전류 차단기를 설치하여야 한다.

49 **저압 가공 전선에 대한 설명으로 옳지 않은 것은?**

① 저압 가공 전선은 나전선, 절연 전선, 다심형 전선 또는 케이블을 사용하여야 한다.
② 사용 전압이 400V 이하인 경우 케이블을 사용할 수 있다.
③ 사용 전압이 400V를 초과하고 시가지에 시설하는 경우 지름 5mm 이상의 경동선이어야 한다.
④ 사용 전압이 400V를 초과하는 경우 인입용 비닐 절연 전선을 사용할 수 있다.

해설 저압 가공 전선의 굵기 및 종류(KEC 222.5) : 사용 전압이 400V 초과인 저압 가공 전선에는 인입용 비닐 절연 전선을 사용하여서는 안 된다.

50 **옥내 배선의 지름을 결정하는 가장 중요한 요소는?**

① 허용 전류 ② 전압 강하 ③ 기계적 강도 ④ 공사 방법

해설 옥내 배선의 전선 지름 결정 요소 : 허용 전류, 전압 강하, 기계적 강도
여기서, 가장 중요한 요소는 허용 전류이다.

정답 47 ③ 48 ② 49 ④ 50 ①

51 폭발성 분진이 있는 위험 장소에 금속관 배선에 의할 경우 관 상호 및 관과 박스 기타의 부속품이나 풀 박스 또는 전기 기계 기구는 몇 턱 이상의 나사 조임으로 접속하여야 하는가?

① 2턱 ② 3턱 ③ 4턱 ④ 5턱

해설 폭연성 분진이 존재하는 곳(KEC 242.2.1) : 금속 전선관 배선에 의하는 경우에는 5턱 이상의 나사 조임으로 견고하게 접속해야 한다.

52 다음 중 금속 전선관의 호칭을 맞게 기술한 것은?

① 박강, 후강 모두 내경으로 나타낸다.
② 박강은 내경, 후강은 외경으로 나타낸다.
③ 박강은 외경, 후강은 내경으로 나타낸다.
④ 박강, 후강 모두 외경으로 나타낸다.

해설
- 박강 : 외경(바깥지름)에 가까운 홀수
- 후강 : 내경(안지름)에 가까운 짝수

53 연피가 없는 케이블을 배선할 때 직각 구부리기(L형)는 대략 굴곡 반지름을 케이블의 바깥지름의 몇 배 이상으로 하는가?

① 3 ② 4 ③ 6 ④ 10

해설 연피가 없는 케이블 공사 : 굴곡부의 곡률 반지름은 원칙적으로 케이블 완성품 지름의 6배(단심인 것은 8배) 이상으로 하여야 한다.

54 철근 콘크리트주로서 전장이 15m이고, 설계 하중이 7.8kN이다. 이 지지물을 논, 기타 지반이 약한 곳 이외에 기초 안전율의 고려 없이 시설하는 경우에 그 묻히는 깊이는 기준보다 몇 cm를 가산하여 시설하여야 하는가?

① 10 ② 30 ③ 50 ④ 70

해설 가공 전선로 지지물의 기초 안전율(KEC 331.7) 기준보다 30cm를 가산하여 시설하여야 한다.

정답 51 ④ 52 ③ 53 ③ 54 ②

55 다음 중 배전 선로에 사용되는 개폐기의 종류와 그 특성의 연결이 바르지 못한 것은?

① 컷아웃 스위치 - 주된 용도로는 주상 변압기의 고장이 배전 선로에 파급되는 것을 방지하고 변압기의 과부하 소손을 예방하고자 사용한다.
② 부하 개폐기 - 고장 전류와 같은 대전류는 차단할 수 없지만, 평상 운전시의 부하 전류는 개폐할 수 있다.
③ 리클로저 - 선로에 고장이 발생하였을 때, 고장 전류를 검출하여 지정된 시간 내에 고속 차단하고 자동 재폐로 동작을 수행하여 고장 구간을 분리하거나 재송전하는 장치이다.
④ 섹셔널라이저 - 고장 발생 시 신속히 고장 전류를 차단하여 사고를 국부적으로 분리시키는 것으로 후비보호 장치와 직렬로 설치하여야 한다.

해설 섹셔널라이저(sectionalizer) : 고압 배전선에서 사용되는 차단 능력이 없는 유입 개폐기로 리클로저의 부하쪽에 설치되고, 리클로저의 개방 동작 횟수보다 1~2회 적은 횟수로 리클로저의 개방 중에 자동적으로 개방 동작된다.

56 간선에서 각 기계·기구로 배선하는 전선을 분기하는 곳에 주 개폐기, 분기 개폐기 및 자동 차단기를 설치하기 위하여 다음 중 무엇을 설치하는가?

① 분전반 ② 운전반 ③ 배전반 ④ 스위치반

해설 분전반(panel board) : 간선에서 각 기계·기구로 배선하는 전선을 분기하는 곳에 주 개폐기, 분기 개폐기 및 자동 차단기를 설치하기 위하여 시설한다.

57 다음의 심벌 명칭은 무엇인가?

DS

① 파워퓨즈 ② 교류차단기 ③ 피뢰기 ④ 단로기

해설 • 파워퓨즈 PF • 피뢰기 LA E_1 • 교류차단기 CB

정답 55 ④ 56 ① 57 ④

58 조명공학에서 사용되는 칸델라(cd)는 무엇의 단위인가?

① 광도 ② 조도 ③ 광속 ④ 휘도

해설 조명에 관한 용어의 정의와 단위

구분	정의	기호	단위
조도	장소의 밝기	E	럭스(lx)
광도	광원에서 어떤 방향에 대한 밝기	I	칸델라(cd)
광속	광원 전체의 밝기	F	루멘(lm)
휘도	광원의 외관상 단위면적당의 밝기	B	스틸브(sb)
광속 발산도	물건의 밝기(조도, 반사율)	M	래드럭스(rlx)

59 다음의 그림 기호가 나타내는 것은?

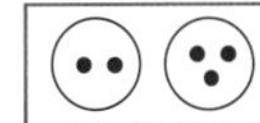

① 리셉터클 ② 비상용 콘센트

③ 점검구 ④ 방수형 콘센트

60 전등 한 개를 2개소에서 점멸하고자 할 때 옳은 배선은?

①

②

③
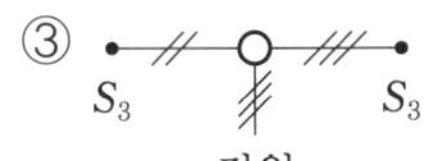

④
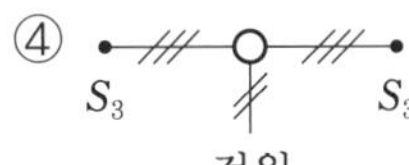

해설 전선 가닥 수

㉠ 3로 스위치 : 3가닥

㉡ 전원 : 2가닥

정답 58 ① 59 ② 60 ④

6회 CBT 실전문제

제1과목 전기 이론 - 20문항

01 다음 그림에서 $a-b$간의 합성 정전 용량은 몇 μF인가? (단, $C_1 = C_2 = 4\mu\text{F}$, $C_3 = C_4 = 5\mu\text{F}$이다.)

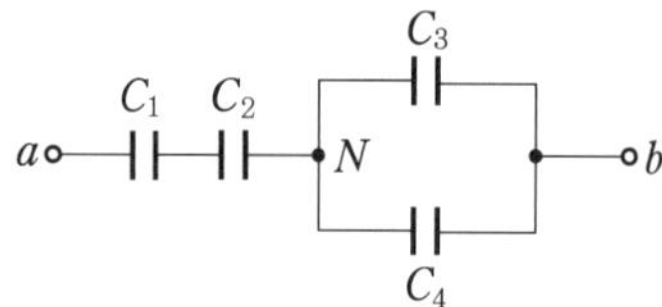

① 6.78 ② 4.54 ③ 2.55 ④ 1.67

해설
- $C_{aN} = \dfrac{C_1 C_2}{C_1 + C_2} = \dfrac{4 \times 4}{4+4} = 2\Omega$
- $C_{Nb} = C_3 + C_4 = 5 + 5 = 10\Omega$

$\therefore\ C_{ab} = \dfrac{2 \times 10}{2+10} \fallingdotseq 1.67\Omega$

02 정전 용량이 5μF인 평행판 콘덴서에 5V인 전압을 걸어줄 때 콘덴서에 축적되는 에너지는 몇 J인가?

① 6.25×10^{-5} ② 6.25×10^{-3} ③ 1.25×10^{-5} ④ 1.25×10^{-3}

해설 $W = \dfrac{1}{2}CV^2 = \dfrac{1}{2} \times 5 \times 10^{-6} \times 5^2 = 6.25 \times 10^{-5}\text{J}$

03 2C의 전기량이 두 점 사이를 이동하여 48J의 일을 하였다면 이 두 점 사이의 전위차는 몇 V인가?

① 12V ② 24V ③ 48V ④ 64V

정답 01 ④ 02 ① 03 ②

해설 $V = \frac{W}{Q} = \frac{48}{2} = 24\text{V}$

04 다음 중 자기선속의 단위를 나타낸 것은?

① A/m ② Wb ③ Wb/m^2 ④ AT/Wb

해설 자기선속 단위는 Wb(weber), 기호는 ϕ 를 사용한다.

참고
- 자기장의 세기 : H [A/m]
- 자속 밀도 : B [Wb/m^2]
- 자기 저항 : R [AT/Wb]

05 비투자율이 1인 환상철심 중의 자장의 세기가 H [AT/m]이었다. 이때 비투자율이 10인 물질로 바꾸면 철심의 자속 밀도(Wb/m^2)는?

① 1/10로 줄어든다. ② 10배 커진다.
③ 50배 커진다. . ④ 100배 커진다.

해설 $B = \mu H = \mu_0 \mu_s H$ [Wb/m^2]에서, μ_0와 H가 일정하면 자속 밀도는 비투자율에 비례한다.

참고 비투자율이 10배가 되면 자속 밀도도 10배가 된다.

06 무한장 직선 도체에 전류를 통했을 때 10cm 떨어진 점의 자계의 세기가 2AT/m이라면 전류의 크기는 약 몇 A인가?

① 1.26 ② 2.16 ③ 2.84 ④ 3.14

해설 $H = \frac{I}{2\pi r}$ [AT/m]에서, $I = 2\pi r H = 2\pi \times 10 \times 10^{-2} \times 2 \fallingdotseq 1.26\text{ A}$

07 감은 횟수 200회의 코일 p와 300회의 코일 s를 가까이 놓고 p에 1A의 전류를 흘릴 때 s와 쇄교하는 자속이 4×10^{-4}Wb이었다면 이들 코일 사이의 상호 인덕턴스는?

① 0.12 H ② 0.12 mH ③ 0.08 H ④ 0.08 mH

정답 **04** ② **05** ② **06** ① **07** ①

해설 $M = \dfrac{N_s \phi}{I_p} = \dfrac{300 \times 4 \times 10^{-4}}{1} = 0.12 \text{ H}$

08 다음과 같은 회로에서 R_2에 걸리는 전압은 몇 V인가?

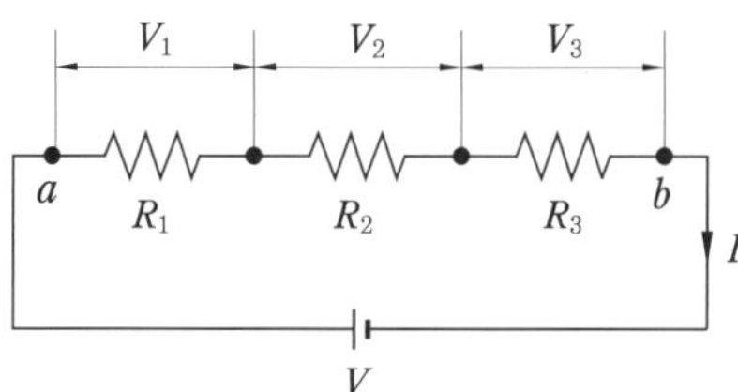

① $\left(\dfrac{R_1 R_3}{R_1 + R_2 + R_3}\right) \times V$
② $\left(\dfrac{R_1 + R_2 + R_3}{R_1 + R_3}\right) \times V$
③ $\left(\dfrac{R_2}{R_1 + R_2 + R_3}\right) \times V$
④ $\left(\dfrac{R_1 R_2}{R_1 + R_2 + R_3}\right) \times V$

해설 전압의 분배는 저항의 크기에 비례한다.

- $V_1 = \dfrac{R_1}{R_1 + R_2 + R_3} V$
- $V_2 = \dfrac{R_2}{R_1 + R_2 + R_3} V$
- $V_3 = \dfrac{R_3}{R_1 + R_2 + R_3} V$

09 동일한 저항 4개를 접속하여 얻을 수 있는 최대 저항 값은 최소 저항 값의 몇 배인가?

① 2 ② 4 ③ 8 ④ 16

해설 • 최대 저항(모두 직렬) : $R_m = 4R$

• 최소 저항(모두 병렬) : $R_S = \dfrac{R}{4}$

$\therefore \dfrac{R_m}{R_s} = \dfrac{4R}{\dfrac{R}{4}} = 16$

정답 **08** ③ **09** ④

10 임의의 폐회로에서 키르히호프의 제2법칙을 가장 잘 나타낸 것은?

① 기전력의 합=합성 저항의 합
② 기전력의 합=전압 강하의 합
③ 전압 강하의 합=합성 저항의 합
④ 합성 저항의 합=회로 전류의 합

해설 키르히호프의 법칙(Kirchhoff's law)

- 제1법칙 : $\Sigma I = 0$ ∴ 출·입하는 전류의 합=0
- 제2법칙 : $\Sigma V = \Sigma IR$ ∴ 기전력의 합=전압 강하의 합

11 사인과 교류 전압을 표시한 것으로 잘못된 것은? (단, θ는 회전각이며, ω는 각속도이다.)

① $v = V_m \sin\theta$
② $v = V_m \sin\omega t$
③ $v = V_m \sin 2\pi t$
④ $v = V_m \sin\frac{2\pi}{T}t$

해설 $\theta = \omega t = 2\pi f t = \frac{2\pi}{T}t$

$$\therefore\ v = V_m \sin\theta = V_m \sin\omega t = V_m \sin 2\pi f t = V_m \sin\frac{2\pi}{T}t$$

12 자체 인덕턴스가 1H인 코일에 200V, 60Hz의 사인파 교류 전압을 가했을 때 전류와 전압의 위상차는? (단, 저항 성분은 모두 무시한다.)

① 전류는 전압보다 위상이 $\frac{\pi}{2}$[rad]만큼 뒤진다.
② 전류는 전압보다 위상이 π[rad]만큼 뒤진다.
③ 전류는 전압보다 위상이 $\frac{\pi}{2}$[rad]만큼 앞선다.
④ 전류는 전압보다 위상이 π[rad]만큼 앞선다.

해설 전압을 기준 벡터로 했을 때, 전류는 그 위상이 전압보다 90°, 즉 $\frac{\pi}{2}$[rad]만큼 뒤진다.

정답 10 ① 11 ③ 12 ①

6
회

13 $R=5\Omega$, $L=30\text{mH}$의 RL 직렬 회로에 $V=200\text{V}$, $f=60\text{Hz}$의 교류 전압을 가할 때 전류의 크기는 약 몇 A인가?

① 8.67 ② 11.42 ③ 16.18 ④ 21.25

해설 • $X_L = 2\pi fL = 2\times3.14\times60\times30\times10^{-3} \fallingdotseq 11.31\Omega$

• $Z=\sqrt{R^2+X_L{}^2}=\sqrt{5^2+11.31^2} \fallingdotseq 12.36\Omega$

$\therefore\ I=\dfrac{V}{Z}=\dfrac{200}{12.36} \fallingdotseq 16.18\text{A}$

14 교류 회로에서 코일과 콘덴서를 병렬로 연결한 상태에서 주파수가 증가하면 어느 쪽이 전류가 잘 흐르는가?

① 코일
② 콘덴서
③ 코일과 콘덴서에 같이 흐른다.
④ 모두 흐르지 않는다.

해설 리액턴스와 주파수 관계

• $X_L = 2\pi f\cdot L\,[\Omega]$: 주파수의 f 가 증가하면 X_L은 비례하여 증가한다.

• $X_c = \dfrac{1}{2\pi f\cdot c}\,[\Omega]$: 주파수의 f 가 증가하면 X_c은 반비례하여 감소한다.

$\therefore$ 용량성 리액턴스 X_c가 감소하므로 콘덴서 쪽이 전류가 잘 흐르게 된다.

15 20Ω의 저항에 최댓값 120V의 정현파 전압을 가했을 때 이 저항에 소비되는 유효 전력(W)은?

① 200 ② 360 ③ 440 ④ 500

해설 • $V=\dfrac{\text{최댓값}}{\sqrt{2}}=\dfrac{120}{1.414} \fallingdotseq 85\text{V}$

• $I=\dfrac{V}{R}=\dfrac{85}{20}=4.25\text{A}$

$\therefore\ P=VI\cos\theta=85\times4.25\times1 \fallingdotseq 360\text{W}(\cos\theta=\cos0°=1)$

정답 13 ③ 14 ② 15 ②

16 각 상의 임피던스가 $\dot{Z}=6+j8$인 평형 Y부하에 선간 전압 220V인 대칭 3상 전압이 가하여졌을 때 선전류(A)는?

① 10.7 ② 11.7 ③ 12.7 ④ 13.7

해설 $I_p=\dfrac{V_p}{\dot{Z}}=\dfrac{220/\sqrt{3}}{8+j6}=\dfrac{127}{10}\fallingdotseq 12.7\text{A}$

17 용량이 250 kVA인 단상 변압기 3대를 Δ결선으로 운전 중 1대가 고장나서 V결선으로 운전하는 경우 출력은 얼마인가?

① 144 kVA ② 353 kVA ③ 433 kVA ④ 525 kVA

해설 $P_v=\sqrt{3}P_1=\sqrt{3}\times 250\fallingdotseq 433\text{kVA}$

참고 출력비$=0.577$ $\therefore P_v=3\times 250\times 0.577\fallingdotseq 433\,\text{kVA}$

18 3kW의 전열기를 정격 상태에서 20분간 사용하였을 때의 열량은 몇 kcal인가?

① 430 ② 520 ③ 610 ④ 860

해설 $H=0.24Pt=0.24\times 3\times 20\times 60\fallingdotseq 860\text{kcal}$

19 같은 저항 4개를 그림과 같이 연결하여 $a-b$ 간에 일정 전압을 가했을 때 소비 전력이 가장 큰 것은 어느 것인가?

①

②
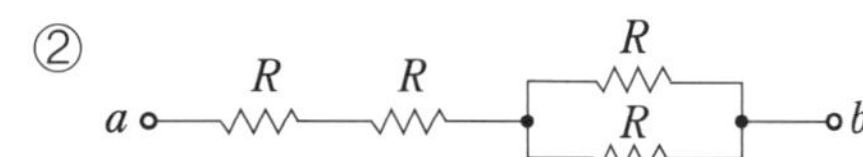

③
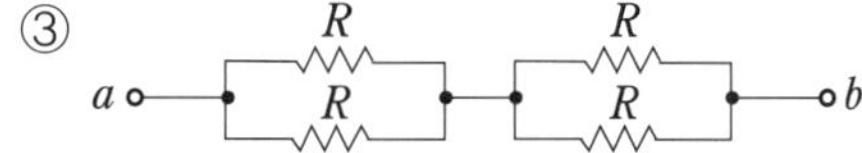

④
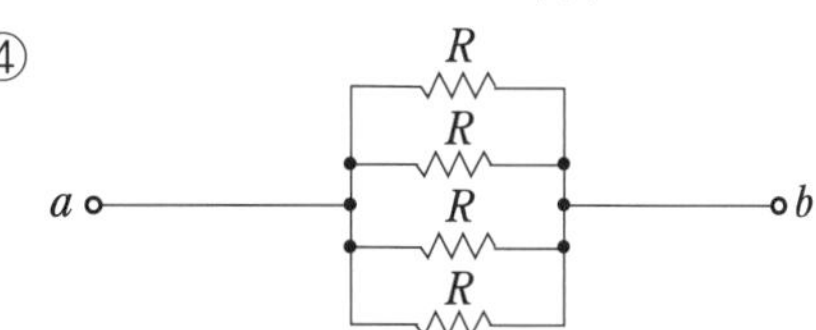

해설 일정 전압을 가했을 때 소비 전력은 합성 저항 R_{ab}에 반비례하므로, R_{ab}가 가장 작은 ④항이 소비 전력이 가장 크게 된다.

참고 R_{ab}의 값 비교 ① : $4R$, ② : $2.5R$, ③ : R, ④ : $0.25R$

정답 16 ③ 17 ③ 18 ④ 19 ④

20 다음 중 1W·s와 같은 것은?

① 1J ② 1F ③ 1kcal ④ 860kWh

해설 1W는 1초 동안 1J의 에너지가 발전되거나 소비하는 것이다.
∴ 1W=1J/s이므로 1W·s=1J이다.

제2과목 전기 기기 - 20문항

21 8극 100V, 200A의 직류 발전기가 있다. 전기자 권선이 중권으로 되어 있는 것을 파권으로 바꾸면 전압은 몇 V로 되겠는가?

① 400 ② 200 ③ 100 ④ 50

해설 중권을 파권으로 바꾸면 병렬 회로 수가 8에서 2로 되므로 전압은 4배로 400V가 된다.

참고 전류는 $\frac{1}{4}$배

22 다음 직류 발전기의 정류 곡선 중 브러시의 후단에서 불꽃이 발생하기 쉬운 것은?

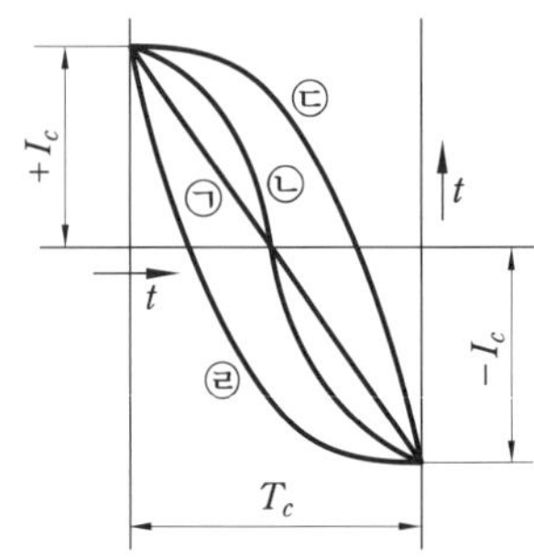

① 직선 정류 ② 정현파 정류 ③ 과 정류 ④ 부족 정류

해설 정류 곡선

① 직선 정류 : 이상적인 정류 → ㉠
② 정현(사인)파 정류 : 불꽃 없다 → ㉡
③ 과 정류 : 브러시 전단(초기) 불꽃 발생 → ㉣
④ 부족 정류 : 브러시 후단(말기) 불꽃 발생 → ㉢

정답 20 ① 21 ① 22 ④

23 출력 15kW, 1500rpm으로 회전하는 전동기의 토크는 약 몇 kg·m인가?

① 6.54 ② 9.75 ③ 47.78 ④ 95.55

해설 $T = 975\frac{P}{N} = 975 \times \frac{15}{1500} = 9.75\text{kg}\cdot\text{m}$

24 직류 직권 전동기의 벨트 운전을 금지하는 이유는?

① 벨트가 벗겨지면 위험 속도에 도달한다.
② 손실이 많아진다.
③ 벨트가 마모하여 보수가 곤란하다.
④ 직결하지 않으면 속도 제어가 곤란하다.

해설 벨트(belt)가 벗겨지면 무부하 상태가 되어 위험 속도로 회전하게 된다.
∴ 직류 직권 전동기 벨트 운전을 금지한다.

6 회

25 동기 발전기의 무부하 포화 곡선을 나타낸 것이다. 포화 계수에 해당하는 것은?

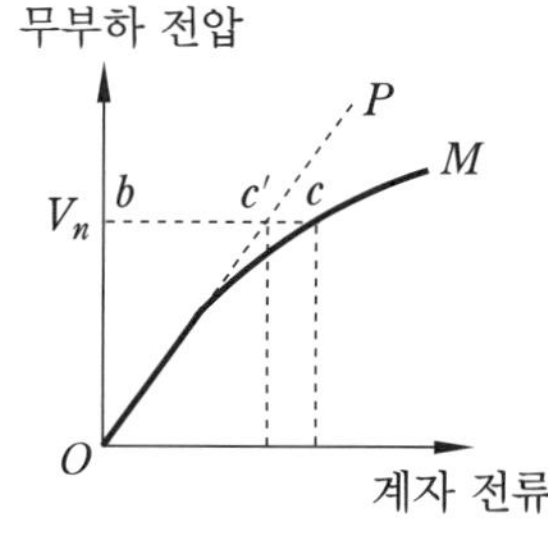

① $\frac{ob}{oc}$ ② $\frac{bc'}{bc}$ ③ $\frac{cc'}{bc'}$ ④ $\frac{cc'}{bc}$

해설 무부하 포화 곡선

- 무부하 유기 기전력과 계자 전류와의 관계 곡선이다.
  $\overline{\text{OM}}$: 포화 곡선
  $\overline{\text{OP}}$: 공극선
- 점 b가 정격 전압(V_n)에 상당하는 점이 될 때, 포화의 정도를 표시하는 포화 계수
  $\delta = \frac{cc'}{bc'}$

정답 23 ② 24 ① 25 ③

26 단락비가 1.25인 발전기의 %동기 임피던스(%)는 얼마인가?

① 70 ② 80 ③ 90 ④ 100

해설 $Z_s' = \frac{1}{K_s} \times 100 = \frac{1}{1.25} \times 100 = 80\%$

27 동기 전동기의 계자 전류를 가로축에, 전기자 전류를 세로축으로 하여 나타낸 V곡선에 관한 설명으로 옳지 않은 것은?

① 위상 특성 곡선이라 한다.
② 부하가 클수록 V곡선은 아래쪽으로 이동한다.
③ 곡선의 최저점은 역률 1에 해당한다.
④ 계자 전류를 조정하여 역률을 조정할 수 있다.

해설 부하가 클수록 V곡선은 위로 이동한다.

28 동기 전동기의 인입 토크는 일반적으로 동기 속도의 대략 몇 %에서의 토크를 말하는가?

① 65 % ② 75 % ③ 85 % ④ 95 %

해설 인입 토크 : 전동기가 기동하여 동기 속도의 95 % 속도에서의 최대 토크를 인입 토크라 한다.

29 다음 중 변압기의 권수비 a에 대한 식이 바르게 설명된 것은?

① $a = \frac{N_2}{N_1}$ ② $a = \sqrt{\frac{Z_1}{Z_2}}$

③ $a = \frac{I_1}{I_2}$ ④ $a = \sqrt{\frac{Z_2}{Z_1}}$

해설 $a = \frac{V_1}{V_2} = \frac{N_1}{N_2} = \frac{I_2}{I_1} = \sqrt{\frac{Z_1}{Z_2}}$

정답 26 ② 27 ② 28 ④ 29 ②

30 다음 중 변압기에서 자속과 비례하는 것은?

① 권수 ② 주파수 ③ 전압 ④ 전류

해설 $E = 4.44 f N \Phi_m [\mathrm{V}]$에서 자속과 비례하는 것은 전압이다.

31 변압기의 철손을 나타내는 곡선은?

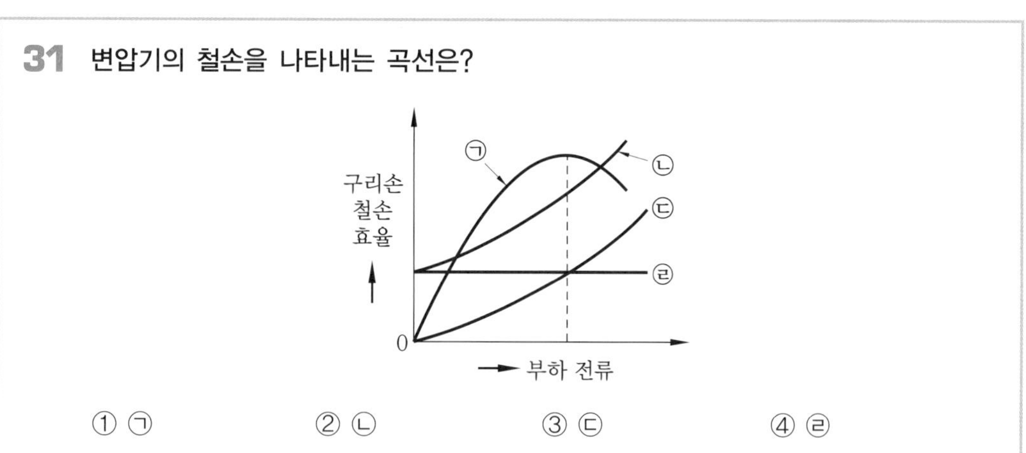

① ㉠ ② ㉡ ③ ㉢ ④ ㉣

해설 ㉠ 효율, ㉡ 전 손실, ㉢ 구리손, ㉣ 철손

참고 철손은 무부하 손이므로 부하 전류에 관계없이 직선이 된다.

32 변압기의 절연 내력 시험에서 가압 시험의 가압 시간은?

① 1분 ② 5분 ③ 10분 ③ 1시간

해설 가압 시험은 온도 상승 시험 직후에 하여야 하는데, 가압 시간은 1분 동안이다.

33 다음 중 권선형 3상 유도 전동기의 장점이 아닌 것은?

① 속도 조정이 가능하다.
② 비례 추이를 할 수 있다.
③ 농형에 비하여 효율이 높다.
④ 기동 시 특성이 좋다.

해설 권선형은 농형에 비하여 구조가 복잡하고 운전이 까다로우며, 효율과 능률이 떨어지는 단점이 있다.

정답 30 ③ 31 ④ 32 ① 33 ③

34 **유도 전동기에서 회전자 속도가 0이라면 슬립 값은?**

① 0　② 0.5　③ 1　④ 2

해설 슬립(slip) : s

- 무부하 시 : $s=0 \rightarrow N=N_s$ ∴ 동기 속도로 회전
- 기동 시 : $s=1 \rightarrow N=0$ ∴ 정지 상태

35 **전부하 시 슬립은 5%, 회전자 1상의 2차 저항은 0.05Ω인 3상 권선형 유도 전동기를 전부하 토크로 가동시키려면 회전자에 몇 Ω의 저항을 넣으면 되는가?**

① 0.85　② 0.90　③ 0.95　④ 1.05

해설 기동 시 $s=1$이므로, 슬립 5% 경우는 그 배수 : $m=\dfrac{1}{0.05}=20$배

여기서, 기동 저항기는 19배

$\therefore R_s=19\times r_2=19\times 0.05=0.95\,\Omega$

36 **3상 농형 유도 전동기의 $Y-\Delta$ 기동 시의 기동 전류를 전 전압 기동 시와 비교하면 어떻게 되는가?**

① 전 전압 기동 전류의 1/3로 된다.
② 전 전압 기동 전류의 $\sqrt{3}$배로 된다.
③ 전 전압 기동 전류의 3배로 된다.
④ 전 전압 기동 전류의 9배로 된다.

해설 $\mathrm{Y}-\Delta$ 기동 방법은 기동 전류가 전 전압 기동 방법에 비하여 1/3이 되므로, 기동 전류는 전 부하 전류의 200~250% 정도로 제한된다.

37 **선풍기, 가정용 펌프, 헤어드라이기 등에 주로 사용되는 전동기는?**

① 단상 유도 전동기
② 권선형 유도 전동기
③ 동기 전동기
④ 직류 직권 전동기

해설 단상 유도 전동기 중에서 주로 콘덴서 기동형이 운전 특성이 좋으며, 기동 토크가 적은 용도에 적합하여, 가전제품에 주로 사용된다.

정답 34 ③　35 ③　36 ①　37 ①

38 **변압기 내부 고장에 대한 보호용으로 가장 많이 사용되는 것은?**

① 과전류 계전기　　② 차동 임피던스
③ 비율 차동 계전기　　④ 임피던스 계전기

해설 비율 차동 계전기(RDFR)

- 동작 코일과 억제 코일로 되어 있으며, 전류가 일정 비율 이상이 되면 동작한다.
- 변압기 단락 보호용으로 주로 사용된다.

39 **단상 전파 정류 회로에서 전원이 220V이면 부하에 나타나는 전압의 약 몇 V인가?**

① 99　② 198　③ 257.4　④ 297

해설 $E_{do} \fallingdotseq 0.9V = 0.9 \times 220 = 198\text{V}$

40 **직류 전압을 직접 제어하는 것은?**

① 단상 인버터　　② 3상 인버터
③ 초퍼형 인버터　　④ 브리지형 인버터

해설 초퍼(chopper)형 인버터(inverter)

- 초퍼(chopper) : 반도체 스위칭 소자에 의해 주 전류의 ON-OFF 동작을 고속·고빈도로 반복 수행하는 것
- 일정 전압의 직류 전원을 단속하여 직류 평균 전압을 제어한다.

제3과목 전기 설비 - 20문항

41 **전선의 재료로서 구비해야 할 조건이 아닌 것은?**

① 기계적 강도가 클 것　　② 가요성이 풍부할 것
③ 고유 저항이 작을 것　　④ 비중이 클 것

해설 전선 재료는 비중이 작아 가벼워야 한다.

정답 38 ③　39 ②　40 ③　41 ④

42 **인입용 비닐 절연 전선을 나타내는 약호는?**

① OW ② EV ③ DV ④ NV

해설 ① OW : 옥외용 비닐 절연 전선
② EV : 폴리에틸렌 절연 비닐 시스 케이블
③ DV : 인입용 비닐 절연 전선
④ NV : 비닐 절연 네온 전선

43 **절연 전선 상호간의 접속에서 옳지 않은 것은?**

① 납땜 접속을 한다.
② 슬리브를 사용하여 접속한다.
③ 와이어 커넥터를 사용하여 접속한다.
④ 굵기가 $6mm^2$ 이하인 것은 브리타니아 접속을 한다.

해설 굵기가 $6mm^2$ 이하는 트위스트 접속, 브리타니아 접속은 $10mm^2$ 이상에 적용된다.

44 **옥내에서 두 개 이상의 전선을 병렬로 사용하는 경우 동선은 각 전선의 굵기가 몇 mm^2 이상이어야 하는가?**

① 50 ② 70 ③ 95 ④ 150

해설 옥내에서 전선을 병렬로 사용하는 경우(KEC 123) : 병렬로 사용하는 각 전선의 굵기는 동 $50\ mm^2$ 이상 또는 알루미늄 $70\ mm^2$ 이상이고, 동일한 도체, 동일한 굵기, 동일한 길이이어야 한다.

45 **전선 접속에 있어서 클로로프렌 외장 케이블의 접속에 쓰이는 테이프는?**

① 블랙 테이프 ② 자기 융착 테이프
③ 리노 테이프 ④ 비닐 테이프

해설 자기 융착 테이프 : 내오존성, 내수성, 내약품성, 내온성이 우수해서 비닐 외장 케이블 및 클로로프렌 외장 케이블의 접속에 사용된다.

정답 42 ③ 43 ④ 44 ① 45 ②

46 **다음의 검사 방법 중 옳은 것은?**

① 어스 테스터로서 절연 저항을 측정한다.
② 검전기로서 전압을 측정한다.
③ 메가로서 회로의 저항을 측정한다.
④ 콜라우시 브리지로 접지 저항을 측정한다.

해설 콜라우시 브리지(kohlrausch bridge) : 저 저항 측정용 계기로 접지 저항, 전해액의 저항 측정에 사용된다.

47 **접지 공사를 다음과 같이 시행하였다. 잘못된 접지 공사는?**

① 접지극은 동봉을 사용하였다.
② 접지극 매설 깊이는 지표면으로부터 75cm 이상의 깊이에 매설하였다.
③ 지표, 지하 모두에 옥외용 비닐 절연 전선을 사용하였다.
④ 접지선과 접지극은 은납땜하여 접속하였다.

해설
- 접지극에서 지표상 60cm까지 접지선 부분은 절연 전선(단, 옥외용 비닐 절연 전선은 제외)
- 캡타이어 케이블 또는 케이블을 사용하여야 한다.

48 **접지 공사에서 접지극으로 동판을 사용하는 경우 면적이 몇 cm^2 편면 이상이어야 하는가?**

① 300 ② 600 ③ 900 ④ 1200

해설 접지극 : 동판을 사용하는 경우는 두께 0.7mm 이상, 면적 $900cm^2$ 편면 이상의 것

참고 동봉, 동피복 강봉을 사용하는 경우는 지름 8mm 이상, 길이 0.9m 이상의 것일 것

49 **고압 또는 특별 고압 가공 전선로에서 공급을 받는 수용 장소의 인입구 또는 이와 근접한 곳에는 무엇을 시설하여야 하는가?**

① 계기용 변성기 ② 과전류 계전기
③ 접지 계전기 ④ 피뢰기

정답 46 ④ 47 ③ 48 ③ 49 ④

해설 피뢰기의 시설 장소(KEC 341.13)

- 발전소·변전소 가공 전선 인입구 및 인출구, 배전용 변압기의 고압측 및 특고압측
- 고압 및 특고압 가공 전선로로부터 공급을 받는 수용 장소의 인입구
- 가공 전선로와 지중 전선로가 접속되는 곳

50 **계통 접지의 구성에 있어서 저압 전로의 보호 도체 및 중성선의 접속 방식에 따른 접지 계통 방식에 해당되지 않는 것은?**

① TN 계통 ② TT 계통 ③ IT 계통 ④ IM 계통

해설 계통 접지의 구성(KEC 203.1)

- 계통 접지 : 전력 계통에서 돌발적으로 발생하는 이상 현상에 대비하여 대지와 계통을 연결하는 것으로, 중성점을 대지에 접속하는 것
- 접지 계통 : TN 계통, TT 계통, IT 계통

51 **정격 전류가 60A일 때, 주택용 배선 차단기의 동작 시간은 얼마 이내인가?**

① 15분 ② 30분 ③ 60분 ④ 120분

해설 과전류 트립 동작 시간 및 특성(주택용 배선 차단기)

정격 전류의 구분	시간	정격 전류의 배수	
		불용단 전류	용단 전류
63A 이하	60분	1.13배	1.45배
63A 초과	120분	1.13배	1.45배

52 **저압 구내 가공 인입선으로 DV 전선 사용 시 사용할 수 있는 최소 굵기는 몇 mm 이상인가? (단, 전선의 길이가 15m 이하인 경우이다.)**

① 2.6 ② 1.5 ③ 2.0 ④ 4.0

해설 저압 인입선의 시설(KEC 221.1.1)

- 전선의 길이 15m 이하 : 2.0mm 이상
- 전선의 길이 15 m 초과 : 2.6mm 이상

정답 50 ④ 51 ③ 52 ③

53 가연성 가스가 존재하는 장소의 저압 시설 공사 방법으로 옳은 것은?

① 가요 전선관 공사 ② 합성수지관 공사
③ 금속관 공사 ④ 금속 몰드 공사

해설 가연성 가스 등의 위험 장소(KEC 242.3) : 금속 전선관 또는 케이블 배선에 의할 것

54 금속관 공사에서 금속관을 콘크리트에 매설할 경우 관의 두께는 몇 mm 이상의 것이어야 하는가?

① 0.8 mm ② 1.0 mm ③ 1.2 mm ④ 1.5 mm

해설 관의 두께(KEC 232.12.2)

- 콘크리트에 매입할 경우는 1.2mm 이상
- 기타의 경우는 1 mm 이상
- 이음매 (joint)가 없는 길이 4 m 이하의 것을 건조한 노출 장소에 시설하는 경우에는 0.5mm까지 감할 수 있다.

55 합성수지관 배선에서 경질 비닐 전선관의 굵기에 해당되지 않는 것은? (단, 관의 호칭을 말한다.)

① 14 ② 16 ③ 18 ④ 22

해설 관의 호칭 : 14, 16, 22, 28, 36, 42, 54, 70, 82

56 금속 덕트의 크기는 전선의 피복 절연물을 포함한 단면적의 총 합계가 금속 덕트 내 단면적의 몇 % 이하가 되도록 선정하여야 하는가?

① 20% ② 30% ③ 40% ④ 50%

해설 금속 덕트의 시설 조건(KEC 232.31.1)

- 전선의 피복 절연물을 포함한 단면적의 총 합계가 금속 덕트 내 단면적의 20 % 이하
- 제어 회로 등의 배선에 사용하는 전선만을 넣는 경우에는 50 % 이하

정답 53 ③ 54 ③ 55 ③ 56 ①

57 가요 전선관 공사에서 가요 전선관의 상호 접속에 사용하는 것은?

① 유니언 커플링 ② 2호 커플링
③ 콤비네이션 커플링 ④ 스플릿 커플링

해설 • 가요 전선관의 상호 접속 : 스플릿(split) 커플링
• 금속 전선관의 접속 : 콤비네이션(combination) 커플링

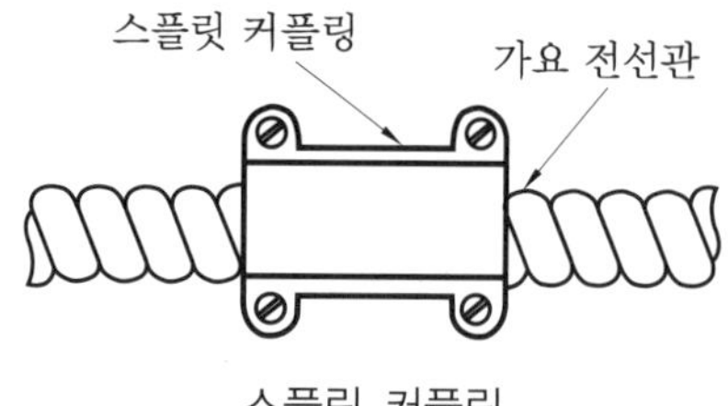

스플릿 커플링

58 전력용 콘덴서를 회로로부터 개방하였을 때 전하가 잔류함으로써 일어나는 위험의 방지와 재투입할 때 콘덴서에 걸리는 과전압의 방지를 위하여 무엇을 설치하는가?

① 직렬 리액터 ② 콘덴서
③ 방전 코일 ④ 피뢰기

해설 전력용 콘덴서의 부속 기기
• 방전 코일(DC) : 콘덴서를 회로에 개방하였을 때 전하가 잔류함으로써 일어나는 위험과 재투입 시 콘덴서에 걸리는 과전압을 방지하는 역할을 한다.
• 직렬 리액터(SR) : 제5고조파, 그 이상의 고조파를 제거하여 전압, 전류 파형을 개선한다.

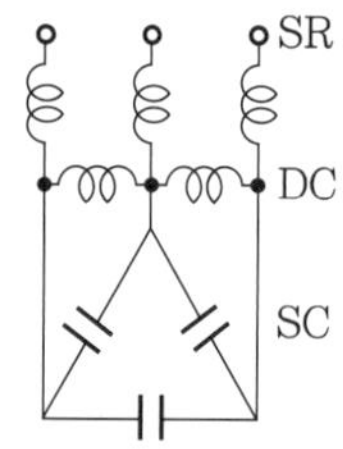

전력용 콘덴서의 구성

59 **단로기에 대한 설명으로 옳지 않은 것은?**

① 소호장치가 있어서 아크를 소멸시킨다.
② 회로를 분리하거나, 계통의 접속을 바꿀 때 사용한다.
③ 고장 전류는 물론 부하 전류의 개폐에도 사용할 수 없다.
④ 배전용의 단로기는 보통 디스커넥팅 바로 개폐한다.

해설 단로기(DS) : 소호장치가 없어서 아크를 소멸시키지 못하므로 고장 전류는 물론 부하 전류의 개폐에도 사용할 수 없다.

참고 디스커넥팅 바(disconnecting bar) : 절단하는 기구

60 **다음 중 배선용 차단기를 나타내는 그림 기호는?**

① [B]　② [E]　③ [BE]　④ [S]

해설 ① 배선용 차단기
② 누전 차단기
③ 과전류 붙이 누전 차단기
④ 개폐기

정답 59 ① 60 ①

7회 CBT 실전문제

제1과목 전기 이론 - 20문항

01 다음 중 대전 현상의 종류를 잘못 설명한 것은?

① 마찰 대전 : 두 물체를 비벼서 발생
② 박리 대전 : 비닐포장지를 뗄 때 발생
③ 유동 대전 : 액체류가 유동할 때 발생
④ 접촉 대전 : 서로 같은 물체가 접속하였을 때 발생

해설 접촉 대전 : 서로 다른 물체가 접촉하였을 때 물체 사이에 전하의 이동이 일어나면서 발생한다.

02 다음 회로의 합성 정전 용량(μF)은?

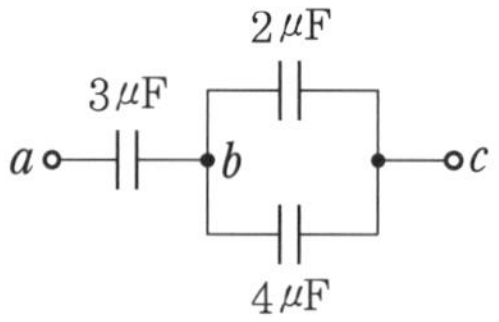

a —[3μF]— b —(2μF ∥ 4μF)— c

① 5 ② 4 ③ 3 ④ 2

해설
- $C_{bc} = 2 + 4 = 6\mu\text{F}$
- $C_{ac} = \dfrac{C_{ab} \times C_{bc}}{C_{ab} + C_{bc}} = \dfrac{3 \times 6}{3 + 6} = 2\mu\text{F}$

03 다음 중에서 반자성체는?

① 구리 ② 백금 ③ 니켈 ④ 알루미늄

해설 반자성체 : 금(Au), 은(Ag), 구리(Cu), 아연(Zn), 안티몬(Sb)

정답 **01** ④ **02** ④ **03** ①

04 5×10^{-8}C의 전하에 1.5×10^{-3} N의 힘을 작용시키기 위해서 필요한 전기장의 세기(V/ m)는?

① 5×10^3 ② 4×10^4 ③ 3×10^4 ④ 2×10^3

해설 $E=\dfrac{F}{Q}=\dfrac{1.5\times10^{-3}}{5\times10^{-8}}=0.3\times10^{-3}\times10^8=3\times10^4$ V/m

05 자기 회로의 길이 l [m], 단면적 A [m^2], 투자율 μ [H/m]일 때 자기 저항 R [AT/Wb]을 나타낸 것은?

① $R=\dfrac{\mu l}{A}$ ② $R=\dfrac{A}{\mu l}$ ③ $R=\dfrac{\mu A}{l}$ ④ $R=\dfrac{l}{\mu A}$

해설 자기 저항 : 자속의 발생을 방해하는 성질의 정도로, 자로의 길이 l [m]에 비례하고 단면적 A [m^2]에 반비례한다.

$$R=\frac{l}{\mu A}\text{[AT/Wb]}$$

06 평행한 두 도체에 같은 방향의 전류가 흘렀을 때 두 도체 사이에 작용하는 힘은 어떻게 되는가?

① 반발력이 작용한다. ② 힘은 0이다.
③ 흡인력이 작용한다. ④ 회전력이 작용한다.

해설 전자력의 작용(힘의 방향)
- 동일 방향일 때 : 흡인력
- 반대 방향일 때 : 반발력

07 전기 회로와 자기 회로의 요소를 대응 관계로 옳게 나타내지 않은 것은?

① 자속 – 전속 ② 자기 저항 – 전기 저항
③ 기자력 – 기전력 ④ 자속 밀도 – 전류 밀도

해설 자속 밀도 B[Wb/m^2] – 전속 밀도 D [C/m^2]

참고 전류 밀도(current density) : 단위 면적을 통해 흐르는 전류의 양이다.

정답 04 ③ 05 ④ 06 ③ 07 ④

08 최대 눈금 1A, 내부 저항 10 Ω의 전류계로 최대 101 A까지 측정하려면 몇 Ω의 분류기가 필요한가?

① 0.01 ② 0.02 ③ 0.1 ④ 0.5

해설 $m = \frac{\text{최대 측정 전류}}{\text{최대 눈금}} = \frac{101}{1} = 101$

$\therefore R_s = \frac{R_a}{(m-1)} = \frac{10}{(101-1)} = 0.1\,\Omega$

09 다음 그림에서 B점의 전위가 100V이고 C점의 전위가 60V이다. 이때 AB 사이의 저항 3Ω에 흐르는 전류는 몇 A인가?

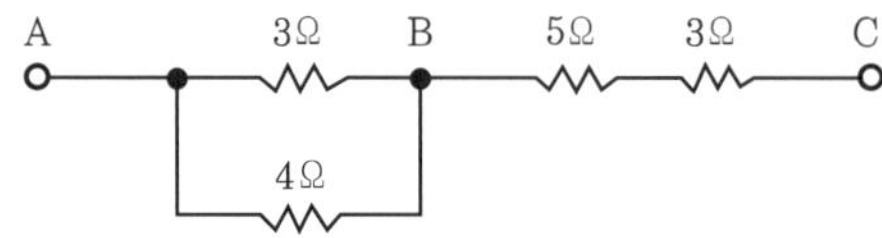

① 2.14 ② 2.86 ③ 4.27 ④ 4.97

해설 • 점 B, C 사이의 전압 : $V_{BC} = V_B - V_{C_2} = 100 - 60 = 40\text{V}$

• 전 전류 $I = \frac{V_{BC}}{R_{BC}} = \frac{40}{5+3} = 5\text{V}$

∴ 저항 3Ω에 흐르는 전류 : $I_3 = \frac{R_2}{R_1 + R_2} \times I = \frac{4}{3+4} \times 5 = 2.86\text{A}$

10 일반적인 연동선의 고유 저항은 몇 $\Omega \cdot \text{mm}^2/\text{m}$인가?

① $\frac{1}{55}$ ② $\frac{1}{58}$ ③ $\frac{1}{35}$ ④ $\frac{1}{7}$

해설 전선의 고유 저항($\Omega \cdot \text{mm}^2/\text{m}$)

① 경동선 ≒ $\frac{1}{55}$ ② 연동선 ≒ $\frac{1}{58}$

③ 경알루미늄선 ≒ $\frac{1}{35}$ ④ 강철선 ≒ $\frac{1}{7}$

정답 **08** ③ **09** ② **10** ②

11 각속도 $\omega = 300$rad/s인 사인파 교류의 주파수(Hz)는 얼마인가?

① $\frac{70}{\pi}$ ② $\frac{150}{\pi}$ ③ $\frac{180}{\pi}$ ④ $\frac{360}{\pi}$

해설 $\omega = 2\pi f$[rad/s]에서,

$$f = \frac{\omega}{2\pi} = \frac{300}{2\pi} = \frac{150}{\pi}\text{[Hz]}$$

12 어떤 교류 전압원의 주파수가 60Hz, 전압의 실횻값이 20V일 때 순싯값은 무엇인가? (단, 위상은 0°로 한다.)

① $v = 20\cos\theta(120\pi t)$[V] ② $v = 20\sqrt{2}\cos\theta(120\pi t)$[V]
③ $v = 20\sin\theta(120\pi t)$[V] ④ $v = 20\sqrt{2}\sin(120\pi t)$[V]

해설 $v = V_m \sin\omega t = \sqrt{2}\,V\sin\omega t = \sqrt{2}\,V\sin 2\pi f t = 20\sqrt{2}\sin(120\pi t)$[V]

13 $R = 8\Omega$, $L = 19.1\text{mH}$의 직렬 회로에 5A가 흐르고 있을 때 인덕턴스(L)에 걸리는 단자 전압의 크기는 약 몇 V인가? (단, 주파수는 60Hz이다.)

① 12 ② 25 ③ 29 ④ 36

해설 $X_L = 2\pi f L = 2\pi \times 60 \times 19.1 \times 10^{-3} \fallingdotseq 7.2\Omega$
$\therefore\ V_L = I \cdot X_L = 5 \times 7.2 = 36\text{V}$

14 무효 전력에 대한 설명으로 틀린 것은?

① $P = VI\cos\theta$로 계산된다.
② 부하에서 소모되지 않는다.
③ 단위로는 Var를 사용한다.
④ 전원과 부하 사이를 왕복하기만 하고 부하에 유효하게 사용되지 않는 에너지이다.

해설 무효 전력 : $P_r = VI\sin\theta$[Var]

정답 11 ② 12 ④ 13 ④ 14 ①

15 평형 3상 Y결선의 상전압 V_p 와 선간 전압 V_l 과의 관계는?

① $V_p = V_l$ ② $V_l = 3V_p$ ③ $V_l = \sqrt{3}\,V_p$ ④ $V_p = \sqrt{3}\,V_l$

해설
- Y결선 : $V_l = \sqrt{3}\,V_p$
- △결선 : $V_l = V_p$

16 변압기 2대를 V결선했을 때의 이용률은 몇 %인가?

① 57.7 % ② 70.7 % ③ 86.6 % ④ 100 %

해설 $\text{이용률} = \frac{\text{출력}}{\text{용량}} = \frac{\sqrt{3}\,P_1}{2P_1} \times 100 = \frac{\sqrt{3}}{2} \times 100 = 86.6\%$

17 비정현파가 발생하는 원인과 거리가 먼 것은?

① 자기 포화 ② 히스테리시스
③ 전기자 반작용 ④ 옴의 법칙

해설 비정현파가 발생하는 원인
- 비선형 소자에는 옴(Ohm)의 법칙을 따르지 않는 인덕턴스나 콘덴서 또는 능동 소자로써 진공관, 트랜지스터 등이 있다.
- 코일이 철 등과 같은 강자성체에 감겨 있는 경우에는 자성 재료 포화 특성 및 히스테리시스 특성에 의하여 전류의 파형이 일그러지게 된다.

18 정격 전압에서 1kW의 전력을 소비하는 저항에 정격의 80%의 전압을 가했을 때, 전력은 몇 W가 되는가?

① 640 ② 780 ③ 810 ④ 900

해설 소비 전력은 전열기의 저항이 일정할 때 사용 전압의 제곱에 비례한다.

$$\therefore\ P' = P \times \left(\frac{V'}{V}\right)^2 = 1 \times 10^3 \times \left(\frac{80}{100}\right)^2 = 1000 \times 0.64 = 640\text{W}$$

정답 15 ③ 16 ③ 17 ④ 18 ①

19 전기 분해를 통하여 석출된 물질의 양은 통과한 전기량 및 화학당량과 어떤 관계인가?

① 전기량과 화학당량에 비례한다.
② 전기량과 화학당량에 반비례한다.
③ 전기량에 비례하고 화학당량에 반비례한다.
④ 전기량에 반비례하고 화학당량에 비례한다.

해설 패러데이의 법칙(Faraday's law)

$W = keQ = KIt[g]$

• 전기 분해 시 전극에 석출되는 물질의 양은 전해액을 통한 전기량에 비례한다.
• 전기량이 같을 때 석출되는 물질의 양은 그 물질의 화학당량에 비례한다.

20 동일 규격의 축전지 2개를 병렬로 접속하면 어떻게 되는가?

① 전압과 용량이 같이 2배가 된다.
② 전압과 용량이 같이 $\frac{1}{2}$이 된다.
③ 전압은 2배가 되고, 용량은 변하지 않는다.
④ 전압은 변하지 않고, 용량은 2배가 된다.

해설 병렬연결 시 : 전압은 변함이 없고, 용량은 n배가 된다.

참고 직렬연결 시 : V전압은 n배가 되고, 용량은 변하지 않는다.

7 회

제2과목 전기 기기 - 20문항

21 직류 발전기에서 브러시와 접촉하여 전기자 권선에 유도되는 교류 기전력을 정류해서 직류로 만드는 부분은?

① 계자 ② 정류자
③ 슬립링 ④ 전기자

해설 정류자는 브러시와 접촉하여 유도 기전력을 정류해서 브러시를 통하여 외부 회로와 연결시켜주는 역할을 한다.

정답 19 ① 20 ④ 21 ②

22 0.2 Wb/m^2의 평등 자기장 속에 길이 0.3m의 도체를 자기장과 직각으로 놓고 20m/s의 속도로 운동시킬 때 유도 기전력(V)은?

① 1.0　② 1.2　③ 1.4　④ 1.6

해설 $e = Blv = 0.2 \times 0.3 \times 20 = 1.2\text{V}$

23 전기자 저항이 0.2Ω, 전류 100 A, 전압 120 V일 때 분권 전동기의 발생 동력(kW)은?

① 5　② 10　③ 14　④ 20

해설 $E = V - I_a \cdot R_a = 120 - (100 \times 0.2) = 100\text{V}$

$\therefore P = EI \times 10^{-3} = 100 \times 100 \times 10^{-3} = 10\text{kW}$

24 속도를 광범위하게 조절할 수 있어 압연기나 엘리베이터 등에 사용되고, 일그너 방식 또는 워드 레오나드 방식의 속도 제어 장치를 사용하는 경우에 주 전동기로 사용하는 전동기는?

① 타여자 전동기　② 분권 전동기　③ 직권 전동기　④ 가동 복권 전동기

해설 전압 제어법

- 전기자에 가한 전압을 변화시켜서 회전 속도를 조정하는 방법으로, 가장 광범위하고 효율이 좋으며 원활하게 속도 제어가 되는 방식이다.
- 일그너 방식과 워드 레오나드 방식 등이 있으며 주 전동기로 타여자 전동기를 사용한다.

25 터빈 발전기의 구조가 아닌 것은?

① 고속 운전을 한다.
② 회전 계자형의 철극형으로 되어 있다.
③ 축 방향으로 긴 회전자로 되어 있다.
④ 일반적으로 극수는 2극 또는 4극으로 사용한다.

해설 터빈 발전기의 회전자는 원통형 자극 으로 하고, 회전자 철심과 회전자 축은 특수강을 써서 한 덩어리로 만든다.

정답 22 ② 23 ② 24 ① 25 ②

26 동기 속도 3600rpm, 주파수 60Hz의 동기 발전기의 극수는?

① 2　② 4　③ 6　④ 8

해설 $N_s = \frac{120}{p} \cdot f\,[\text{rpm}]$에서, $p = \frac{120 \cdot f}{N_s} = \frac{120 \times 60}{3600} = 2$극

27 동기 발전기에서 전기자 전류가 기전력보다 90°만큼 위상이 앞설 때의 전기자 반작용은?

① 교차 자화 작용　② 감자 작용　③ 편자 작용　④ 증자 작용

해설
- 90° 뒤진 전류 : 감자 작용으로 기전력을 감소시킨다.
- 90° 앞선 전류 : 증자 작용으로 기전력을 증가시킨다.

28 동기 전동기의 기동법 중 자기 기동법에서 계자 권선을 단락하는 이유는?

① 고전압의 유도를 방지한다.　② 전기자 반작용을 방지한다.
③ 기동 권선으로 이용한다.　④ 기동이 쉽다.

해설 계자 권선을 기동 시 개방하면 회전 자속을 쇄교하여 고전압이 유도되어 절연 파괴의 위험이 있으므로, 저항을 통하여 단락시킨다.

29 변압기의 철심에서 실제 철의 단면적과 철심의 유효 면적과의 비를 무엇이라고 하는가?

① 권수비　② 변류비　③ 변동률　④ 점적률

해설 점적률(space factor : sf)

$$s.f = \frac{\text{유효 단면적}}{\text{실제 단면적}} \times 100\%$$

30 8극 60Hz 3상 유도 전동기의 동기 속도는 몇 rpm인가?

① 750　② 900　③ 1200　④ 1800

정답 26 ①　27 ④　28 ①　29 ④　30 ②

해설 $N_s = \frac{120f}{p} = \frac{120 \times 60}{8} = 900\,\text{rpm}$

31 단상 변압기 3대(100kVA×3)로 Δ결선하여 운전 중 1대 고장으로 V결선한 경우의 출력(kVA)은?

① 100kVA ② 173kVA ③ 245kVA ④ 300kVA

해설 $P_v = \sqrt{3}\,P = \sqrt{3} \times 100 \fallingdotseq 173.2\,\text{kVA}$

32 높은 전압을 낮은 전압으로 강압할 때 일반적으로 사용되는 변압기의 3상 결선 방식은?

① Δ-Δ ② Δ-Y ③ Y-Y ④ Y-Δ

해설
- Δ-Y 결선 : 낮은 전압을 높은 전압으로 올릴 때 사용(1차 변전소의 승압용)
- Y-Δ 결선 : 높은 전압을 낮은 전압으로 낮추는 데 사용(수전단 강압용)

33 변압기에서 퍼센트 저항 강하 3%, 리액턴스 강하 4%일 때 역률 0.8(지상)에서의 전압 변동률은?

① 2.4% ② 3.6% ③ 4.8% ④ 6%

해설 $\varepsilon = p\cos\theta + q\sin\theta = 3 \times 0.8 + 4 \times 0.6 = 4.8\%$

참고 $\sin\theta = \sqrt{1-\cos\theta^2} = \sqrt{1-0.8^2} = 0.6$

34 다음 중 유도 전동기에서 슬립이 4%이고, 2차 저항이 0.1Ω일 때 등가 저항은 몇 Ω인가?

① 0.4 ② 0.5 ③ 1.9 ④ 2.4

해설 $R = \frac{r_2}{s} - r_2 = \frac{0.1}{0.04} - 0.1 = 2.4\,\Omega$

참고 $R = \frac{1-s}{s} \times r_2 = \frac{1-0.04}{0.04} \times 0.1 = 2.4\,\Omega$

정답 31 ② 32 ④ 33 ③ 34 ④

35 220V, 50Hz, 8극, 15kW 3상 유도 전동기에서 전 부하 회전수가 720rpm이라면 이 전동기의 2차 효율은?

① 86% ② 96% ③ 98% ④ 100%

해설 $N_s = 120 \times \frac{f}{p} = 120 \times \frac{50}{8} = 750\text{rpm}$

$\therefore\ \eta_2 = \frac{N}{N_s} \times 100 = \frac{720}{750} \times 100 = 96\%$

36 펌프나 송풍기와 같이 부하 토크가 기동할 때는 작고, 가속하는 데 증가하는 부하에 15kW 정도의 유도 전동기를 사용할 때 어떠한 기동 방법이 가장 적합한가?

① 리액터 기동법 ② 기동 보상 기법
③ 쿠사 기동법 ④ 3상 평형 저속 시동

해설 리액터 기동 방법

- 전동기의 1차 쪽에 직렬로 철심이 든 리액터를 접속하는 방법이다.
- 펌프나 송풍기용 전동기에 적합하다.
- 구조가 간단하므로 15 kW 정도에서 자동 운전 또는 원격 제어를 할 때에 쓰인다.

37 진성 반도체인 4가의 실리콘에 N형 반도체를 만들기 위해서 첨가하는 것은?

① 게르마늄 ② 인듐 ③ 갈륨 ④ 안티몬

해설 반도체의 비교

구분	첨가 불순물			반송자
	명칭	종류	원자가	
N형	도너(donor)	인(P), 비소(As), 안티몬(Sb)	5	과잉 전자
P형	억셉터(accepter)	인듐(In), 붕소(B), 알루미늄(Al)	3	정공

38 SCR에서 Gate 단자의 반도체는 어떤 형태인가?

① N형 ② P형 ③ NP형 ④ PN형

정답 35 ② 36 ① 37 ④ 38 ②

해설 SCR은 PNPN의 구조로 되어 있으며, Gate 단자의 반도체는 P형 반도체의 형태이다.
• Anode-P형 • Gate-P형 • Cathode-N형

39 다음 그림과 같은 정류 회로의 전원 전압이 200V, 부하 저항이 10Ω이면 부하 전류는 약 몇 A인가?

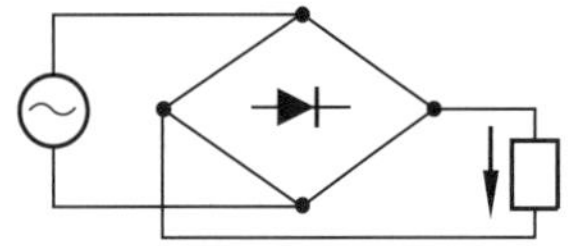

① 9 ② 18 ③ 23 ④ 30

해설 $E_{d0} = \frac{2\sqrt{2}}{\pi} V = 0.9V = 0.9 \times 200 = 180\,\mathrm{V}$

$\therefore \quad I_{d0} = \frac{E_{d0}}{R} = \frac{180}{10} = 18\,\mathrm{A}$

40 단상 전파 사이리스터 정류 회로에서 부하가 큰 인덕턴스가 있는 경우, 점호각이 60°일 때의 정류 전압은 약 몇 V인가? (단, 전원측 전압의 실횻값은 100V이고 직류측 전류는 연속이다.)

① 141 ② 100 ③ 85 ④ 45

해설 단상 전파 정류 회로 - 유도성 부하
$E_d = 0.9V\cos\alpha = 0.9 \times 100 \times 0.5 = 45\,\mathrm{V}$

제3과목 전기 설비 - 20문항

41 간선에서 분기하여 분기 과전류 차단기를 거쳐서 부하에 이르는 사이의 배선을 무엇이라 하는가?

① 간선 ② 인입선 ③ 중성선 ④ 분기 회로

해설 분기 회로(shunt circuit)는 간선에서 분기하여 분기 과전류 차단기를 거쳐서 부하에 이르는 사이의 배선을 말한다.

정답 39 ② 40 ④ 41 ④

42 다음 중 300/300V 평형 금사 코드의 약호는?

① OW ② DV
③ NR ④ FTC

해설 ① OW : 옥외용 비닐 절연 전선
② DV : 인입용 비닐 절연 전선
③ NR : 450/750V 일반용 단심 비닐 절연 전선
④ FTC : 300/300V 평형 금사 코드

43 코드 상호, 캡타이어 케이블 상호 접속 시 사용하여야 하는 것은?

① 와이어 커넥터 ② 코드 접속기
③ 케이블 타이 ④ 테이블 탭

해설 코드(cord) 접속기 : 코드 상호, 캡타이어 케이블 상호 또는 이들 상호 간의 접속에 사용된다.

참고 케이블 타이(cable tie)는 주로 전기 케이블들을 함께 묶어주는 잠금장치의 일종이다.

44 동전선의 직선 접속에서 단선 및 연선에 적용되는 접속 방법은?

① 직선 맞대기용 슬리브(B형)에 의한 압착 접속
② 가는 단선(2.6 mm 이상)의 분기 접속
③ S형 슬리브에 의한 분기 접속
④ 터미널 러그에 의한 접속

해설 • 직선 맞대기용 슬리브 압착 접속 방법은 단선 및 연선의 직선 접속에 적용된다.
• 터미널 러그는 주로 알루미늄 굵은 전선 종단 접속에 적용된다.

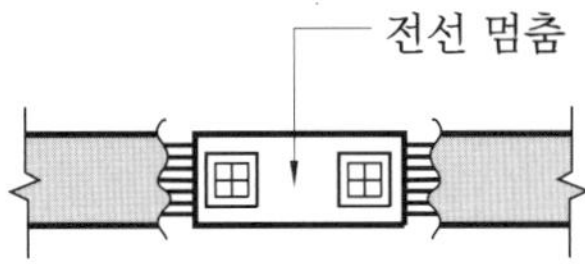

직선 맞대기용 슬리브 압착 접속

정답 42 ④ 43 ② 44 ①

45 **전선의 굵기를 측정용으로 사용하는 공구는?**

① 권척 ② 메거
③ 와이어 스트리퍼 ④ 와이어 게이지

해설 와이어 게이지(wire gauge) : 전선의 굵기를 측정하는 것으로, 측정할 전선을 홈에 끼워서 맞는 곳의 숫자가 전선 굵기의 표시가 된다.

46 **다음 중 접지 시스템 구성 요소에 해당되지 않는 것은?**

① 접지극 ② 접지 도체 ③ 충전부 ④ 보호 도체

해설 접지 시스템의 구성 요소(KEC 142.1.1) : 접지극, 접지 도체, 보호 도체 및 기타 설비로 구성된다.

참고 충전부(live part) : 통상적인 운전 상태에서 전압이 걸리도록 되어 있는 도체 또는 도전부를 말한다.

47 **고압 또는 특고압 전로와 저압 전로를 결합하는 변압기의 저압측을 접지하는 목적은?**

① 고압 및 특고압의 저압과 혼촉 사고를 보호
② 전위 상승으로 인한 감전 보호
③ 뇌해에 의한 특고압·고압 기기의 보호
④ 기기 절연물의 열화 방지

해설 저·고압이 혼촉한 경우에 저압 전로에 고압이 침입할 경우 기기의 소손이나 사람의 감전을 방지하기 위한 것이다.

48 **피뢰 설비 공사에 대한 설명으로 옳지 않은 것은?**

① 돌침부는 건축법에서 규정한 풍하중에 견딜 수 있는 것이어야 한다.
② 피뢰 도선에서 동선의 단면적은 $20mm^2$ 이상의 것이어야 한다.
③ 피뢰 접지극은 지표면에서 0.75m 이상의 깊이로 매설해야 한다.
④ 뇌서지 전류를 대지로 방류시키기 위한 접지를 시설하여야 한다.

정답 45 ④ 46 ③ 47 ① 48 ②

해설 피뢰 도선(lightning wire)
- 피뢰침과 접지 전극을 잇는 도선이다.
- 동선의 단면적은 $30mm^2$ 이상의 것이어야 한다.
- 알루미늄선의 단면적은 $50mm^2$ 이상의 것이어야 한다.

참고 수평 도체(피뢰 도선)

49 고압 가공 인입선이 일반적인 도로 횡단 시 설치 높이는?

① 3m 이상 ② 3.5m 이상
③ 5m 이상 ④ 6m 이상

해설 고압 가공 인입선의 시설(KEC 331.12.1)
- 도로를 횡단하는 경우 : 6m 이상
- 철도 또는 궤도를 횡단하는 경우 : 레일면상 6.5m 이상

50 다음 중 가연성 분진에 전기 설비가 발화원이 되어 폭발할 우려가 있는 곳에 시공할 수 있는 저압 옥내 배선 공사는?

① 버스 덕트 공사 ② 라이팅 덕트 공사
③ 가요 전선관 공사 ④ 금속관 공사

해설 가연성 분진 위험 장소(KEC 242.2.2) : 저압 옥내 배선은 금속 전선관, 합성수지 전선관, 케이블 배선으로 시공하여야 한다.

51 다음 (㉠)과 (㉡)에 들어갈 내용으로 옳은 것은?

"후강 전선관의 호칭은 (㉠) 크기로 정하여 (㉡)로 표시한다."

① ㉠ 안지름, ㉡ 짝수 ② ㉠ 안지름, ㉡ 홀수
③ ㉠ 바깥지름, ㉡ 짝수 ④ ㉠ 바깥지름, ㉡ 홀수

해설 후강 전선관의 호칭은 안지름 크기로 정하여 짝수로 표시한다.

참고 박강은 바깥지름의 크기로 정하여 홀수로 표시한다.

정답 49 ④ 50 ④ 51 ①

52 절연 전선을 넣어 마루 밑에 매입하는 배선용 홈통으로 마루 위의 전선 인출을 목적으로 하는 것은?

① 플로어 덕트 ② 셀룰러 덕트 ③ 금속 덕트 ④ 라이팅 덕트

해설 플로어 덕트 공사(KEC 232.32) : 마루 밑에 매입하는 배선용의 홈통으로 마루 위로 전선 인출을 목적으로 하는 배선 공사이다.

53 케이블 트레이 공사에 사용되는 케이블 트레이는 수용된 모든 전선을 지지할 수 있는 적합한 강도의 것으로서 이 경우 케이블 트레이 안전율은 얼마 이상으로 하여야 하는가?

① 1.1 ② 1.2 ③ 1.3 ④ 1.5

해설 케이블 트레이의 선정(KEC 232.41.2) : 케이블 트레이의 안전율은 1.5 이상으로 하여야 한다.

54 완목이나 완금을 목주에 붙이는 경우에는 볼트를 사용하고, 철근 콘크리트주에 붙이는 경우에는 어느 것을 사용하는가?

① 지선 밴드 ② 암 타이 ③ 암 밴드 ④ U 볼트

해설 ① 지선 밴드 : 지선을 붙일 때에 사용한다.
② 암 타이(arm tie) : 완목이나 완금이 상하로 움직이는 것을 방지하기 위해 사용한다.
③ 암 밴드(arm band) : 완금을 고정시킬 때 사용한다.
④ U 볼트 : 완목이나 완금을 철근 콘크리트주에 붙이는 경우에 사용한다.

55 고압 가공 인입선이 케이블 이외의 것으로서 그 아래에 위험 표시를 하였다면 전선의 지표상 높이는 몇 m까지로 감할 수 있는가?

① 2.5 ② 3.5 ③ 4.5 ④ 5.5

해설 고압 가공 인입선의 시설(KEC 331.12.1)에서 그 아래에 위험 표시를 하였다면, 지표상 높이를 3.5m까지 감할 수 있다.

정답 52 ① 53 ④ 54 ④ 55 ②

56 선로의 도중에 설치하여 회로에 고장 전류가 흐르게 되면 자동적으로 고장 전류를 감지하여 스스로 차단하는 차단기의 일종으로 단상용과 3상용으로 구분되어 있는 것은?

① 리클로저　　② 선로용 퓨즈
③ 섹셔널 라이저　　④ 자동 구간 개폐기

해설 리클로저(recloser)
- 낙뢰, 강풍 등에 의해 가공 배전 선로 사고 시 신속하게 고장 구간을 차단하고, 사고점의 아크를 소멸시킨 후 즉시 재투입이 가능한 개폐 장치로 차단기의 일종이다.
- 자체 탱크 내에 보호 계전기와 차단기의 기능을 종합적으로 수행할 수 있는 장치가 있어서 사고의 검출 및 자동 차단과 재폐로까지 할 수 있는 보호 장치이다.

57 변전소에 사용되는 주요 기기로서 ABB는 무엇을 의미하는가?

① 유입 차단기　　② 자기 차단기
③ 공기 차단기　　④ 진공 차단기

해설 공기 차단기(ABB : Air-Blast circuit Breaker) : 소호 매질로서 수~수십 기압의 압축 공기를 사용한 것이다.
- 유입 차단기 (OCB : Oil Circuit Breaker)
- 자기 차단기 (MBCB : Magnetic-Blast Circuit Breaker)
- 진공 차단기 (VCB : Vacuum Circuit Breaker)

58 설치 면적과 설치 비용이 많이 들지만 가장 이상적이고 효과적인 진상용 콘덴서 설치 방법은?

① 수전단 모선에 설치
② 수전단 모선과 부하 측에 분산하여 설치
③ 부하 측에 분산하여 설치
④ 가장 큰 부하 측에만 설치

해설 진상용 콘덴서(SC)의 설치 방법 중에서 각 부하 측에 분산 설치하는 방법이 가장 효과적으로 역률이 개선되나, 설치 면적과 설치 비용이 많이 든다.

정답 56 ① 57 ③ 58 ③

59 위치 검출용 스위치로서 물체가 접촉하면 내장 스위치가 동작하는 구조로 되어 있는 것은?

① 리밋 스위치　　② 플로트 스위치
③ 텀블러 스위치　　④ 타임 스위치

해설 리밋 스위치(limit switch) : 보통 한계점 스위치라고도 하며, 물체의 위치 검출에 주로 사용한다.

60 지락 사고가 생겼을 때 흐르는 영상 전류(지락 전류)를 검출하여 지락 계전기에 의하여 차단기를 차단시켜 사고 범위를 작게 하는 기기의 기호는?

① GR　　② OCR
③ ZCT　　④ CT CT

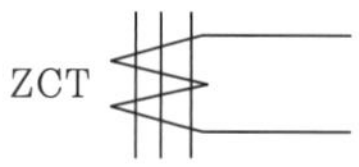

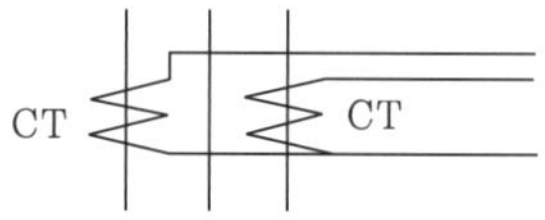

해설 ① GR : 접지 계전기(Ground Relay)
② OCR : 과전류 계전기(Over Current Relay)
③ ZCT : 영상 변류기(Zero phase Current Transformer)
④ CT : 계기용 변류기(Current Relay)

정답 59 ① 60 ③

8회 CBT 실전문제

제1과목 전기 이론 - 20문항

01 다음 중 비유전율이 가장 큰 것은?

① 종이 ② 염화 비닐 ③ 운모 ④ 산화 티탄 자기

해설 비유전율의 비교

- 절연 종이 : 1.2~2.5
- 염화 비닐 : 5~9
- 운모 : 5~9
- 산화 티탄 자기 : 60~100

02 비오 사바르의 법칙은 어느 관계를 나타내는가?

① 기자력과 자기장 ② 전위와 자기장

③ 전류와 자기장의 세기 ④ 기자력과 자속 밀도

해설 비오 – 사바르의 법칙 (Biot – Savart's law) : 도체의 미소 부분 전류에 의해 발생되는 자기장의 크기를 알아내는 법칙이다.

03 전기력선의 성질 중 맞지 않는 것은?

① 양전하에서 나와 음전하에서 끝난다.

② 전기력선의 접선 방향이 전장의 방향이다.

③ 전기력선에 수직한 단면적 $1\,m^2$ 당 전기력선의 수가 그곳의 전장의 세기와 같다.

④ 등전위면과 전기력선은 교차하지 않는다.

해설 전기력선은 도체 표면(등전위면)에 수직으로 출입한다.

참고 등전위면(equipotential)

- 전기장 내에서 전위가 같은 점을 연결시켜 이은 선을 등전위선 또는 등전위면이라고 한다.
- 등전위면 위의 모든 점에서는 전위가 같으므로 전위차는 0°이다.

정답 01 ④ 02 ③ 03 ④

04 정전 용량이 10μF인 콘덴서 2개를 병렬로 했을 때의 합성 정전 용량은 직렬로 했을 때의 합성 정전 용량보다 어떻게 되는가?

① $\frac{1}{4}$로 줄어든다. ② $\frac{1}{2}$로 줄어든다. ③ 2배로 늘어난다. ④ 4배로 늘어난다.

해설
- $C_p = n \times C = 2C$
- $C_s = \frac{C}{n} = \frac{C}{2}$

$\therefore \frac{C_p}{C_s} = \frac{2C}{\frac{C}{2}} = 4$배

05 평균 반지름이 10cm이고 감은 횟수 10회의 원형 코일에 20A의 전류를 흐르게 하면 코일 중심의 자기장의 세기는?

① 10AT/m ② 20AT/m ③ 1000AT/m ④ 2000AT/m

해설 $H = \frac{NI}{2r} = \frac{10 \times 20}{2 \times 10 \times 10^{-2}} = 1000\text{AT/m}$

06 자속 밀도 0.5Wb/m^{2}의 자장 안에 자장과 직각으로 20cm의 도체를 놓고 10A의 전류를 흘릴 때 도체가 50cm 운동한 경우의 한 일(J)은 얼마인가?

① 0.5 ② 1 ③ 1.5 ④ 5

해설 $F = IBl\sin\theta = 10 \times 0.5 \times 20 \times 10^{-2} \times 1 = 1\text{N}$

$\therefore$ W = 도체에 작용하는 힘×운동 거리 $= F \cdot r = 1 \times 50 \times 10^{-2} = 0.5\text{J}$

07 코일의 자기 인덕턴스는 권수 N의 몇 제곱에 비례하는가?

① $N^{\frac{1}{2}}$ ② N^2 ③ N^3 ④ $N^{\frac{1}{3}}$

해설 $L = \frac{N\phi}{I} = \frac{N}{I} \cdot \mu \frac{NI}{l} A = \mu \frac{AN^2}{l}$[H] $\therefore L \propto N^2$

정답 04 ④ 05 ③ 06 ① 07 ②

08 저항 R_1 과 R_2 를 직렬로 접속하고 V[V]의 전압을 가했을 때 저항 R_1 양단의 전압은 어느 것인가?

① $\frac{R_1}{R_1+R_2}V$　② $\frac{R_2}{R_1+R_2}V$　③ $\frac{R_1+R_2}{R_1}V$　④ $\frac{R_1+R_2}{R_2}V$

해설 전압의 분배는 저항의 크기에 비례한다.

- $V_1 = \frac{R_1}{R_1+R_2}V$
- $V_2 = \frac{R_2}{R_1+R_2}V$

09 2Ω과 3Ω의 저항을 병렬로 접속했을 때 흐르는 전류는 직렬로 접속했을 때의 약 몇 배인가?

① $\frac{1}{2}$배　② 2배　③ 2.08배　④ 4.17배

해설
- $R_p = \frac{R_1 R_2}{R_1+R_2} = \frac{2\times 3}{2+3} = 1.2\Omega$
- $R_s = R_1 + R_2 = 2+3 = 5\Omega$
- 합성 저항의 비 : $\frac{R_p}{R_s} = \frac{1.2}{5} = 0.24$

∴ 전류의 비는 저항의 비에 반비례하므로 병렬로 접속했을 때 흐르는 전류

$I_p = \frac{1}{0.24} I_s \fallingdotseq 4.17\, I_s$

10 전구를 점등하기 전의 저항과 점등한 후의 저항을 비교하면 어떻게 되는가?

① 점등 후의 저항이 크다.　② 점등 전의 저항이 크다.
③ 변동 없다.　④ 경우에 따라 다르다.

해설 (+) 저항 온도 계수 : 전구를 점등하면 온도가 상승하므로 저항이 비례하여 상승하게 된다.

∴ 점등 후의 저항이 크다.

정답 08 ① 09 ④ 10 ①

11 저항 50Ω인 전구에 $e=100\sqrt{2}\sin\omega t$[V]의 전압을 가할 때 순시 전류(A) 값은?

① $\sqrt{2}\sin\omega t$ ② $2\sqrt{2}\sin\omega t$ ③ $5\sqrt{2}\sin\omega t$ ④ $10\sqrt{2}\sin\omega t$

해설 $i=\dfrac{1}{R}e=\dfrac{1}{50}\times 100\sqrt{2}\sin\omega t=2\sqrt{2}\sin\omega t\,[\mathrm{A}]$

12 인덕턴스 0.5H에 주파수가 60Hz이고 전압이 220V인 교류 전압이 가해질 때 흐르는 전류는 약 몇 A인가?

① 0.59 ② 0.87 ③ 0.97 ④ 1.17

해설 $I=\dfrac{V}{X_L}=\dfrac{V}{2\pi fL}=\dfrac{220}{2\pi\times 60\times 0.5}=\dfrac{220}{188.4}\fallingdotseq 1.17\mathrm{A}$

13 $R=6\Omega$, $X_L=8\Omega$가 직렬로 접속된 회로에 $I=10A$의 전류가 흐른다면 전압(V)은?

① $60+j80$ ② $60-j80$ ③ $100+j150$ ④ $100-j150$

해설 $V=IZ=10\times(6+j8)=60+j80\,[\mathrm{V}]$

14 대칭 3상 교류의 성형 결선에서 선간 전압이 220V일 때 상전압은 약 몇 V인가?

① 73 ② 127 ③ 172 ④ 380

해설 $V_p=\dfrac{V_l}{\sqrt{3}}=\dfrac{220}{1.732}\fallingdotseq 127\mathrm{V}$

15 전압 220V, 전류 10A, 역률 0.8인 3상 전동기 사용 시 소비 전력은?

① 약 1.5kW ② 약 3.0kW ③ 약 5.2kW ④ 약 7.1kW

해설 $P=\sqrt{3}\,VI\cos\theta=1.732\times 220\times 10\times 0.8\fallingdotseq 3000\mathrm{W}$ ∴ 약 3.0 kW

정답 **11** ② **12** ④ **13** ① **14** ② **15** ②

16 다음 그림과 같은 회로에 교류 전압 $E = 100\angle 0°$ [V]를 인가할 때 전 전류는 몇 A인가?

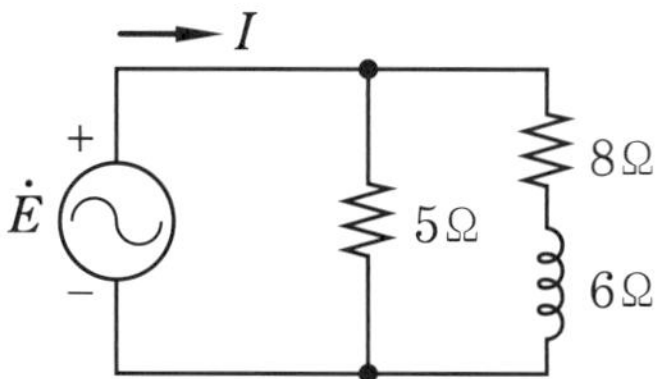

① $6-j28$ ② $28+j6$ ③ $6+j28$ ④ $28-j6$

해설 $Z = \dfrac{5\times(8+j6)}{5+(8+j6)} = \dfrac{40+j30}{13+j6} = \dfrac{(40+j30)(13-j6)}{(13+j6)(13-j6)} = 3.41 + j0.73[\Omega]$

$I = \dfrac{E}{Z} = \dfrac{100}{3.41+j0.73} = \dfrac{100(3.41-j0.73)}{(3.41+j0.73)(3.41-j0.73)} = 28 - j6[\mathrm{A}]$

17 다음 그림과 같은 비사인파의 제3고조파 주파수는? (단, $V = 20$V, $T = 10$ms이다.)

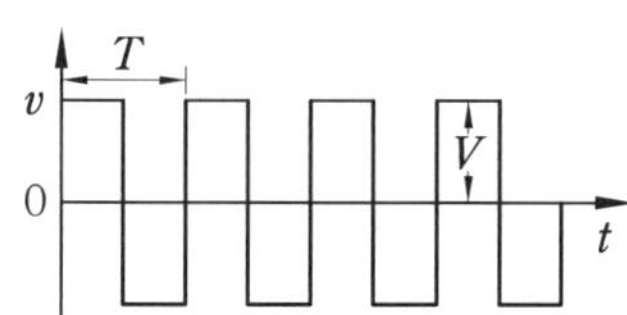

① 100Hz ② 200Hz ③ 300Hz ④ 400Hz

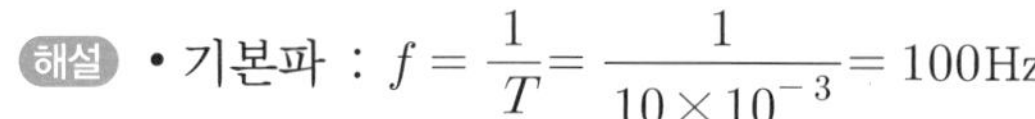

해설 • 기본파 : $f = \dfrac{1}{T} = \dfrac{1}{10\times10^{-3}} = 100\mathrm{Hz}$

• 제3고조파 : $f_3 = 3\times100 = 300\mathrm{Hz}$

18 저항이 10Ω인 도체에 1A의 전류를 10분간 흘렸다면 발생하는 열량은 몇 kcal인가?

① 0.62 ② 1.44 ③ 4.46 ④ 6.24

해설 $H = 0.24I^2Rt = 0.24\times1^2\times10\times10\times60 = 1440\mathrm{cal}$ $\therefore$ 1.44kcal

정답 16 ④ 17 ③ 18 ②

19 200V의 전원으로 백열등 100W 5개, 60W 4개, 20W 3개와 1kW의 전열기 1대를 동시에 사용했을 때의 전 전류(A)는?

① 9 ② 13 ③ 18 ④ 20

해설 $I = \frac{P}{V} = \frac{100 \times 5 + 60 \times 4 + 20 \times 3 + 1 \times 10^3}{200} = \frac{1800}{200} = 9\text{A}$

20 납축전지가 완전히 방전되면 음극과 양극은 무엇으로 변하는가?

① $PbSO_4$ ② PbO_2 ③ H_2SO_4 ④ Pb

해설 방전되면 음극과 양극 : $PbSO_4$

참고 충전될 때 양극 : PbO_2, 음극 : Pb

제2과목 전기 기기 - 20문항

21 다음 중 전압 변동률이 적고 자여자이므로 다른 전원이 필요 없으며, 계자 저항기를 사용한 전압 조정이 가능하므로 전기 화학용, 전지의 충전용 발전기로 가장 적합한 것은?

① 타여자 발전기 ② 직류 복권 발전기

③ 직류 분권 발전기 ④ 직류 직권 발전기

해설 직류 분권 발전기

- 계자 저항기를 사용하여 어느 범위의 전압 조정도 안정하게 할 수 있다.
- 전기 화학 공업용 전원, 축전지의 충전용 및 일반 직류 전원용에 적당하다.

참고 직류 직권 발전기 : 선로의 전압 강하를 보상하는 목적으로 장거리 급전선에 직렬로 연결해서 승압기(booster)로 사용한다.

22 직류 전동기를 기동할 때 전기자 전류를 제한하는 가감 저항기를 무엇이라 하는가?

① 단속기 ② 제어기 ③ 가속기 ④ 기동기

정답 19 ① 20 ① 21 ③ 22 ④

해설 기동기(기동 저항기 SR) : 기동 저항기를 전기자와 직렬접속되어 전기자 전류를 제한한다.

23 **직류 분권 발전기의 병렬 운전의 조건에 해당되지 않는 것은?**

① 극성이 같을 것
② 단자 전압이 같을 것
③ 외부 특성 곡선이 수하 특성일 것
④ 균압 모선을 접속할 것

해설 균압 모선은 병렬 운전 시, 직권이나 복권의 직권 계자 전류의 변화로 인한 부하 분담의 변화를 없애기 위하여 두 발전기의 직권 계자를 연결한 선으로서 분권 발전기에는 필요 없다.

24 **다음 중 직류 발전기의 무부하 특성 곡선의 설명으로 옳은 것은?**

① 부하 전류와 무부하 단자 전압과의 관계이다.
② 계자 전류와 부하 전류와의 관계이다.
③ 계자 전류와 무부하 단자 전압과의 관계이다.
④ 계자 전류와 회전력과의 관계이다.

해설 무부하 특성 곡선 : 정격 속도, 무부하로 운전하였을 때 계자 전류(X축)와 단자 전압(Y축)과의 관계를 나타내는 곡선이다.

25 **동기 발전기의 전기자 권선법 중 분포권의 특징이 아닌 것은?**

① 슬롯 간격은 상수에 반비례한다.
② 집중권에 비해 합성 유기 기전력이 크다.
③ 집중권에 비해 기전력의 고조파가 감소한다.
④ 집중권에 비해 권선의 리액턴스가 감소한다.

해설 집중권에 비하여 전기자 철심의 이용률이 좋고 기전력의 파형 개선, 누설 리액턴스 감소, 냉각 효과가 좋으나 유도 기전력이 감소한다.

참고 분포 계수 : 분포권일 때의 유도 기전력의 감소 비율로서 0.96 정도이다.

정답 23 ④ 24 ③ 25 ②

26 동기 발전기의 병렬 운전 조건이 아닌 것은?

① 기전력의 주파수가 같을 것 ② 기전력의 크기가 같을 것
③ 기전력의 위상이 같을 것 ④ 발전기의 회전수가 같을 것

해설 병렬 운전의 필요조건 : 기전력의 크기, 위상, 주파수, 파형이 같을 것

27 병렬 운전 중인 동기 발전기의 난조를 방지하기 위하여 자극 면에 유도 전동기의 농형 권선과 같은 권선을 설치하는데 이 권선의 명칭은?

① 계자 권선 ② 제동 권선 ③ 전기자 권선 ④ 보상 권선

해설 제동 권선의 역할
- 난조 방지
- 동기 전동기 기동 토크 발생
- 불평형 부하시의 전류 전압 파형을 개선한다.
- 송전선 불평형 단락 시 이상 전압 방지

28 기동 전동기로서 유도 전동기를 사용하려고 한다. 동기 전동기의 극수가 10극인 경우 유도 전동기의 극수는?

① 8극 ② 10극 ③ 12극 ④ 14극

해설 유도 전동기를 사용하는 경우 : 동기기의 극수보다 2극만큼 적은 극수일 것

29 변압기 기름의 구비 조건이 아닌 것은?

① 절연 내력이 클 것 ② 인화점과 응고점이 높을 것
③ 냉각 효과가 클 것 ④ 산화 현상이 없을 것

해설 변압기 기름의 구비 조건
- 절연 내력이 클 것
- 인화점이 높아야 하며, 응고점은 낮을 것
- 냉각 효과가 클 것
- 고온에서 화학 반응이 없고, 산화 현상이 없을 것

정답 26 ④ 27 ② 28 ① 29 ②

30 다음 중 변압기의 무부하손에서 대부분을 차지하는 것은 무엇인가?

① 유전체손 ② 철손 ③ 동손 ④ 부하손

해설 무부하손은 주로 철손이고, 여자 전류에 의한 구리손(저항손)과 절연물의 유전체손 그리고 표유 무부하손이 있다.

31 변압기의 1차 권회수 80회, 2차 권회수 320회일 때, 2차 측의 전압이 100V이면 1차 전압(V)은?

① 15 ② 25 ③ 50 ④ 100

해설 $a = \frac{N_1}{N_2} = \frac{80}{320} = 0.25$ $\quad \therefore\ V_1 = a \cdot V_2 = 0.25 \times 100 = 25\text{V}$

32 변압기의 절연 내력 시험법이 아닌 것은?

① 가압 시험 ② 유도 시험 ③ 충격 전압 시험 ④ 단락 시험

해설
- 절연 내력 시험에는 가압 시험, 유도 시험, 충격 전압 시험 3가지가 있다.
- 단락 시험은 권선의 온도 상승 시험 방법이다.

33 다음 중 유도 전동기의 공극을 작게 하는 이유는?

① 효율 증대 ② 기동 전류 감소 ③ 역율 증대 ④ 토크 증대

해설 공극(air gap)
- 유도 전동기의 고정자와 회전자 사이에는 여자 전류를 적게 하고, 역률을 높이기 위해 될 수 있는 한 공극을 좁게 한다.
- 유도 전동기의 공극은 0.3~2.5mm 정도로 한다.

34 회전수 540rpm, 12극, 3상 유도 전동기의 슬립(%)은? (단, 주파수는 60Hz이다.)

① 1 ② 4 ③ 6 ④ 10

정답 30 ② 31 ② 32 ④ 33 ③ 34 ④

해설 $N_s = \frac{120f}{p} = \frac{120 \times 60}{12} = 600\text{rpm}$

$\therefore$ 슬립(slip) $s = \frac{N_s - N}{N_s} \times 100 = \frac{600 - 540}{600} \times 100 = 10\%$

35 유도 전동기에서 원선도 작성 시 필요하지 않는 시험은?

① 무부하 시험 ② 저항 측정
③ 슬립 측정 ④ 구속 시험

해설 원선도 작성에 필요한 시험
- 고정자 권선의 저항 측정
- 무부하 시험
- 구속 시험(locked test)

36 유도 전동기의 회전자에 슬립 주파수의 전압을 가하는 속도 제어는?

① 자극수 변환법 ② 2차 여자법
③ 2차 저항법 ④ 인버터 주파수 변환법

해설 권선형 유도 전동기의 2차 여자 방법
- 2차 회로(회전자)에 2차 주파수 f_2와 같은 주파수(슬립 주파수)이며, 적당한 크기의 전압을 외부에서 가하는 것을 2차 여자라 한다.
- 전동기의 속도를 동기 속도보다 크게 할 수도 있고 작게 할 수도 있다.

37 디지털 디스플레이 시계나 계산기와 같이 숫자나 문자를 표기하기 위해서 사용하는 전류를 흘려 빛을 발산하는 반도체 소자는 무엇인가?

① 제너 다이오드 ② 쇼트키 다이오드
③ 발광 다이오드 ④ 브리지 다이오드

해설 발광 다이오드(LED : Light Emitting Diode) : 다이오드의 특성을 가지고 있으며, 전류를 흐르게 하면 붉은색, 녹색, 노란색으로 빛을 발한다.

정답 35 ③ 36 ② 37 ③

38 변압기의 내부 고장 발생 시 고저압측에 설치한 CT 2차측의 억제 코일에 흐르는 전류 차가 일정 비율 이상이 되었을 때 동작하는 보호 계전기는?

① 과전류 계전기 ② 비율 차동 계전기
③ 방향 단락 계전기 ④ 거리 계전기

해설 비율 차동 계전기(RDFR)
- 동작 코일과 억제 코일로 되어 있으며, 전류가 일정 비율 이상이 되면 동작한다.
- 변압기 단락 보호용으로 주로 사용된다.

39 대형의 천장 기중기 등에 사용되며, 직류 여자가 필요한 제동법은?

① 발전 제동 ② 회생 제동 ③ 역상 제동 ④ 단상 제동

해설 발전 제동(dynamic braking) : 여자용 직류 전원이 필요하며, 대형의 천장 기중기와 케이블 카 등에 많이 쓰이고 있다.

8회

40 다음 중 자기 소호(턴 오프) 기능이 가장 좋은 소자는?

① SCR ② GTO ③ TRIAC ④ LASCR

해설 GTO (Gate Turn-Off thyristor)
- 게이트 신호가 양(+)이면 → 턴 온(on), 음(−)이면 → 턴 오프(off) 된다.
- 과전류 내량이 크며, 자기 소호성이 좋다.

제3과목 전기 설비 - 20문항

41 다음 중 옥외용 가교 폴리에틸렌 절연 전선을 나타내는 약호는?

① OC ② OE ③ CV ④ VV

해설 ① OC : 옥외용 가교 폴리에틸렌 절연 전선
② OE : 옥외용 폴리에틸렌 절연 전선
③ CV : 가교 폴리에틸렌 절연 비닐 시스 케이블
④ VV : 비닐 절연 비닐 시스 케이블

정답 38 ② 39 ① 40 ② 41 ①

42 **터미널 러그를 이용한 접속 방법에서 전기 기계 기구의 금속제 외함, 배관 등과 접지선과의 접속 시 몇 mm^2 단면적을 초과해야 터미널 러그를 사용하는가?**

① 6 ② 8 ③ 10 ④ 16

해설 전선과 기구 단자와의 접속에서, 단면적 6 mm^2를 초과하는 연선에 터미널 러그(terminal lug)를 부착한다.

43 **두 개의 전선을 병렬로 사용하는 경우로 옳지 않은 것은?**

① 동선을 사용하는 경우 단면적은 $50mm^2$, 알루미늄선은 $70mm^2$ 이상이어야 한다.
② 전선에는 퓨즈를 설치하여야 한다.
③ 동일한 도체, 동일한 굵기, 동일한 길이이어야 한다.
④ 같은 극간 동일한 터미널 러그에 완전히 접속한다.

해설 옥내에서 전선을 병렬로 사용하는 경우(KEC 123)

- 각 전선의 굵기는 동 $50mm^2$ 이상 또는 알루미늄 $70mm^2$ 이상이고, 동일한 도체, 동일한 굵기, 동일한 길이이어야 한다.
- 각각에 퓨즈를 장치하지 말아야 한다(공용 퓨즈는 지장이 없다).

44 **절연 전선의 피복 절연물을 벗기는 공구로서 도체의 손상 없이 정확한 길이의 피복 절연물을 쉽게 처리할 수 있는 것은?**

① 와이어 스트리퍼 ② 클리퍼 ③ 프레셔 툴 ④ 리머

해설 와이어 스트리퍼(wire striper)

- 절연 전선의 피복 절연물을 벗기는 자동 공구이다.
- 도체의 손상 없이 정확한 길이의 피복 절연물을 쉽게 처리할 수 있다.

45 **접지 저항값에 가장 큰 영향을 주는 것은?**

① 접지선 굵기 ② 접지 전극 크기 ③ 온도 ④ 대지 저항

해설 접지선과 접지 저항 : 접지선은 주 접지 단자나 접지 모선을 접지극에 접속한 전선을 말하며, 접지 저항은 접지 전극과 대지 사이의 저항을 말한다.
∴ 대지 저항은 접지 저항 값에 가장 큰 영향을 준다.

정답 42 ① 43 ② 44 ① 45 ④

46 접지 사고 발생 시 다른 선로의 전압을 상 전압 이상으로 되지 않으며, 이상 전압의 위험도 없고 선로나 변압기의 절연 레벨을 저감시킬 수 있는 접지 방식은?

① 저항 접지 ② 비접지 ③ 직접 접지 ④ 소호 리액터 접지

해설 중성점 접지 방식

- 비접지 방식 : 변압기 $\Delta-\Delta$ 결선하여 송전하는 방식에 적용
- 저항 접지 : 중성점에 적절한 저항을 통하여 접지하는 방식
- 소호 리액터 접지 : 중성점에 소호 코일을 통하여 접지하는 방식

47 사람이 쉽게 접촉할 우려가 있는 장소에 저압의 금속제 외함을 가진 기계 기구에 전기를 공급하는 전로에는 사용 전압이 몇 V를 초과하는 경우 누전 차단기를 시설하여야 하는가?

① 50 ② 100 ③ 120 ④ 150

해설 누전 차단기를 시설(KEC 211.2.4) : 금속제 외함을 가진 사용 전압 50V를 초과하는 저압 기계·기구로 쉽게 접촉할 우려가 있는 곳에 시설할 것

8회

48 욕실 내에 콘센트를 시설할 경우 콘센트의 시설 위치는 바닥면상 몇 cm 이상 설치하여야 하는가?

① 30cm ② 50cm ③ 80cm ④ 100cm

해설 전기 욕기(KEC 241.2)

- 콘센트는 접지극이 있는 방적형 콘센트를 사용하여 접지하여야 한다.
- 콘센트의 시설 위치는 바닥면상 80cm 이상으로 한다.

49 셀룰로이드, 성냥, 석유류 등 기타 가연성 위험 물질을 제조 또는 저장하는 장소의 배선으로 잘못된 배선은?

① 금속관 배선 ② 가요 전선관 배선
③ 합성수지관 배선 ④ 케이블 배선

해설 위험물 등이 존재하는 장소(셀룰로이드, 성냥, 석유류 등) (KEC 242.4) : 배선은 금속관 배선, 합성수지관 배선 또는 케이블 배선 등에 의할 것

정답 46 ③ 47 ① 48 ③ 49 ②

50 폭연성 분진이 존재하는 곳의 저압 옥내 배선 공사 시 공사 방법으로 짝지어진 것은?

① 금속관 공사, MI 케이블 공사, 개장된 케이블 공사
② CD 케이블 공사, MI 케이블 공사, 금속관 공사
③ CD 케이블 공사, MI 케이블 공사, 제1종 캡타이어 케이블 공사
④ 개장된 케이블 공사, CD 케이블 공사, 제1종 캡타이어 케이블 공사

해설 폭연성 분진이 존재하는 곳(KEC 242.2.1)
- 옥내 배선은 금속 전선관 배선 또는 케이블 배선에 의할 것
- 개장된 케이블 또는 MI 케이블을 사용하는 경우 이외는 관 기타의 방호 장치에 넣어 사용할 것

51 금속을 아웃렛 박스의 로크아웃에 취부할 때 로크아웃의 구멍이 관의 구멍보다 클 때 보조적으로 사용되는 것은?

① 링 리듀서 ② 엔트런스 캡 ③ 부싱 ④ 엘보

해설 링 리듀서(ring reducer) : 로크너트(locknut)만으로는 고정할 수 없을 때 보조적으로 사용한다.

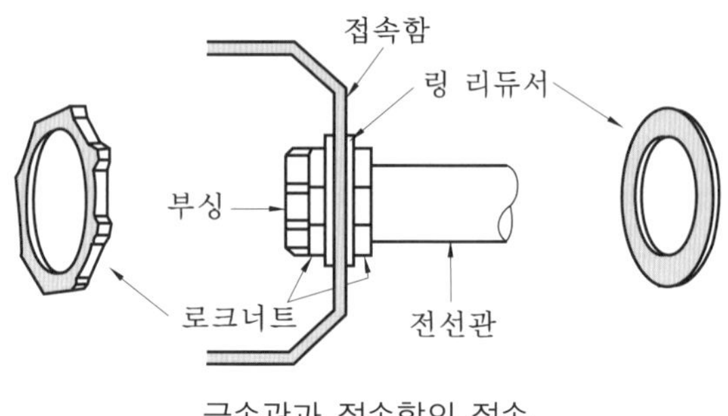

금속관과 접속함의 접속

52 다음 중 합성수지관에 사용할 수 있는 단선의 최대 규격은 몇 mm^2인가?

① 2.5 ② 4 ③ 6 ④ 10

해설 단선의 최대 규격 : 단면적 $10mm^2$ (알루미늄 전선은 $16\ mm^2$)을 초과하는 것은 연선이어야 한다.

정답 50 ① 51 ① 52 ④

53 케이블을 구부리는 경우는 피복이 손상되지 않도록 하고, 그 굴곡부의 곡률 반경은 원칙적으로 케이블이 단심인 경우 완성품 외경의 몇 배 이상이어야 하는가?

① 4 ② 6 ③ 8 ④ 10

해설 연피가 없는 케이블 : 굴곡부의 곡률 반경은 원칙적으로 케이블 완성품 외경의 6배 (단심인 것은 8배) 이상

54 가요 전선관의 상호 접속은 무엇을 사용하는가?

① 콤비네이션 커플링 ② 스플릿 커플링
③ 더블 커넥터 ④ 앵글 커넥터

해설
- 전선관의 상호 접속 : 스플릿 커플링
- 금속 전선관의 접속 : 콤비네이션 커플링
- 박스와의 접속 : 스트레이트 커넥터, 앵글 커넥터, 더블 커넥터

55 금속 덕트 공사에 있어서 전광 표시 장치, 출퇴 표시 장치 등 제어 회로용 배선만을 공사할 때 절연 전선의 단면적은 금속 덕트 내 몇 % 이하이어야 하는가?

① 80 ② 70 ③ 60 ④ 50

해설 금속 덕트의 시설 조건(KEC 232.31.1)
- 전선의 피복 절연물을 포함한 단면적의 총 합계가 금속 덕트 내 단면적의 20% 이하
- 제어 회로 등의 배선에 사용하는 전선만을 넣는 경우에는 50% 이하

56 전주의 뿌리받침은 전선로 방향과 어떤 상태인가?

① 평행이다. ② 직각 방향이다.
③ 평행에서 45° 정도이다. ④ 직각 방향에서 30° 정도이다.

해설 근가(뿌리받침)
- 뿌리받침은 지표면에서 30~40cm 되는 곳에 전선로와 같은 방향(평행)으로 시설한다.
- 곡선 선로 및 인류 전주에서는 장력의 방향에 뿌리받침이 놓이도록 시설한다.

정답 53 ③ 54 ② 55 ④ 56 ①

57 **다음 중 배전반 및 분전반의 설치 장소로 적합하지 않은 곳은?**

① 전기 회로를 쉽게 조작할 수 있는 장소 ② 개폐기를 쉽게 개폐할 수 있는 장소
③ 노출된 장소 ④ 사람이 쉽게 조작할 수 없는 장소

해설 분전반 및 배전반의 설치 장소

- 전기 회로를 쉽게 조작할 수 있는 장소
- 개폐기를 쉽게 조작할 수 있는 장소
- 노출된 장소
- 안정된 장소

58 **완전 확산면은 어느 방향에서 보아도 무엇이 동일한가?**

① 광속 ② 휘도 ③ 조도 ④ 광도

해설 완전 확산면

- 반사면이 거칠면 난반사하여 빛이 확산한다.
- 확산 반사 중 면의 휘도가 어느 방향에서 보더라도 같은 표면을 완전 확산면이라 한다.

59 **1m 높이의 작업 면에서 천장까지의 높이가 3m일 때 조명인 경우의 광원의 높이는 몇 m인가?**

① 1 ② 2 ③ 3 ④ 4

해설 광원의 높이는 작업 면에서 $\frac{2}{3}H_0\,[\mathrm{m}]$로 한다.

$\therefore\ h = \frac{2}{3}H_0 = \frac{2}{3}\times 3 = 2\mathrm{m}$

60 **시계 기구를 내장한 스위치로써 지정 시간에 점멸하거나, 일정 시간 동작하는 조명 제어용 스위치는?**

① 수은 스위치 ② 타임스위치 ③ 압력 스위치 ④ 플로트리스 스위치

해설 타임스위치(time switch) : 시계 기구를 내장한 스위치로, 지정한 시간에 점멸을 할 수 있게 된 것과 일정 시간 동안 동작하게 된 것이 있다.

정답 57 ④ 58 ② 59 ② 60 ②

9회 CBT 실전문제

제1과목 전기 이론 - 20문항

01 충전된 대전체를 대지(大地)에 연결하면 대전체는 어떻게 되는가?

① 방전한다. ② 반발한다.
③ 충전이 계속된다. ④ 반발과 흡입을 계속한다.

해설 대지 전위(earth potential) : 대지가 가지고 있는 전위는 보통은 0 전위로 간주되고 있으므로 충전된 대전체를 대지에 연결하면 방전하게 되며, 그 대전체의 전위는 대지와 같게 된다.

9회

02 동일한 용량의 콘덴서 5개를 직렬로 접속하였을 때의 합성 용량과 5개를 병렬로 접속하였을 때의 합성 용량은 다르다. 직렬로 접속한 것은 병렬로 접속한 것의 몇 배에 해당하는가?

① 5배 ② $\frac{1}{10}$배 ③ 15배 ④ $\frac{1}{25}$배

해설 • 병렬접속 시 : $C_p = n \times C = 5C$

• 직렬접속 시 : $C_s = \frac{C}{n} = \frac{C}{5}$

$$\therefore \frac{C_s}{C_p} = \frac{\frac{C}{5}}{5C} = \frac{1}{25}\text{배} \rightarrow C_s = \frac{1}{25}C_p$$

03 진공의 투자율 μ_0 [H/m]는?

① 6.33×10^4 ② 8.85×10^{-12} ③ $4\pi \times 10^{-7}$ ④ 9×10^9

해설 $\mu_0 = 4\pi \times 10^{-7} = 1.257 \times 10^{-6}$ [H/m]

정답 01 ① 02 ④ 03 ③

04 정전기 발생 방지책으로 틀린 것은?

① 대전 방지제의 사용
② 접지 및 보호구의 착용
③ 배관 내 액체의 흐름 속도 제한
④ 대기의 습도를 30% 이하로 하여 건조함을 유지

해설
- 정전기는 물건과 물건의 마찰, 밀착하고 있는 물건의 박리, 물건의 파괴 등에 의해서 발생한다.
- 정전기 발생 방지책(①, ②, ③ 이외에)
  ㉠ 대기의 습도를 유지하도록 가습한다.
  ㉡ 정전기 발생 방지를 위한 도장을 한다.

05 공심 솔레노이드의 내부 자계의 세기가 800AT/m일 때, 자속 밀도(Wb/m^2)는 약 얼마인가?

① 1×10^{-3}　② 1×10^{-4}　③ 1×10^{-5}　④ 1×10^{-6}

해설 $B=\mu_0 H=4\pi\times10^{-7}\times800 \fallingdotseq 1\times10^{-3}\,[\mathrm{Wb/m^2}]$

06 길이가 31.4㎝, 단면적 0.25m^2, 비투자율이 100인 철심을 이용하여 자기 회로를 구성하면 자기 저항은 몇 AT/Wb인가? (단, 진공의 투자율은 $\mu_0=4\pi\times10^{-7}[\mathrm{H/m}]$로 계산한다.)

① 2648.24　② 6784.58　③ 8741.49　④ 9994.93

해설 $R=\dfrac{l}{\mu_0\,\mu_s\,A}=\dfrac{31.4\times10^{-2}}{4\pi\times10^{-7}\times100\times0.25}\fallingdotseq 9994.93\mathrm{AT/Wb}$

07 10Ω인 저항 10개를 직렬연결했을 때의 합성 저항은 병렬연결했을 때 합성 저항의 몇 배가 되는가?

① 10　② 50　③ 100　④ 200

정답 04 ④ 05 ① 06 ④ 07 ③

해설 • 직렬 $R_s = 10R$

• 병렬 $R_p = \frac{R}{10}$

• 비교 $\frac{R_s}{R_p} = \frac{10R}{\frac{R}{10}} = 100 \qquad \therefore\ R_s = 100R_p$

08 **어떤 전압계의 측정 범위를 10배로 하자면 배율기의 저항을 전압계 내부 저항의 몇 배로 하여야 하는가?**

① 10 ② $\frac{1}{10}$ ③ 9 ④ $\frac{1}{9}$

해설 배율 $m = 1 + \frac{R_m}{R_v}$에서

$R_m = (m-1)R_v = (10-1)R_v = 9R_v \qquad \therefore$ 9배

09 **코일이 접속되어 있을 때, 누설 자속이 없는 이상적인 코일 간의 상호 인덕턴스는?**

① $M = \sqrt{L_1 + L_2}$ ② $M = \sqrt{L_1 - L_2}$

③ $M = \sqrt{L_1 L_2}$ ④ $M = \sqrt{\frac{L_1}{L_2}}$

해설 $M = k\sqrt{L_1 L_2}$ [H]에서 누설 자속이 없는 이상적인 경우 : $k = 1$

$\therefore\ M = \sqrt{L_1 \times L_2}$

10 **인가된 전압의 크기에 따라 저항이 비직선적으로 변하는 소자로, 고압 송전용 피뢰침으로 사용되어 왔고 계전기의 접점 보호 장치에 사용되는 반도체 소자는?**

① 서미스터 ② CdS ③ 배리스터 ④ 트라이액

해설 배리스터(varistor)

• 비직선형 저항기로서 높은 전압일 때 저항이 낮아지는 특성이 있다.

• 계전기 접점의 불꽃 소거, 즉 계전기의 접점 보호 장치에 사용되는 반도체 소자이다(고압용 피뢰침으로 사용).

정답 08 ③ 09 ③ 10 ③

11 10Ω의 저항 회로에 $e=100\sin\left(377t+\frac{\pi}{3}\right)$[V]의 전압을 가했을 때 $t=0$에서의 순시 전류(A)는?

① 5 ② $5\sqrt{3}$ ③ 10 ④ $10\sqrt{3}$

해설 $e=100\sin\left(377t+\frac{\pi}{3}\right)_{t=0}=100\sin\frac{\pi}{3}=100\times\frac{\sqrt{3}}{2}=50\sqrt{3}$ [V]

$\therefore\ i=\frac{e}{R}=\frac{50\sqrt{3}}{10}=5\sqrt{3}$ [A]

12 다음 그림과 같은 RC 병렬 회로의 벡터도에서 위상각 θ는?

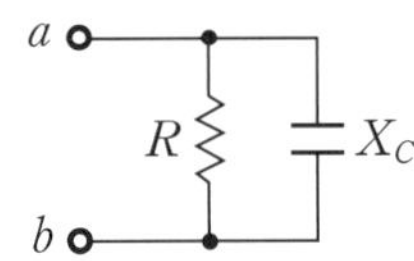

① $\tan^{-1}\frac{\omega C}{R}$ ② $\tan^{-1}\omega CR$ ③ $\tan^{-1}\frac{R}{\omega C}$ ④ $\tan^{-1}\frac{1}{\omega CR}$

해설 $\theta=\tan^{-1}\frac{I_C}{I_R}=\tan^{-1}\frac{\omega CV}{\frac{V}{R}}=\tan^{-1}\omega CR$

13 Δ결선에서 선전류가 $10\sqrt{3}$ A이면 상전류는?

① 5 A ② 10 A ③ $10\sqrt{3}$ A ④ 30 A

해설 $I_p=\frac{I_l}{\sqrt{3}}=\frac{10\sqrt{3}}{\sqrt{3}}=10\text{A}$

14 리액턴스가 10Ω인 코일에 직류 전압 100 V를 가하였더니 전력 500 W를 소비하였다. 이 코일의 저항은?

① 10 Ω ② 5 Ω ③ 20 Ω ④ 2 Ω

정답 **11** ② **12** ② **13** ② **14** ③

해설 $P = \frac{V^2}{R}$ [W] $\therefore\ R = \frac{V^2}{P} = \frac{100^2}{500} = 20\,\Omega$

15 저항이 4Ω, 유도 리액턴스가 3Ω인 RL 직렬 회로에 200V의 전압을 가할 때 이 회로의 소비 전력은 약 몇 W인가?

① 800 ② 1000 ③ 2400 ④ 6400

해설
- $Z = \sqrt{R^2 + X^2} = \sqrt{4^2 + 3^2} = 5\Omega$
- $I = \frac{V}{Z} = \frac{200}{5} = 40\text{A}$

$\therefore\ P = I^2 \cdot R = 40^2 \times 4 = 6400\text{W}$

16 단상 변압기의 3상 결선 중 단상 변압기 한 대가 고장일 때 V−V 결선으로 전환할 수 있는 결선 방식은?

① Y−Y 결선 ② Y−Δ 결선 ③ Δ−Y 결선 ④ Δ−Δ 결선

해설 단상 변압기 V−V 결선은 $\Delta - \Delta$ 결선에 의해 3상 변압을 하는 경우 1대의 변압기가 고장이 나면 이를 제거하고, 남은 2대의 변압기를 이용하여 3상 변압을 계속하는 3상 결선 방식이다.

17 주기적인 구형파 신호의 성분은 어떻게 되는가?

① 성분 분석이 불가능하다. ② 직류분만으로 합성된다.
③ 무수히 많은 주파수의 합성이다. ④ 교류 합성을 갖지 않는다.

해설 주기적인 구형파 신호의 성분은 무수히 많은 주파수의 합성이다.

18 1kWh는 몇 J인가?

① 3.6×10^6 ② 860 ③ 10^3 ④ 10^6

해설 $1\,\text{kWh} = 1 \times 10^3 \times 60 \times 60 = 3.6 \times 10^6\ \text{J}$

정답 15 ④ 16 ④ 17 ③ 18 ①

19 황산구리가 물에 녹아 양이온과 음이온으로 분리되는 현상을 무엇이라 하는가?
① 전리 ② 분해 ③ 전해 ④ 석출

해설 전리 : 황산구리($CuSO_4$)처럼 물에 녹아 양이온(+ion)과 음이온(−ion)으로 분리되는 현상이다.

참고 전리(ionization) : 중성 분자 또는 원자가 에너지를 받아서 음·양이온(ion)으로 분리하는 현상이다.

20 다음 중 1차 전지가 아닌 것은?
① 망간 건전지 ② 공기 전지 ③ 알칼리 축전지 ④ 수은 전지

해설 알칼리 축전지 : 전해액으로 알칼리 수용액을 사용한 축전지이다.

제2과목 전기 기기 - 20문항

21 직류 발전기에서 전기자 반작용을 없애는 방법으로 옳은 것은?
① 브러시 위치를 전기적 중성점이 아닌 곳으로 이동시킨다.
② 보극과 보상 권선을 설치한다.
③ 브러시의 압력을 조정한다.
④ 보극은 설치하되 보상 권선은 설치하지 않는다.

해설 보극과 보상 권선은 전기자 반작용을 없애주는 작용과 정류를 양호하게 하는 작용을 한다.

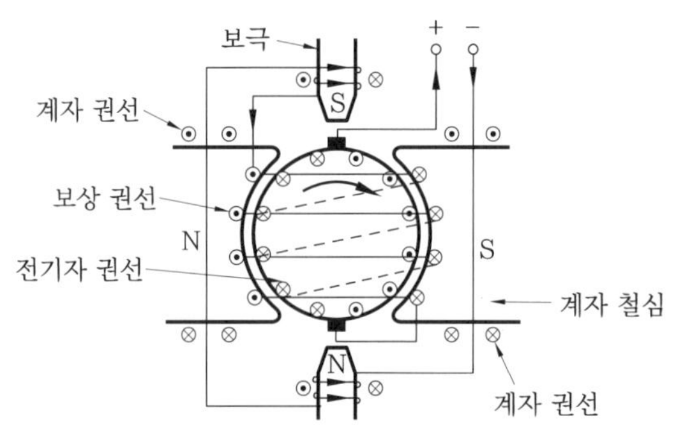

보상 권선과 보극

22 **다음 중 타여자 직류 전동기의 용도에 가장 적합한 것은?**

① 펌프 ② 전차 ③ 크레인 ④ 송풍기

해설 직류 전동기 용도

종류	용도
타여자	압연기, 권상기, 크레인, 엘리베이터
분권	• 직류 전원 선박의 펌프, 환기용 송풍기, 공작 기계 • 정속도
직권	• 전차, 권상기, 크레인 • 가동 횟수가 빈번하고 토크의 변동도 심한 부하
가동 복권	크레인, 엘리베이터, 공작 기계, 공기 압축기

23 **분권 전동기에 대한 설명으로 옳지 않은 것은?**

① 토크는 전기자 전류의 자승에 비례한다.
② 부하 전류에 따른 속도 변화가 거의 없다.
③ 계자 회로에 퓨즈를 넣어서는 안 된다.
④ 계자 권선과 전기자 권선이 전원에 병렬로 접속되어 있다.

해설 직류 분권 전동기의 특성 : 토크 특성은 전기자 전류에 비례하고, 속도 특성은 정속도이다.

참고 직권 전동기의 토크는 전기자 전류의 자승에 비례한다.

24 **전기 기계의 효율 중 발전기의 규약 효율은?**

① $\eta_G = \frac{입력}{입력+손실} \times 100\%$ ② $\eta_G = \frac{입력-손실}{입력+손실} \times 100\%$

③ $\eta_G = \frac{출력}{입력} \times 100\%$ ④ $\eta_G = \frac{출력}{출력+손실} \times 100\%$

해설 규약 효율

• $\eta_G = \frac{출력}{출력+손실} \times 100\%$ • $\eta_M = \frac{입력-손실}{입력} \times 100\%$

정답 22 ③ 23 ① 24 ④

25 60Hz의 동기 발전기가 2극일 때 동기 속도는 몇 rpm인가?

① 7200 ② 4800 ③ 3600 ④ 2400

해설 $N_s = \frac{120f}{p} = \frac{120 \times 50}{2} = 3600\,\text{rpm}$

26 직류 전동기의 속도 제어 방법 중 속도 제어가 원활하고 정토크 제어가 되며, 운전 효율이 좋은 것은?

① 계자 제어 ② 병렬 저항 제어
③ 직렬 저항 제어 ④ 전압 제어

해설 직류 전동기의 속도 제어법의 특성 비교

전압 제어	효율이 좋다.	광범위 속도 제어
		일그너 방식(부하가 급변하는 곳)
		워드-레오나드 방식
		정토크 제어
계자 제어	효율이 좋다.	세밀하고 안정된 속도 제어
		속도 조정 범위 좁다.
		정출력 제어
저항 제어	효율이 나쁘다.	속도 조정 범위 좁다.

27 다음 중 유도 전동기 권선법 중 맞지 않는 것은?

① 고정자 권선은 단층 파권이다.
② 고정자 권선은 3상 권선이 쓰인다.
③ 소형 전동기는 보통 4극이다.
④ 홈 수는 24개 또는 36개이다.

해설 고정자 권선

- 고정자 권선은 2층 중권으로 감은 3상 권선이다.
- 소형 전동기는 보통 4극이고, 홈 수는 24개 또는 36개이다.

정답 25 ③ 26 ④ 27 ①

28 다음 중 동기 전동기의 제동 권선의 효과로 옳은 것은?

① 정지 시간의 단축
② 기동 토크의 발생
③ 토크의 증가
④ 과부한 내량의 증가

해설 제동 권선 역할

- 농형 권선으로서 기동 토크를 발생한다.
- 난조 방지

29 변압기의 1차 측 전압이 3300V이고, 권수비가 15일 때 2차 측 전압은 얼마인가?

① 200V ② 220V ③ 3300V ④ 330V

해설 $V_2 = \frac{V_1}{a} = \frac{3300}{15} = 220\text{V}$

30 다음 중 변압기 여자 전류에 많이 포함된 고주파는?

① 제2고조파
② 제3고조파
③ 제4고조파
④ 제5고조파

해설 여자 전류의 파형 분석

- 여자 전류의 파형은 철심의 히스테리시스와 자기 포화 현상으로, 그 파형이 홀수 고조파를 많이 포함하는 첨두 파형으로 나타난다.
- 홀수 고조파 중 제3고조파가 가장 많이 포함된다.

31 어떤 변압기에서 임피던스 강하가 5%인 변압기가 운전 중 단락되었을 때 그 단락 전류는 정격 전류의 몇 배인가?

① 5 ② 20 ③ 50 ④ 200

해설 $I_s = \frac{100}{\%Z} \cdot I_n = \frac{100}{5} \cdot I_n = 20 \cdot I_n$

∴ 20배

정답 28 ② 29 ② 30 ② 31 ②

32 Δ 결선한 변압기 1대가 고장으로 제거되어 V 결선으로 할 때 공급할 수 있는 전력과 고장 전의 전력에 대한 비(%)는?

① 86.6 ② 75.0 ③ 57.7 ④ 52.0

해설 $\text{이용률} = \dfrac{\text{V 결선의 출력}}{\text{2대의 정격}} = \dfrac{\sqrt{3}P}{2P} = \dfrac{\sqrt{3}}{2} = 0.866$ ∴ 86.6%

33 동기 발전기의 3상 단락 곡선은 무엇과 무엇의 관계 곡선인가?

① 계자 전류와 단락 전류 ② 정격 전류와 계자 전류
③ 여자 전류와 계자 전류 ④ 정격 전류와 단락 전류

해설 3상 단락 곡선
x 축 : 계자 전류, y 축 : 단락 전류

34 4극 60Hz, 슬립 5%인 유도 전동기의 회전수는 몇 rpm인가?

① 1836 ② 1710 ③ 1540 ④ 1200

해설
- $N_s = \dfrac{120f}{p} = \dfrac{120 \times 60}{4} = 1800 \text{ rpm}$
- $N = (1-s)N_s = (1-0.05) \times 1800 = 1710 \text{ rpm}$

35 양방향성 3단자 사이리스터의 대표적인 것은?

① SCR ② GTO ③ TRIAC ④ DIAC

해설 트라이액(TRIAC : triode AC switch)
- 2개의 SCR을 병렬로 접속하고 게이트를 1개로 한 구조로 3단자 소자이다.
- 양방향성이므로 교류 전력 제어에 사용된다.

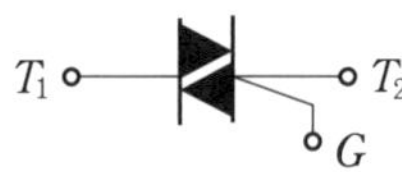

참고 ① SCR : 3단자 단일 방향성, ② GTO : 3단자 단일 방향성,
④ DIAC : 2단자 양방향성

정답 32 ① 33 ① 34 ② 35 ③

36 유도 전동기의 회전력을 T라 하고, 전동기에 가해지는 단자 전압을 V_1 [V]이라고 할 때 T와 V_1 과의 관계는?

① $T \propto V_1$　　② $T \propto {V_1}^2$
③ $T \propto \frac{1}{2} V_1$　　④ $T \propto 2\ V_1$

해설 슬립 s가 일정하면, 토크는 공급 전압 V_1의 제곱에 비례하여 변화한다.

$\therefore\ T = k \cdot {V_1}^2\ [\mathrm{N \cdot m}]$

37 다음 중 정역 운전을 할 수 없어 회전 방향을 바꿀 수 없는 전동기는 어느 것인가?

① 분상 기동형　　② 셰이딩 코일형
③ 반발 기동형　　④ 콘덴서 기동형

해설 셰이딩 코일(shading coil)형의 특징

- 구조는 간단하나 기동 토크가 매우 작고, 운전 중에도 셰이딩 코일에 전류가 흐르므로 효율, 역률 등이 모두 좋지 않다.
- 정역 운전을 할 수 없어 회전 방향을 바꿀 수 없다.

38 단권 변압기의 특징으로 틀린 것은 어느 것인가?

① 권선이 하나인 변압기로써 동량을 줄일 수 있다.
② 동손이 감소하여 효율이 좋다.
③ 승압용 변압기로만 사용이 가능하다.
④ 누설 리액턴스가 적어 단락 사고 시 단락 전류가 크다.

해설 단권 변압기

- 하나의 권선을 1차와 2차로 공용하는 변압기이다.
- 권선을 절약할 수 있을 뿐만 아니라 권선의 공용 부분인 분로 권선에는 1차와 2차의 차의 전류가 흐르므로 동손이 적다.
- 공용 권선이기 때문에 누설 자속이 적고, 전압 변동률이 작아서 효율도 좋으므로 전압 조정용으로써 연속적으로 전압을 조정할 수 있다.
- 승압용 및 강압용 변압기로 사용 가능하다.

정답 36 ② 37 ② 38 ③

39 같은 회로의 두 점에서 전류가 같을 때에는 동작하지 않으나 고장 시에 전류의 차가 생기면 동작하는 계전기는?

① 과전류 계전기 ② 거리 계전기 ③ 접지 계전기 ④ 차동 계전기

해설 차동 계전기(differential relay)

- 피보호 구간에 유입하는 전류와 유출하는 전류의 벡터 차, 혹은 피보호 기기의 단자 사이의 전압 벡터 차 등을 판별하여 동작하는 단일량형 계전기이다.
- 변압기, 동기기 등의 층간 단락 등의 내부 고장 보호에 사용된다.

40 유도 전동기의 2차 입력 : 2차 동손 : 기계적 출력간의 비는?

① $1 : s : 1-s$ ② $1 : 1-s : s$

③ $s : \dfrac{s}{1-s} : 1$ ④ $1 : s : s^2$

해설 (2차 입력 P_2) : (2차 저항손 P_{c2}) : (기계적 출력 P_0)

$= P_2 : P_{c2} : P_0 = P_2 : sP_2 : (1-s)P_2 = 1 : s : 1-s$

제3과목 전기 설비 - 20문항

41 전압의 구분에서 고압에 대한 설명으로 가장 옳은 것은?

① 직류는 1500V를, 교류는 1000V 이하인 것
② 직류는 1000V를, 교류는 1500V 이상인 것
③ 직류는 1500V를, 교류는 1000V를 초과하고, 7kV 이하인 것
④ 7kV를 초과하는 것

해설 전압의 구분(KEC 111.1)

전압의 구분	교류	직류
저압	1kV 이하	1.5kV 이하
고압	1kV 초과 7kV 이하	1.5kV 초과 7kV 이하
특고압	7kV 초과	

정답 39 ④ 40 ① 41 ③

42 다음 중 300/300V 평형 비닐 코드의 약호는?

① CIC ② FTC ③ LPC ④ FSC

해설 유연성 비닐 케이블(코드)

① CIC : 300/300V 실내 장식 전등 기구용 코드
② FTC : 300/300V 평형 금사 코드
③ LPC : 300/300V 연질 비닐 시스 코드
④ FSC : 300/300V 평형 비닐 코드

43 전선의 접속에 대한 설명으로 틀린 것은?

① 접속 부분의 전기 저항을 20% 이상 증가되도록 한다.
② 접속 부분의 인장 강도를 80% 이상 유지되도록 한다.
③ 접속 부분에 전선 접속 기구를 사용한다.
④ 알루미늄 전선과 구리선의 접속 시 전기적인 부식이 생기지 않도록 한다.

해설 접속 부분의 전기 저항을 최대한 감소시킨다.

9회

44 한국전기설비규정에 따라 분기 회로(S_2)의 보호 장치(P_2)는 P_2의 전원 측에서 분기점(O) 사이에 다른 분기 회로 또는 콘센트의 접속이 없고, 단락의 위험과 화재 및 인체에 대한 위험성이 최소화되도록 시설된 경우, 분기 회로의 보호 장치(P_2)는 분기 회로의 분기점(O)으로부터 몇 m까지 이동하여 설치할 수 있는가?

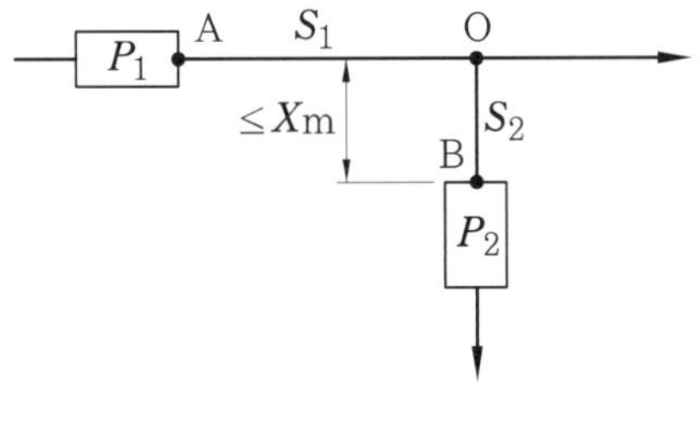

① 2m ② 1m ③ 3m ④ 5m

해설 과부하 보호 장치의 설치 위치(KEC 212.4.2) : 그림은 분기 회로(S_2)의 분기점(O)에서 3m 이내에 설치된 과부하 보호 장치(P_2)를 나타낸 것이다.

정답 42 ④ 43 ① 44 ③

45 접지 도체의 선정에 있어서 접지 도체의 최소 단면적은 구리는 (a)mm^2 이상, 철제는 (b)mm^2 이상이면 된다. (a), (b)에 알맞은 값은? (단, 큰 고장 전류가 접지 도체를 통하여 흐르지 않을 경우이다.)

① (a) 6, (b) 50
② (a) 26, (b) 48
③ (a) 10, (b) 25
④ (a) 8, (b) 32

해설 접지 도체의 선정(KEC 142.3.1) : 접지 도체의 단면적은 구리 $6mm^2$ 또는 철 $50mm^2$ 이상으로 하여야 한다.

참고 접지 도체에 피뢰 시스템이 접속된 경우 : 구리 $16mm^2$ 또는 철 $50mm^2$ 이상

46 합성수지관 공사에서 옥외 등 온도 차가 큰 장소에 노출 배관을 할 때 사용하는 커플링은?

① 신축 커플링(0C)
② 신축 커플링(1C)
③ 신축 커플링(2C)
④ 신축 커플링(3C)

해설 합성수지관의 커플링 접속의 종류

- 1호 커플링 : 커플링을 가열하여 양쪽 관이 같은 길이로 맞닿게 한다.
- 2호 커플링 : 커플링 중앙부에 관막이가 있다.
- 3호 커플링 : 커플링 중앙부의 관막이가 2호보다 좁아 관이 깊이 들어가고, 온도 변화에 따른 신축 작용이 용이하게 되어 있다.

47 다음 ( ) 안에 들어갈 알맞은 말은?

"전선의 접속에서 트위스트 접속은 (㉠) mm^2 이하의 가는 전선, 브리타니아 접속은 (㉡)mm^2 이상의 굵은 단선을 접속할 때 적합하다."

① ㉠ 4, ㉡ 10
② ㉠ 6, ㉡ 10
③ ㉠ 8, ㉡ 12
④ ㉠ 10, ㉡ 14

해설 전선의 접속에서 트위스트 접속(twist joint)은 $6mm^2$ 이하의 가는 전선, 브리타니아(britania) 접속은 $10mm^2$ 이상의 굵은 단선을 접속할 때 적합하다.

정답 45 ① 46 ④ 47 ②

48 저압 가공 전선과 고압 가공 전선을 동일 지지물에 시설하는 경우 상호 이격 거리는 몇 cm 이상이어야 하는가?

① 20 ② 30 ③ 40 ④ 50

해설 고압 가공 전선 등의 병행 설치(KEC 332.8) : 저압 가공 전선을 고압 가공 전선의 아래로 하고, 별개의 완금류에 시설하며, 이격 거리는 0.5m 이상으로 한다.

49 옥내 전로의 대지 전압의 제한에서 잘못된 설명은?

① 백열전등 또는 방전등 및 이에 부속하는 전선은 사람이 접촉할 우려가 없도록 한다.
② 백열전등 및 방전등용 안정기는 옥내 배선에 직접 접속하여 시설한다.
③ 백열전등의 전구 소켓은 키나 그 밖의 점멸 기구가 있는 것으로 한다.
④ 사용 전압은 400V 미만이어야 한다.

해설 옥내 전로의 대지 전압의 제한(KEC 231.6) : 백열전등의 전구 소켓은 키나 그 밖의 점멸 기구가 없는 것이어야 한다.

50 유니언 커플링의 사용 목적은?

① 안지름이 틀린 금속관 상호의 접속
② 돌려 끼울 수 없는 금속관 상호의 접속
③ 금속관의 박스와 접속
④ 금속관 상호를 나사로 연결하는 접속

해설 유니언 커플링(union coupling) : 금속 전선관을 돌려 끼울 수 없는 금속관 상호의 접속 시 사용한다.

51 전압 22.9V-Y 이하의 배전 선로에서 수전하는 설비의 피뢰기 정격 전압은 몇 kV로 적용하는가?

① 18kV ② 24kV ③ 144kV ④ 288kV

해설 전압 22.9kV-Y 이하의 배전 선로에서 수전하는 설비의 피뢰기 정격 전압(kV)은 배전 선로용 피뢰기 정격 전압 18kV를 적용한다.

정답 48 ④ 49 ③ 50 ② 51 ①

52 금속관 공사 시 관을 접지하는 데 사용하는 것은?

① 엘보 ② 노출 배관용 박스
③ 접지 클램프 ④ 터미널 캡

해설 접지 클램프(clamp) : 금속관과 접지선 사이의 접속에 사용한다.

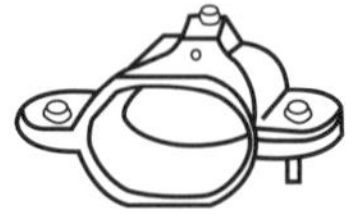

접지 클램프

53 애자 사용 공사에 사용하는 애자가 갖추어야 할 성질이 아닌 것은?

① 절연성 ② 난연성 ③ 내수성 ④ 내유성

해설 애자가 갖추어야 할 성질

- 절연성 : 전기가 통하지 못하게 하는 성질
- 난연성 : 불에 잘 타지 아니하는 성질
- 내수성 : 수분을 막아 견디어내는 성질

54 절연 전선을 동일 플로어 덕트 내에 넣을 경우 플로어 덕트 크기는 전선의 피복 절연물을 포함한 단면적의 총 합계가 플로어 덕트 내 단면적의 몇 % 이하가 되도록 선정하여야 하는가?

① 12% ② 22% ③ 32% ④ 42%

해설 플로어 덕트 내 단면적의 32% 이하가 되도록 선정하여야 한다.

55 금속 트렁킹 공사 방법은 다음 중 어떤 공사 방법의 규정에 준용하는가?

① 금속 몰드 공사 ② 금속관 공사
③ 금속 덕트 공사 ④ 금속 가요 전선관 공사

해설 금속 트렁킹(trunking) 공사 방법(KEC 232.23) : 본체부와 덮개가 별도로 구성되어 덮개를 열고 전선을 교체하는 금속 트렁킹 공사 방법은 금속 덕트 공사 규정을 준용한다.

정답 52 ③ 53 ④ 54 ③ 55 ③

56 지지물에 전선 그 밖의 기구를 고정시키기 위해 완목, 완금, 애자 등을 장치하는 것을 무엇이라 하는가?

① 장주 ② 건주 ③ 터파기 ④ 가선 공사

해설 장주(pole fittings) : 지지물에 완목, 완금, 애자 등을 장치하는 것을 장주라 한다.

참고 배전 선로의 장주에는 저·고압선의 가설 이외에도 주상 변압기, 유입 개폐기, 진상 콘덴서, 승압기, 피뢰기 등의 기구를 설치하는 경우가 있다.

57 다음 중 배전용 전기 기계 기구인 COS(컷아웃 스위치)의 용도로 알맞은 것은?

① 변압기 1차 측에 시설하여 변압기의 단락 보호용
② 변압기 2차 측에 시설하여 변압기의 단락 보호용
③ 변압기 1차 측에 시설하여 배전 구역 전환용
④ 변압기 2차 측에 시설하여 배전 구역 전환용

해설 컷아웃 스위치(COS : Cut Out Switch) : 주로 배전용 변압기의 1차 측에 설치하여 변압기의 단락 보호와 개폐를 위하여 단극으로 제작되며, 내부에 퓨즈를 내장하고 있다.

58 자연 공기 내에서 개방할 때 접촉자가 떨어지면서 자연 소호되는 방식을 가진 차단기로 저압의 교류 또는 직류 차단기로 많이 사용되는 것은?

① 유입 차단기 ② 자기 차단기
③ 가스 차단기 ④ 기중 차단기

해설 기중 차단기(ACB) : 자연 공기 내에서 개방할 때 접촉자가 떨어지면서 자연 소호에 의한 소호 방식을 가지는 차단기로서 교류 또는 직류 차단기로 많이 사용된다.

59 150kW의 수전 설비에서 역률을 80%에서 95%로 개선하려고 한다. 이때 전력용 콘덴서의 용량은 약 몇 kVA인가?

① 63.2 ② 126.4 ③ 133.5 ④ 157.6

9
회

정답 56 ① 57 ① 58 ④ 59 ①

해설 $Q_c = P\left(\sqrt{\frac{1}{\cos^2\theta_1} - 1} - \sqrt{\frac{1}{\cos^2\theta_2} - 1}\right)$

$= 150\left(\sqrt{\frac{1}{0.8^2} - 1} - \sqrt{\frac{1}{0.95^2} - 1}\right) \fallingdotseq 63.2\text{kVA}$

60 물탱크의 물의 양에 따라 동작하는 스위치로서 공장, 빌딩 등의 옥상에 있는 물탱크의 급수 펌프에 설치된 전동기 운전용 마그넷 스위치와 조합하여 사용하는 스위치는?

① 수은 스위치
② 타임스위치
③ 압력 스위치
④ 플로트리스 스위치

해설 플로트리스 스위치(floatless switch) : 플로트를 쓰지 않고 액체 내에 전류가 흘러 그 변화로 제어하는 것으로, 전극 간에 흐르는 전류의 변화를 증폭하여 전자 계전기를 동작시키는 것이다.

정답 60 ④

10회 CBT 실전문제

제1과목 전기 이론 - 20문항

01 다음 설명 중에서 콘덴서의 합성 정전 용량에 대하여 옳게 설명한 것은?

① 직렬과 병렬의 합성 정전 용량은 무관하다.
② 병렬로 연결할수록 합성 정전 용량이 작아진다.
③ 직렬로 연결할수록 합성 정전 용량이 작아진다.
④ 직렬로 연결할수록 합성 정전 용량이 커진다.

해설 저항과는 반대로 직렬로 연결할수록 합성 정전 용량이 작아진다.

예 같은 콘덴서 2개를 직렬로 연결하였을 때의 합성 정전 용량은 병렬로 접속하였을 때의 $\frac{1}{4}$배로 작아진다.

02 2kV의 전압으로 충전하여 2J의 에너지를 축적하는 콘덴서의 정전 용량은?

① 0.5μF ② 1μF ③ 2μF ④ 4μF

해설 $W=\frac{1}{2}CV^2$ [J]에서,

$$C=2\cdot\frac{W}{V^2}=2\times\frac{2}{(2\times10^3)^2}=1\times10^{-6}=1\mu\mathrm{F}$$

03 공기 중 +1Wb의 자극에서 나오는 자력선의 수는 약 몇 개인가?

① 6.33×10^4 ② 7.958×10^5 ③ 8.855×10^3 ④ 1.256×10^6

해설 $N=\frac{m}{\mu_0\mu_s}=\frac{1}{1.257\times10^{-6}\times1}=\frac{1}{1.257}\times10^6 \fallingdotseq 7.955\times10^5$ 개

여기서, 진공의 투자율 : $\mu_0=4\pi\times10^{-7}=1.257\times10^{-6}$[H/m]

정답 01 ③ 02 ② 03 ②

04 다음 중 가우스 정리를 이용하여 구하는 것은?

① 두 전하 사이에 작용하는 힘 ② 전계의 세기
③ 전기력의 방향 ④ 전류의 크기

해설 가우스의 법칙(Gauss's law) : 전기력선의 밀도를 이용하여 정전계의 세기를 구할 수 있다.

참고 전기력선에 수직한 단면적 $1\,m^2$ 당 전기력선의 수, 즉 밀도가 그곳의 전장의 세기와 같다.

05 상호 유도 회로에서 결합계수 k는? (단, M은 상호 인덕턴스, L_1, L_2는 자기 인덕턴스이다.)

① $k = M\sqrt{L_1 L_2}$ ② $k = \sqrt{M \cdot L_1 L_2}$
③ $k = \dfrac{M}{\sqrt{L_1 L_2}}$ ④ $k = \sqrt{\dfrac{L_1 L_2}{M}}$

해설 $M = k\sqrt{L_1 L_2}\,[\mathrm{H}]$에서, $k = \dfrac{M}{\sqrt{L_1 L_2}}$

06 다음 그림과 같이 코일 근방에서 자석을 운동시켰더니 코일에는 화살표 방향의 전류가 흘렀다. 자석을 움직인 방향은?

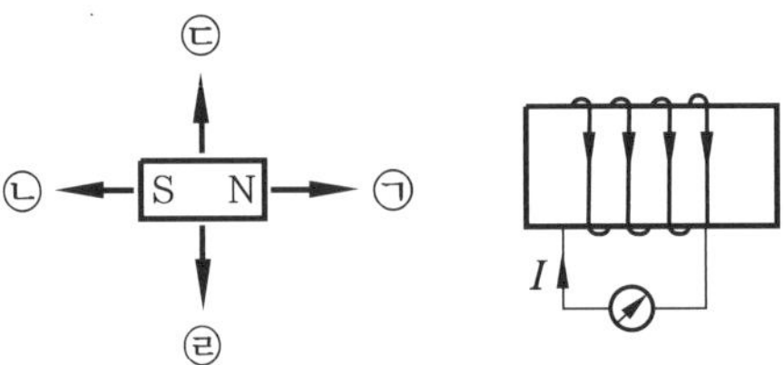

① ㉠의 방향 ② ㉡의 방향
③ ㉢의 방향 ④ ㉣의 방향

해설 렌츠의 법칙(Lenz's law)에 의하여 화살표 방향의 전류가 흘렀다면 이를 방해하는 방향, 즉 ㉡의 방향이 된다.

정답 04 ② 05 ③ 06 ②

07 반지름 0.2m, 권수 50회의 원형 코일이 있다. 코일 중심의 자기장의 세기가 850AT/m이었다면 코일에 흐르는 전류의 크기는?

① 0.68 A ② 6.8 A ③ 10 A ④ 20 A

해설 $H=\frac{NI}{2r}[\mathrm{AT/m}]$에서, $I=\frac{2rH}{N}=\frac{2\times 0.2\times 850}{50}=6.8\mathrm{A}$

08 부하의 전압과 전류를 측정하기 위한 전압계와 전류계의 접속 방법으로 옳은 것은?

① 전압계 : 직렬, 전류계 : 병렬 ② 접압계 : 직렬, 전류계 : 직렬
③ 전압계 : 병렬, 전류계 : 직렬 ④ 전압계 : 병렬, 전류계 : 병렬

해설 접속 방법 : 전압과 계기의 극성은 반드시 맞추어 접속해야 하며, 전류계는 부하와 직렬로, 전압계는 부하와 병렬로 접속해야 한다.

09 다음과 같은 그림에서 4Ω의 저항에 흐르는 전류는 몇 A인가?

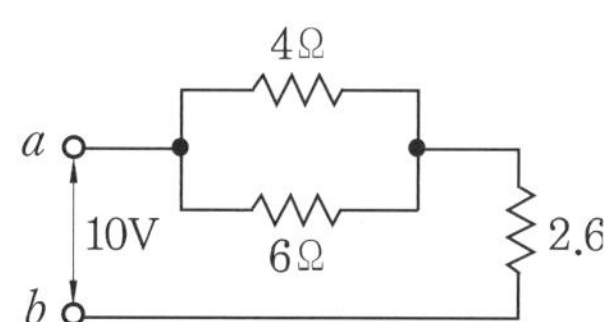

① 1.2 ② 2.4 ③ 0.8 ④ 1.6

해설 • $R_{ab}=\frac{4\times 6}{4+6}+2.6=5\,\Omega$

• $I=\frac{V}{R_{ab}}=\frac{10}{5}=2\mathrm{A}$

$\therefore$ R_4 전류 : $I_1=\frac{R_6}{R_4+R_6}\times I=\frac{6}{4+6}\times 2=1.2\mathrm{A}$

10 120Ω의 저항 4개를 접속하여 얻을 수 있는 합성 저항 중 가장 작은 값(Ω)은?

① 23 ② 30 ③ 46 ④ 59

정답 07 ② 08 ③ 09 ① 10 ②

해설 모두 병렬접속 시 최소 합성 저항을 얻을 수 있다.

$\therefore R_o = \frac{R}{n} = \frac{120}{4} = 30$

11 각주파수 $\omega = 120\pi$ [rad/s]일 때 주파수 f [Hz]는 얼마인가?

① 50 ② 60 ③ 300 ④ 360

해설 $\omega = 2\pi f = 120\pi$ [rad/s]

$\therefore f = \frac{120\pi}{2\pi} = 60$ Hz

12 $v = 141.4\sin(100\pi t)$[V]의 교류 전압이 있다. 이 교류의 실홋값은 몇 V인가?

① 100 ② 110 ③ 141 ④ 282

해설 $v = 141.4\sin(100\pi t) = \sqrt{2} \times 100\sin(100\pi t)$[V] $\therefore V = 100$V

13 L만의 회로에서 유도 리액턴스는 주파수가 1kHz일 때 50Ω이었다. 주파수를 500Hz로 바꾸면 유도 리액턴스는 몇 Ω인가?

① 12.5 ② 25 ③ 50 ④ 100

해설 $X_L = 2\pi f \cdot L[\Omega]$에서, 주파수 f가 $\frac{1}{2}$배로 되면 X_L도 $\frac{1}{2}$배가 된다.

14 저항 3Ω, 유도 리액턴스 4Ω의 직렬 회로에 교류 100V를 가할 때 흐르는 전류와 위상각은 얼마인가?

① 14.3A, 37° ② 14.3A, 53° ③ 20A, 37° ④ 20A, 53°

해설 • $Z = \sqrt{R^2 + X^2} = \sqrt{3^2 + 4^2} = 5\Omega$에서, $I = \frac{V}{Z} = \frac{100}{5} = 20$A

• $\theta = \tan^{-1}\frac{\omega L}{R} = \tan^{-1}\frac{4}{3} ≒ 53°$

정답 11 ② 12 ① 13 ② 14 ④

15 어떤 회로에 50V의 전압을 가하니 $8+j6$ [A]의 전류가 흘렀다면 이 회로의 임피던스(Ω)는?

① $3-j4$　② $3+j4$　③ $4-j3$　④ $4+j3$

해설 $\dot{Z}=\dfrac{\dot{V}}{\dot{I}}=\dfrac{50}{8+j6}=\dfrac{50(8-j6)}{(8+j6)(8-j6)}=\dfrac{400-j300}{8^2+6^2}=4-j3[\Omega]$

16 100V 전원에 1kW의 선풍기를 접속하니 12A의 전류가 흘렀다. 선풍기의 무효율(%)은?

① 약 17　② 약 83　③ 약 45　④ 약 55

해설 $\cos\theta=\dfrac{P}{VI}=\dfrac{1\times10^3}{100\times12}\fallingdotseq 0.83$

$\therefore$ 무효율 $\sin\theta=\sqrt{1-\cos^2\theta}=\sqrt{1-0.83^2}\fallingdotseq 0.55 \rightarrow$ 약 55%

17 3상 교류를 Y결선하였을 때 선간 전압과 상전압, 선전류와 상전류의 관계를 바르게 나타낸 것은?

① 상전압 $=\sqrt{3}$ 선간 전압　② 선간 전압 $=\sqrt{3}$ 상전압
③ 선전류 $=\sqrt{3}$ 상전류　④ 상전류 $=\sqrt{3}$ 선전류

해설 3상 Y결선
- 선간 전압 $=\sqrt{3}$ 상전압
- 선전류 = 상전류

18 $e=10\sqrt{2}\sin\omega t+5\sqrt{2}\sin\left(3\omega t+\dfrac{\pi}{6}\right)$[V]인 전압의 실횻값은?

① $5\sqrt{10}$ V　② 15 V　③ $5\sqrt{5}$ V　④ 20 V

해설 $V=\sqrt{V_1^2+V_3^2}=\sqrt{10^2+5^2}=5\sqrt{5}[\text{V}]$

정답 15 ③　16 ④　17 ②　18 ③

19 정격 전압에서 1kW의 전력을 소비하는 저항에 정격의 90%의 전압을 가했을 때, 전력은 몇 W가 되는가?

① 630 ② 780 ③ 810 ④ 900

해설 $P=\frac{V^2}{R}[\mathrm{W}]$에서, 저항이 일정하므로 소비 전력은 전압의 제곱에 비례한다.

$P' = k\left(\frac{90}{100}\right)^2 \times 1\times 10^3 = 810\mathrm{W}$

20 전기 분해에서 패러데이의 법칙은 어느 것이 적합한가? (단, Q[C] : 통과한 전기량, K : 물질의 전기 화학당량, W[g] : 석출된 물질의 양, t : 통과 시간, I : 전류, E[V] : 전압을 각각 나타낸다.)

① $W=K\frac{Q}{E}$ ② $W=\frac{Q}{R}$

③ $W=kQ=KIt$ ④ $W=K\frac{Q}{t}$

해설 패러데이의 법칙 : 화학당량 e의 물질에 Q[C]의 전기량을 흐르게 했을 때 석출되는 물질의 양

$W=kQ=KIt[\mathrm{g}]$

제2과목 전기 기기 - 20문항

21 직류 발전기를 구성하는 부분 중 정류자란 무엇인가?

① 전기자와 쇄교하는 자속을 만들어 주는 부분
② 자속을 끊어서 기전력을 유기하는 부분
③ 전기자 권선에서 생긴 교류를 직류로 바꾸어 주는 부분
④ 계자 권선과 외부 회로를 연결시켜 주는 부분

해설 정류자는 브러시와 접촉하여 유도 기전력을 정류해서 브러시를 통하여 외부 회로와 연결시켜 주는 역할을 한다.

정답 19 ③ 20 ③ 21 ③

22 직류 발전기에서 유기 기전력 E를 바르게 나타낸 것은? (단, 자속은 ϕ, 회전 속도는 n이다.)

① $E \propto \phi n$ ② $E \propto \phi n^2$ ③ $E \propto \dfrac{\phi}{n}$ ④ $E \propto \dfrac{n}{\phi}$

해설 $E = \dfrac{pz}{60a}\phi N = k\phi N\,[\mathrm{V}]$

23 직류 발전기에서 급전선의 전압 강하 보상용으로 사용되는 것은?

① 분권 발전기 ② 직권 발전기
③ 과복권 발전기 ④ 차동 복권 발전기

해설 복권 발전기의 용도
- 과복권 : 급전선의 전압 강하 보상용으로 사용된다.
- 차동 복권 : 수하 특성을 가지므로, 용접기용 전원으로 사용된다.

24 직류 전동기에 있어 무부하일 때의 회전수 N_0은 1200rpm, 정격 부하일 때의 회전수 N_n은 1150rpm이라 한다. 속도 변동률(%)은?

① 약 3.45 ② 약 4.16 ③ 약 4.35 ④ 약 5.0

해설 $\varepsilon = \dfrac{N_o - N_n}{N_n} \times 100 = \dfrac{1200 - 1150}{1150} \times 100 \fallingdotseq 4.35\%$

25 수차 발전기의 특징이 아닌 것은?

① 대형기이다. ② 수소 냉각이 가능하다.
③ 저속도이다. ④ 안내 축받이가 있다.

해설 수차 발전기는 공기 냉각의 폐쇄 통풍형이다.

참고 수소 냉각 방식은 폐쇄 풍도 순환형으로, 고속도 터빈 발전기에서 채용하는 방식이다.

정답 22 ① 23 ③ 24 ③ 25 ②

26 정격이 10000V, 500A, 역률 90%의 3상 동기 발전기의 단락 전류 I_s[A]는 얼마인가? (단, 단락비는 1.3으로 하고, 전기자 저항은 무시한다.)

① 450 ② 550
③ 650 ④ 750

해설 $I_s = I_n \times k_s = 500 \times 1.3 = 650\text{A}$

27 동기 발전기의 병렬 운전 중에 기전력의 위상차가 생기면 어떻게 되는가?

① 위상이 일치하는 경우보다 출력이 감소한다.
② 부하 분담이 변한다.
③ 무효 순환 전류가 흘러 전기자 권선이 과열된다.
④ 동기화력이 생겨 두 기전력의 위상이 동상이 되도록 작용한다.

해설 기전력의 위상차에 의한 발생 현상

- A기의 유도 기전력 위상이 B기보다 δ_s만큼 앞선 경우, 횡류 $\dot{I}_s = \dfrac{\dot{E}_s}{2Z_s}$ [A]가 흐르게 된다.
- 횡류는 유효 전류 또는 동기화 전류라고 하며, 상차각 δ_s의 변화를 원상태로 돌아가려고 하는 I_s에 의한 전력은 동기화 전력이라고 한다.

28 다음 중 동기 전동기에 설치된 제동 권선의 효과로 맞지 않는 것은?

① 송전선 불평형 단락 시 이상 전압 방지
② 과부하 내량의 증대
③ 기동 토크의 발생
④ 난조 방지

해설 제동 권선의 역할

- 난조 방지
- 동기 전동기 기동 토크 발생
- 불평형 부하 시의 전류 전압 파형을 개선한다.
- 송전선 불평형 단락 시 이상 전압 방지

정답 26 ③ 27 ④ 28 ②

29 13200/220V 단상 변압기가 전등 부하에 120A를 공급할 때 1차 전류 A는 얼마인가?

① 1 ② 2 ③ 120 ④ 200

해설 $a = \frac{13200}{220} = 60$ $I_1 = \frac{I_2}{a} = \frac{120}{60} = 2\text{A}$

30 변압기의 철심을 성층으로 하는 가장 적절한 이유는?

① 기계손을 적게 하기 위하여
② 표유 부하손을 적게 하기 위하여
③ 히스테리시스 손을 적게 하기 위하여
④ 와류손을 적게 하기 위하여

해설 • 성층 철심 : 얇은 철심의 표면에 절연 처리를 하여 와류손를 적게 한다.
• 규소 함유 : 히스테리시스 손을 적게 한다.

31 출력 P[kVA]의 단상 변압기 2대를 V결선 할 때의 출력(kVA)은?

① P ② $\sqrt{3}P$ ③ $2P$ ④ $3P$

해설 $P_v = \sqrt{3}\,V_{2n}I_{2n} = \sqrt{3}\,P\,[\text{kVA}]$

32 특별한 냉각법을 사용하지 않고 공기의 대류 작용으로 변압기 본체가 공기로 자연적으로 냉각되도록 한 방식은?

① 건식 풍랭식 ② 건식 자랭식 ③ 유입 자랭식 ④ 유입 풍랭식

해설 건식 자랭식(AN)은 변압기 본체가 공기에 의하여 자연적으로 냉각되도록 한 것이다.

33 속도 조정이 용이한 전동기는?

① 3상 농형 유도 전동기 ② 3상 권선형 유도 전동기
③ 3상 특수 농형 유도 전동기 ④ 동기 전동기

정답 29 ② 30 ④ 31 ② 32 ② 33 ②

해설 3상 권선형 유도 전동기의 특성

- 속도 조정이 용이하며, 기동 시 특성이 좋다.
- 비례 추이를 할 수 있다.
- 농형에 비하여 구조가 복잡하고 운전이 까다로우며, 효율과 능률이 떨어지는 단점이 있다.

34 10kW, 3상, 200V 유도 전동기(효율 및 역률 각각 85%)의 전부하 전류(A)는?

① 20 ② 40 ③ 60 ④ 80

해설 $P = \sqrt{3}\ VI\cos\theta \cdot \eta$ [W]에서,

$$I = \frac{P}{\sqrt{3}\ V\cos\theta \cdot \eta} = \frac{10\times 10^3}{\sqrt{3}\times 200\times 0.85\times 0.85} = 40\text{ A}$$

35 유도 전동기의 슬립을 측정하기 위하여 스트로보코프법으로 원판의 겉보기 회전수를 측정하니 1분 동안 90회였다. 4극 60Hz용 전동기라면 슬립은 얼마인가?

① 3% ② 4% ③ 5% ④ 6%

해설 스트로보코프법(stroboscopic method)

$$N_s = \frac{120f}{p} = \frac{120\times 60}{4} = 1800\text{rpm}$$

$$\therefore\ s = \frac{n_2}{N_s}\times 100 = \frac{90}{1800}\times 100 = 5\%$$

36 권상기, 기중기 등으로 물건을 내릴 때와 같이 전동기가 가지는 운동 에너지를 발전기로 동작시켜 발생한 전력을 반환시켜서 제동하는 방식은?

① 역전 제동 ② 발전 제동 ③ 회생 제동 ④ 와류 제동

해설 회생 제동

- 유도 전동기를 동기 속도보다 큰 속도로 회전시켜 유도 발전기가 되게 함으로써 발생 전력을 전원에 반환하면서 제동을 시키는 방법이다.
- 케이블 카, 광산의 권상기 또는 기중기 등에 사용된다.

정답 34 ② 35 ③ 36 ③

37 다음 그림에 표시한 회로는 3상 유도 전동기의 기동 회로이다. 어떤 기동 방법을 나타낸 것인가?

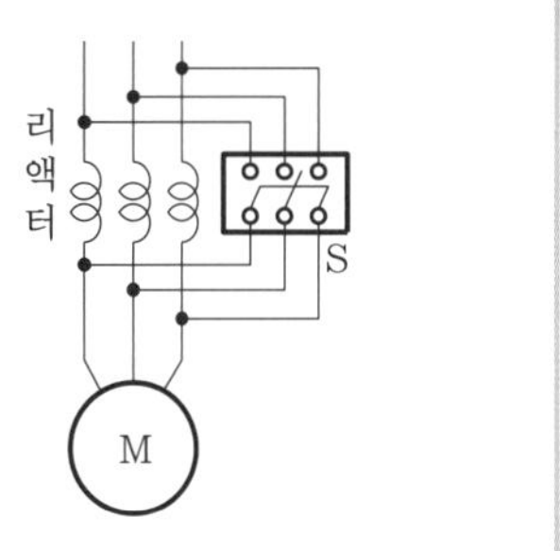

① 콘돌프 기동법
② 기동 보상기법
③ 리액터 기동법
④ 스타델타 기동법

해설 리액터 기동 방법
- 전동기의 1차 쪽에 직렬로 철심이 든 리액터를 접속하는 방법이다.
- 기동이 끝난 다음에는 리액터를 개폐기 S로 단락한다.

38 발전기 권선의 층간 단락 보호에 가장 적합한 계전기는?

① 차동 계전기　② 과부하 계전기
③ 온도 계전기　④ 접지 계전기

해설 차동 계전기 변압기, 동기기 등의 층간 단락 등의 내부 고장 보호에 사용된다.

39 다음 중 전파 정류 회로의 브리지 다이오드 회로를 나타낸 것은? (단, 왼쪽은 입력, 오른쪽은 출력이다.)

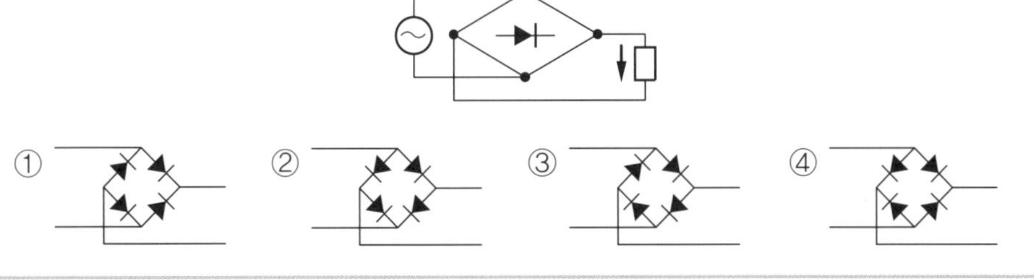

해설 브리지(bridge) 전파 정류 회로 : 전원측은 교류 입력이므로 소자는 서로 반대로, 부하측은 직류 출력이므로 소자는 서로 동일형이어야 한다.

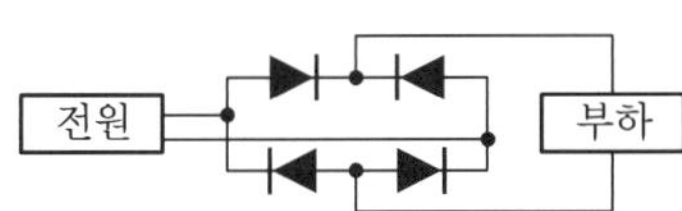

정답 37 ③　38 ①　39 ①

40 ON, OFF를 고속도로 변환할 수 있는 스위치이고, 직류 변압기 등에 사용되는 회로는?

① 초퍼 회로 ② 인버터 회로
③ 컨버터 회로 ④ 정류기 회로

해설 초퍼 회로(chopper circuit) : 반도체 스위칭 소자에 의해 주 전류의 ON－OFF 동작을 고속·고빈도로 반복 수행하는 회로로 직류 변압기 등에 사용된다.

참고 초퍼의 이용 : 전동차, 트롤리 카(trolley car), 선박용 호이스퍼, 지게차, 광산용 견인 전차의 전동 제어 등에 사용한다.

제3과목 전기 설비 - 20문항

41 다음 중 450/750V 일반용 단심 비닐 절연 전선의 약호는 어느 것인가?

① NRI ② NF ③ NFI ④ NR

해설 ① NRI : 300/500V 기기 배선용 단심 비닐 절연 전선
② NF : 450/750V 일반용 유연성 단심 비닐 절연 전선
③ NFI : 300/500V 기기 배선용 유연성 단심 비닐 절연 전선
④ NR : 450/750V 일반용 단심 비닐 절연 전선

42 22.9kV 3상 4선식 다중 접지 방식의 지중 전선로의 절연 내력 시험을 직류로 할 경우 시험 전압은 몇 V인가?

① 16448 ② 21068
③ 32796 ④ 42136

해설 전로의 절연 내력 시험 전압(KEC 132-1)

- 최대 사용 전압이 7kV 초과 25kV 이하인 중성점 다중 직접 접지식 전로의 시험 전압은 최대 사용 전압의 0.92배의 전압
  ∴ 시험 전압$=22900\times0.92\times2=42136$V
- 전로에 케이블을 사용하는 경우 직류로 시험할 수 있으며, 시험 전압은 교류의 2배로 한다.

정답 40 ① 41 ④ 42 ④

43 합성수지관 공사를 할 때 필요하지 않은 공구는 어느 것인가?

① 토치 램프 ② 쇠톱 ③ 오스터 ④ 리머

해설 오스터(oster) : 금속관 끝에 나사를 내는 공구로, 손잡이가 달린 래칫(ratchet)과 나사 날의 다이스(dies)로 구성된다.

44 지중에 매설되어 있는 금속제 수도관로는 접지 공사의 접지극으로 사용할 수 있다. 이때 수도관로는 대지와의 접지 저항치가 얼마 이하이어야 하는가?

① 1Ω ② 2Ω ③ 3Ω ④ 4Ω

해설 접지극의 시설 및 접지 저항(KEC 142.4.2) : 대지와의 전기 저항 값이 3Ω 이하의 값을 유지하고 있으면 된다.

45 배선 차단기(산업용)의 정격 전류가 30A일 때, 39A의 동작 전류가 흘렀다면 몇 분 이내에 차단되어야 하는가?

① 30 ② 60 ③ 90 ④ 120

해설 과전류 트립 동작 시간 및 특성(산업용 배선 차단기)

정격 전류의 구분	시간	정격 전류의 배수	
		불용단 전류	용단 전류
63A 이하	60분	1.05배	1.3배
63A 초과	120분	1.05배	1.3배

∴ 정격 전류가 30A일 때 39A의 동작 전류가 흘렀다면 1.3배이므로 시간은 60분 이내에 동작되어야 한다.

46 다음 중 지중 전선로의 매설 방법이 아닌 것은?

① 관로식 ② 암거식
③ 직접 매설식 ④ 트레이식

해설 지중 전선로 시설(KEC 334.1) : 관로식, 암거식(전력구식), 직접 매설식

정답 43 ③ 44 ③ 45 ② 46 ④

47 저압 가공 인입선이 횡단보도교를 지나는 경우 지상으로부터 몇 m 이상이어야 하는가?

① 3m 이상 ② 4m 이상
③ 5m 이상 ④ 6m 이상

해설 저압 인입선의 시설(KEC 221.1.1)

구분	이격 거리
도로	도로를 횡단하는 경우는 5m 이상
철도 또는 궤도를 횡단	레일면상 6.5m 이상
횡단보도교의 위쪽	횡단보도교의 노면상 3m 이상
상기 이외의 경우	지표상 4m 이상

48 전기 울타리용 전원 장치에 공급하는 전로의 사용 전압은 최대 몇 V 이하이어야 하는가?

① 110 ② 220
③ 250 ④ 380

해설 전기 울타리의 시설(KEC 241.1) : 전기 울타리용 전원 장치에 공급하는 전로의 사용 전압은 250V 미만이어야 한다.

49 부식성 가스 등이 있는 장소에 전기 설비를 시설하는 방법으로 적합하지 않은 것은?

① 애자 사용 배선 시 부식성 가스의 종류에 따라 절연 전선인 DV 전선을 사용한다.
② 애자 사용 배선에 의한 경우에는 사람이 쉽게 접촉될 우려가 없는 노출 장소에 한한다.
③ 애자 사용 배선 시 부득이 나전선을 사용하는 경우에는 전선과 조영재와의 거리를 4.5cm 이상으로 한다.
④ 애자 사용 배선 시 전선의 절연물이 상해를 받는 장소는 나전선을 사용할 수 있으며, 이 경우는 바닥 위 2.5m 이상 높이에 시설한다.

해설 전선은 부식성 가스 또는 용액의 종류에 따라서 절연 전선(DV 전선은 제외한다.) 또는 이와 동등 이상의 절연 효력이 있는 것을 사용한다.

정답 47 ① 48 ③ 49 ①

50 굵기가 다른 절연 전선을 동일 금속관 내에 넣어 시설하는 경우에 전선의 절연 피복물을 포함한 단면적이 관내 단면적의 몇 % 이하가 되어야 하는가?

① 25 ② 32 ③ 45 ④ 70

해설 관의 굵기 선정
- 같은 굵기의 전선을 넣을 때 : 48% 이하
- 굵기가 다른 전선을 넣을 때 : 32% 이하

51 금속관 공사를 노출로 시공할 때 직각으로 구부러지는 곳에는 어떤 배선 기구를 사용하는가?

① 유니언 커플링 ② 아웃렛 박스
③ 픽스처 히키 ④ 유니버설 엘보

해설 유니버설 엘보 (universal elbow) : 직각으로 구부러지는 곳은 뚜껑이 있는 엘보를 쓴다.

52 합성수지관 상호 및 관과 박스는 접속 시에 삽입하는 깊이를 관 바깥지름의 몇 배 이상으로 하여야 하는가? (단, 접착제를 사용하지 않은 경우이다.)

① 0.2 ② 0.5 ③ 1 ④ 1.2

해설 관과 관의 접속 방법(KEC 232.11.3)
- 커플링에 들어가는 관의 길이는 관 바깥지름의 1.2배 이상으로 되어 있다.
- 접착제를 사용하는 경우에는 0.8배 이상으로 할 수 있다.

53 사람이 접촉될 우려가 있는 것으로서 가요 전선관을 새들 등으로 지지하는 경우 지지점간의 거리는 얼마 이하이어야 하는가?

① 0.3m 이하 ② 0.5m 이하 ③ 1m 이하 ④ 1.5m 이하

해설
- 사람이 접촉될 우려가 있는 경우 : 1m 이하
- 가요 전선관 상호 및 금속제 가요 전선관과 박스 기구와의 접속 개소 : 0.3m 이하

정답 50 ② 51 ④ 52 ④ 53 ③

54 금속 덕트는 폭이 40mm 이상, 두께가 몇 mm 이상의 철판 또는 동등 이상의 세기를 가지는 금속제로 제작된 것이어야 하는가?

① 0.8mm ② 1.0mm ③ 1.2mm ④ 1.4mm

해설 금속 덕트의 선정(KEC 232.31.2) : 폭이 40mm 이상, 두께가 1.2mm 이상의 철판으로 견고하게 제작된 것이어야 한다.

55 22.9kV－y 가공 전선의 굵기는 단면적이 몇 mm^2 이상이어야 하는가? (단, 동선의 경우이다.)

① 22 ② 32 ③ 40 ④ 50

해설 특고압 가공 전선의 굵기 및 종류(KEC 333.4) : 케이블인 경우 이외에는 인장 강도 8.71kN 이상의 연선 또는 단면적 22 mm^2 이상의 경동 연선이어야 한다.

56 가스 절연 개폐기나 가스 차단기에 사용되는 가스인 SF_6의 성질이 아닌 것은?

① 연소하지 않는 성질이다.
② 색깔, 독성, 냄새가 없다.
③ 절연유의 1/140로 가볍지만 공기보다 5배 무겁다.
④ 공기의 25배 정도로 절연 내력이 낮다.

해설 SF_6의 성질

- 불활성, 무색, 무취, 무독성 가스이다.
- 열전도율은 공기의 1.6배이며, 공기보다 5배 무겁고, 절연유의 1/140배로 가볍다.
- 소호 능력은 공기보다 100배 정도이다.
- 같은 압력 하에서 공기의 2.5~3.5배의 절연 내력이 있다.
- 부저항 특성을 갖는다.

57 수·변전 설비의 고압 회로에 걸리는 전압을 표시하기 위해 전압계를 시설할 때 고압 회로와 전압계 사이에 시설하는 것은?

① 수전용 변압기 ② 계기용 변류기
③ 계기용 변압기 ④ 권선형 변류기

정답 54 ③ 55 ① 56 ④ 57 ③

해설 • 계기용 변압기(PT) : 고전압을 저전압으로 변성 – 회로에 병렬로 접속
• 계기용 변류기(CT) : 높은 전류를 낮은 전류로 변성 – 회로에 직렬로 접속

58 다음 중 분전반 및 분전반을 넣은 함에 대한 설명으로 잘못된 것은?

① 반(盤)의 뒤쪽은 배선 및 기구를 배치해야 한다.
② 절연 저항 측정 및 전선 접속 단자의 점검이 용이한 구조이어야 한다.
③ 난연성 합성수지로 된 것은 두께 1.5mm 이상으로 내(耐)아크성인 것이어야 한다.
④ 강판제의 것은 두께 1.2mm 이상이어야 한다.

해설 분전반 및 분전반의 반(般)의 뒤쪽은 배선 및 기구를 배치하지 않는다.

59 60cd의 점광원으로 부터 2m의 거리에서 그 방향과 직각인 면과 30° 기울어진 평면 위의 조도(lx)는 얼마인가?

① 11 ② 13 ③ 15 ④ 19

해설 $E_h = E_n \cos\theta = \frac{I_\theta}{\gamma^2}\cos\theta = \frac{60}{2^2} \times \cos 30° = 15 \times \frac{\sqrt{3}}{2} ≒ 13\ \text{lx}$

참고 입사각 여현의 법칙(수평면 조도) : $E_h = E_n \cos\theta = \frac{I_\theta}{\gamma^2}\cos\theta$ [lx]

10 회

60 다음 중 방수용 콘센트의 그림 기호는?

① ◐EL ② ◐WP ③ ◐E ④ ◐LK

해설 ① 누전 차단기 붙이 콘센트
② 방수용 콘센트
③ 접지극 붙이 콘센트
④ 빠짐 방지형 콘센트

정답 58 ① 59 ② 60 ②

11회 CBT 실전문제

제1과목 전기 이론 - 20문항

01 물체가 가지고 있는 전기의 양을 뜻하며, 물질이 가진 고유한 전기적 성질을 무엇이라고 하는가?

① 대전 ② 전하 ③ 방전 ④ 양자

해설 전하(electric charge) : 전기 현상을 일으키는 물질의 물리적 성질이며, 모든 입자는 양성, 음성, 중성 중에 하나의 상태를 가진다.

02 1μF의 콘덴서에 100V의 전압을 가할 때 충전 전하량(C)은?

① 10^{-4} ② 10^{-5} ③ 10^{-8} ④ 10^{-10}

해설 $Q = CV = 1 \times 10^{-6} \times 100 = 1 \times 10^{-4}[\mathrm{C}]$

03 1C의 전하에 100V의 전압을 가했을 때, 두 점 사이를 이동할 때 한 일의 양은 몇 J인가?

① 1 ② 10 ③ 100 ④ 1000

해설 $W = V \cdot Q = 1 \times 100 = 100\,\mathrm{J}$

04 자체 인덕턴스가 2H인 코일에 전류가 흘러 25J의 에너지가 축적되었다. 이때 흐르는 전류(A)는?

① 2 ② 5 ③ 10 ④ 12

해설 $W = \frac{1}{2}LI^2[\mathrm{J}]$에서, $I = \sqrt{\frac{2W}{L}} = \sqrt{\frac{2 \times 25}{2}} = 5\mathrm{A}$

정답 01 ② 02 ① 03 ③ 04 ②

05 다음 그림과 같은 자극 사이에 있는 도체에 전류 I가 흐를 때 힘은 어느 방향으로 작용하는가?

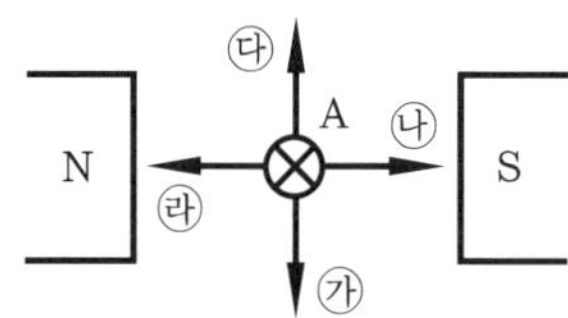

① ㉮ ② ㉯ ③ ㉰ ④ ㉱

해설 플레밍의 왼손 법칙에서 엄지손가락 방향 : 전자력(힘)의 방향

참고 전류의 방향 표시

⊗ : 전류가 정면에서 흘러들어감 (화살 날개)

⊙ : 전류가 정면으로 흘러나옴 (화살촉)

06 자기 인덕턴스 40mH와 90mH인 2개의 코일이 있다. 양 코일 사이에 누설 자속이 없다고 하면 상호 인덕턴스는 몇 mH인가?

① 20 ② 40 ③ 50 ④ 60

해설 $M = k\sqrt{L_1 \times L_2} = \sqrt{40 \times 90} = \sqrt{3600} = 60\text{mH}$

누설 자속이 없는 경우 : $k = 1$

07 다음 중 반자성체 물질의 특색을 나타낸 것은? (단, μ_s는 비투자율이다.)

① $\mu_s > 1$ ② $\mu_s \gg 1$ ③ $\mu_s = 1$ ④ $\mu_s < 1$

해설 • 반자성체 : $\mu_s < 1$인 물체

• 강자성체 : $\mu_s \gg 1$ 인 물체

• 상자성체 : $\mu_s > 1$인 물체

08 0.2℧의 컨덕턴스 2개를 직렬로 접속하여 3A의 전류를 흘리려면 몇 V의 전압을 공급하면 되는가?

① 12 ② 15 ③ 30 ④ 45

정답 05 ① 06 ④ 07 ④ 08 ③

해설 $G_0 = \frac{G}{2} = \frac{0.2}{2} = 0.1℧$ $\therefore E = \frac{I}{G_0} = \frac{3}{0.1} = 30\text{V}$

09 다음 그림과 같은 회로에서 단자 $a-b$ 사이의 합성 저항은 몇 Ω인가?

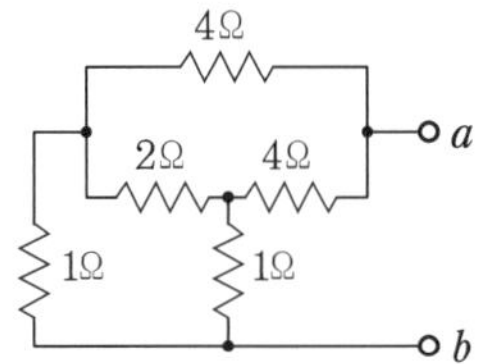

① 1.5 ② 2 ③ 2.5 ④ 4

해설 브리지 평형 회로이므로 다음 등가 회로에서 2Ω은 무시한다.

$\therefore R_{ab} = \frac{5}{2} = 2.5\,\Omega$

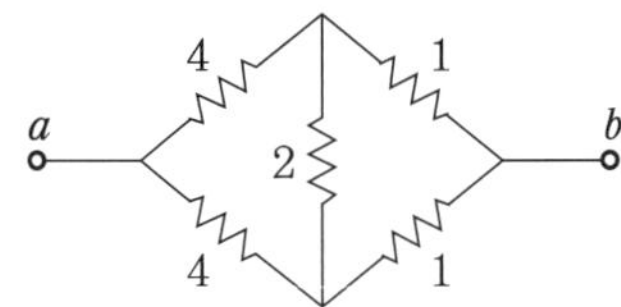

10 전선의 길이 1m, 단면적 1mm^2를 기준으로 고유 저항은 어떻게 나타내는가?

① Ω ② $\Omega \cdot \text{m}^2$ ③ $\Omega \cdot \text{mm}^2/\text{m}$ ④ Ω/m

해설 길이 1m, 단면적 1mm^2 기준 : $\Omega \cdot \text{mm}^2/\text{m}$

참고 길이 1m, 단면적 1m^2 기준 : $\Omega \cdot \text{m}$

11 $i = 200\sqrt{2}\sin(\omega t + 30)$[A]의 전류가 흐른다. 이를 복소수로 표시하면?

① $6.12 - j3.5$ ② $17.32 + j5$ ③ $173.2 + j100$ ④ $173.2 - j100$

해설 $i = 200\sqrt{2}\sin(\omega t + 30) = 200\angle 30°\,[\text{A}]$

$\therefore I = 200(\cos 30° + j\sin 30°) = 200\left(\frac{\sqrt{3}}{2} + j\frac{1}{2}\right) = 173.2 + j100\,[\text{A}]$

정답 09 ③ 10 ③ 11 ③

12 가정용 전등 전압이 200 V이다. 이 교류의 최댓값은 몇 V인가?

① 70.7 ② 86.7 ③ 141.4 ④ 282.8

해설 $V_m = \sqrt{2} \times V = 1.414 \times 200 = 282.8\text{V}$

13 다음 그림의 회로에서 전압 100 V의 교류 전압을 가했을 때 전력은?

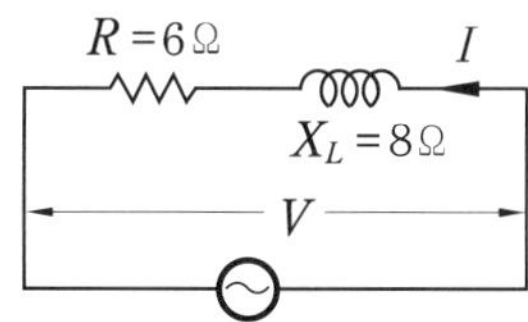

① 10 W ② 60 W ③ 100 W ④ 600 W

해설 • $Z = \sqrt{R^2 + X_L^2} = \sqrt{6^2 + 8^2} = 10\Omega$

• $I = \dfrac{V}{Z} = \dfrac{100}{10} = 10\text{A}$

$\therefore\ P = I^2 R = 10^2 \times 6 = 600\text{W}$

참고 소비(유효) 전력은 저항 R에서만 발생한다.

14 각속도 $\omega = 377$ rad/s인 사인파 교류의 주파수(Hz)는 얼마인가?

① 30 ② 60 ③ 90 ④ 120

해설 $f = \dfrac{\omega}{2\pi} = \dfrac{377}{2\pi} = 60\text{Hz}$

15 $\Delta - \Delta$ 평형 회로에서 V_p =200V, 임피던스 $Z = 3 + j4[\Omega]$일 때 상전류 I_P [A]는 얼마인가?

① 20 A ② 200 A ③ 69.3 A ④ 40 A

해설 $Z = \sqrt{R^2 + X^2} = \sqrt{3^2 + 4^2} = 5\Omega$ $\therefore\ I_p = \dfrac{V_p}{Z} = \dfrac{200}{5} = 40\text{A}$

정답 12 ④ 13 ④ 14 ② 15 ④

16 단상 100V, 800W, 역률 80%인 회로의 리액턴스는 몇 Ω인가?

① 10 ② 8 ③ 6 ④ 2

해설 • $P=800\text{W},\ \cos\theta=0.8$ 일 때, $P_a=VI=\dfrac{P}{\cos\theta}=\dfrac{800}{0.8}=1000\,\text{VA}$

$\therefore\ I=\dfrac{P_a}{V}=\dfrac{1000}{100}=10\text{A}$

• $P_r=P_a\cdot\sin\theta=P_a\sqrt{1-\cos^2\theta}=1000\sqrt{1-0.8^2}=600\text{Var}$

$\therefore\ X=\dfrac{P_r}{I^2}=\dfrac{600}{10^2}=6\,\Omega$

17 세 변의 저항 $R_a=R_b=R_c=30\,\Omega$ 인 Y 결선 회로가 있다. 이것과 등가인 Δ결선 회로의 각 변의 저항은?

① $\dfrac{30}{\sqrt{3}}\,\Omega$ ② $\dfrac{30}{3}\,\Omega$ ③ $30\sqrt{3}\,\Omega$ ④ $90\,\Omega$

해설 $R_\Delta=3R_Y=3\times30=90\,\Omega$

18 3상 66000kVA, 22900V 터빈 발전기의 정격 전류는 약 몇 A인가?

① 8764 ② 3367 ③ 2882 ④ 1664

해설 $I_n=\dfrac{P}{\sqrt{3}\,V}=\dfrac{66000}{\sqrt{3}\times22.9}\fallingdotseq1664\text{A}$

19 줄의 법칙에서 발생하는 열량의 계산식이 옳은 것은?

① $H=0.24I^2Rt$ [cal] ② $H=0.024I^2Rt$ [cal]
③ $H=0.24I^2R$ [cal] ④ $H=0.024I^2R$ [cal]

해설 줄의 법칙(Joule's law) : 저항 $R\,[\Omega]$에 전류 $I\,[\text{A}]$가 $t\,[\text{s}]$ 동안 흘렀을 때 발생한 열에너지

$H=0.24I^2Rt\ [\text{cal}]$

정답 16 ③ 17 ④ 18 ④ 19 ①

20 다음 중 같은 크기의 저항 3개를 연결한 것 중 소비 전력이 가장 작은 연결법은?

① 모두 직렬로 연결할 때
② 모두 병렬로 연결할 때
③ 직렬 1개와 병렬 2개로 연결할 때
④ 상관없다.

해설 $P=\frac{V^2}{R}$[W]에서, 전압은 일정하므로 소비 전력은 저항에 반비례한다.

∴ 모두 직렬로 접속 시 합성 저항이 가장 커서 소비 전력이 가장 작다.

제2과목 전기 기기 - 20문항

21 8극 파권 직류 발전기의 전기자 권선의 병렬 회로 수는 얼마로 하고 있는가?

① 1
② 2
③ 6
④ 8

해설 중권과 파권의 비교

비교 항목	중권(병렬권)	파권(직렬권)
전기자 병렬 회로 수	극수와 같다.	항상 2
용도	저전압 대전류용	고전압 소전류용

22 직권 발전기의 설명 중 틀린 것은?

① 계자 권선과 전기자 권선이 직렬로 접속되어 있다.
② 승압기로 사용되며 수전 전압을 일정하게 유지하고자 할 때 사용된다.
③ 단자 전압을 V, 유기 기전력을 E, 부하 전류를 I, 전기자 저항 및 직권 계자 저항을 각각 r_a, r_s라 할 때 $V=E+I(r_a+r_s)$[V]이다.
④ 부하 전류에 의해 여자되므로, 무부하 시 자기 여자에 의한 전압 확립은 일어나지 않는다.

해설 $V=E-I(r_a+r_s)$[V]

정답 20 ① 21 ② 22 ③

23 **분권 발전기의 회전 방향을 반대로 하면 어떻게 되는가?**

① 전압이 유기된다. ② 발전기가 소손된다.
③ 고전압이 발생한다. ④ 잔류 자기가 소멸된다.

해설 분권 발전기를 역회전시키면 잔류 자기가 소멸되어 자여자가 되지 않아 발전하지 못한다.

24 **직류 전동기의 속도 제어법 중 전압 제어법으로써 제철소의 압연기, 고속 엘리베이터의 제어에 사용되는 방법은?**

① 워드 레오나드 방식 ② 정지 레오나드 방식
③ 일그너 방식 ④ 크래머 방식

해설 전압 제어법 : 워드 레오나드(Word－Leonard) 방식

- 전기자에 가한 전압을 변화시켜서 회전 속도를 조정하는 방법이다.
- 제철 공장의 압연기용 전동기 제어, 엘리베이터 제어, 공작 기계, 신문 윤전기 등에 쓰인다.

25 **60Hz, 20000kVA 인 발전기의 회전수가 900rpm 이라면 이 발전기의 극수는 얼마인가?**

① 8극 ② 12극 ③ 14극 ④ 16극

해설 $p = \dfrac{120 \cdot f}{N_s} = \dfrac{120 \times 60}{900} = 8$극

26 **3300/220V 변압기의 1차에 20A의 전류가 흐르면 2차 전류는 몇 A인가?**

① $\dfrac{1}{30}$ ② $\dfrac{1}{3}$ ③ 30 ④ 300

해설
- $a = \dfrac{V_1}{V_2} = \dfrac{3300}{220} = 15$
- $I_2 = a \times I_1 = 15 \times 20 = 300\,\text{A}$

정답 23 ④ 24 ① 25 ① 26 ④

27 다음 중 전기자 반작용에 대한 설명으로 틀린 것은?

① 동상일 때 횡축 반작용
② 부하 전류가 90° 앞설 때는 직축 반작용
③ 전압보다 90° 늦은 전류는 계자 자속을 감소시킨다.
④ 전압보다 90° 뒤질 때는 횡축 반작용

해설 동기 발전기의 전기자 반작용

반작용	작용	위상	부하
가로축(횡축)	교차 자화 작용	동상	저항(R)
직축(종축)	감자 작용	지상(90° 뒤짐)	유도성(X_L)
	증자 작용	진상(90° 앞섬)	용량성(X_C)

28 다음 그림은 동기기의 위상 특성 곡선을 나타낸 것이다. 전기자 전류가 가장 적게 흐를 때의 역률은?

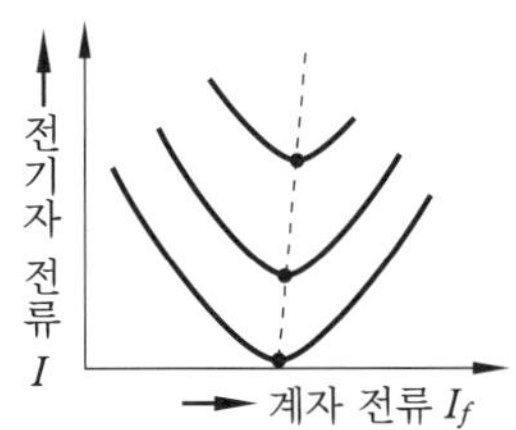

① 1 ② 0.9(진상) ③ 0.9(지상) ④ 0

해설 위상 특성 곡선(V 곡선)

- 일정 출력에서 유기 기전력 E(또는 계자 전류 I_f)와 전기자 전류 I의 관계를 나타내는 곡선이다.
- 이들 곡선의 최저점은 역률 1에 해당하는 점이며, 이 점보다 오른쪽은 앞선 역률이고, 왼쪽은 뒤진 역률의 범위가 된다.

29 3상 동기 전동기의 토크에 대한 설명으로 옳은 것은?

① 공급 전압 크기에 비례한다.
② 공급 전압 크기의 제곱에 비례한다.
③ 부하각 크기에 반비례한다.
④ 부하각 크기의 제곱에 비례한다.

정답 27 ④ 28 ① 29 ①

해설 $T = \dfrac{V_l\, E_l}{\omega\ x_s} \sin\delta_M\,[\mathrm{N \cdot m}]$ 여기서, 공급 전압(V_l)의 크기에 비례한다.

30 **변압기의 효율이 가장 좋을 때의 조건은?**

① 철손=동손　② 철손=$\dfrac{1}{2}$동손

③ 동손=$\dfrac{1}{2}$철손　④ 동손=2철손

해설 최대 효율 조건 : 철손 P_i와 동손 P_c가 같을 때 최대 효율이 된다.

31 **다음 변압기의 기술 중 잘못된 것은?**

① 변압기 임피던스 전압이 크면 전압 변동은 작다.
② 변압기 온도 상승에 영향이 가장 큰 것은 구리손이다.
③ 무부하 시험에서 고압쪽을 개방하고 저압쪽으로 계기를 단다.
④ 변압기 호흡 작용은 기름 열화의 큰 원인이 된다.

해설 변압기 권선의 전압 강하가 크면 임피던스 전압이 커지고, 따라서 전압 변동도 커진다.

32 **수전단 발전소용 변압기 결선에 주로 사용하고 있으며 한쪽은 중성점을 접지할 수 있고, 다른 한쪽은 제3고조파에 의한 영향을 없애주는 장점을 가지고 있는 3상 결선 방식은?**

① Y−Y　② $\Delta-\Delta$

③ Y−Δ　④ V−V

해설 Δ−Y 결선과 Y−Δ 결선

- Δ−Y 결선은 낮은 전압을 높은 전압으로 올릴 때 사용(1차 변전소의 승압용)
- Y−Δ 결선은 높은 전압을 낮은 전압으로 낮추는 데 사용(수전단 강압용)
- 어느 한쪽이 Δ 결선이어서 여자 전류가 제 3 고조파 통로가 있으므로, 제 3 고조파에 의한 장애가 적다.

정답 30 ① 31 ① 32 ③

33 4극 60Hz, 7.5kW의 3상 유도 전동기가 1728rpm으로 회전하고 있을 때 2차 유기 기전력의 주파수(Hz)는?

① 60 ② 3.2
③ 2.4 ④ 1.8

해설 • $N_s = \dfrac{120f}{p} = \dfrac{120 \times 60}{4} = 1800\text{rpm}$

• $s = \dfrac{N_s - N}{N_s} \times 100 = \dfrac{1800 - 1728}{1800} \times 100 = 4\%$

$\therefore\ f_2 = sf = 0.04 \times 60 = 2.4\text{Hz}$

34 출력 12kW, 회전수 1140rpm인 유도 전동기의 동기 와트는 약 몇 kW인가? (단, 동기 속도 N_s는 1200rpm이다.)

① 10.4 ② 11.5
③ 12.6 ④ 13.2

해설 동기 와트 : $P_2 = \dfrac{N_s}{N} P_o = \dfrac{1200}{1140} \times 12 = 12.6\text{kW}$

참고 토크 T는 2차 입력 P_2에 비례함을 알 수 있으며, P_2로 토크를 나타낸 것을 동기 와트로 나타낸 토크라 한다.

35 3상 유도 전동기의 회전 방향을 바꾸기 위한 방법으로 가장 옳은 것은?

① Δ-Y 결선으로 결선법을 바꾸어 준다.
② 전원의 전압과 주파수를 바꾸어 준다.
③ 전동기의 1차 권선에 있는 3개의 단자 중 어느 2개의 단자를 서로 바꾸어 준다.
④ 기동 보상기를 사용하여 권선을 바꾸어 준다.

해설 회전 방향을 바꾸는 방법

• 회전 방향 : 부하가 연결되어 있는 반대쪽에서 보아 시계 방향을 표준으로 하고 있다.
• 회전 방향을 바꾸는 방법
  ㉠ 회전 자장의 회전 방향을 바꾸면 된다.
  ㉡ 전원에 접속된 3개의 단자 중에서 어느 2개를 바꾸어 접속하면 된다.

11회

정답 33 ③ 34 ③ 35 ③

36 일정한 주파수의 전원에서 운전하는 3상 유도 전동기의 전원 전압이 80%가 되었다면 토크는 약 몇 %가 되는가? (단, 회전수는 변하지 않는 상태로 한다.)

① 55 ② 64 ③ 76 ④ 82

해설 $T=kV^2$에서, T는 전원 전압 V의 제곱에 비례한다.

$$\therefore\ T'=\left(\frac{80}{100}\right)^2\times 100=64\%$$

37 역률과 효율이 좋아서 가정용 선풍기, 전기세탁기, 냉장고 등에 주로 사용되는 것은?

① 분상 기동형 전동기 ② 콘덴서 기동형 전동기
③ 반발 기동형 전동기 ④ 셰이딩 코일형 전동기

해설 콘덴서 기동형 : 단상 유도 전동기로서 역률(90 % 이상)과 효율이 좋아서 가전제품에 주로 사용된다.

38 전압을 일정하게 유지하기 위해서 이용되는 다이오드는?

① 발광 다이오드 ② 포토 다이오드
③ 제너 다이오드 ④ 바리스터 다이오드

해설 제너 다이오드(Zener diode) : 제너 효과를 이용하여 전압을 일정하게 유지하는 작용을 하는 정전압 다이오드이다.

39 SCR 2개를 역병렬로 접속한 다음 그림과 같은 기호의 명칭은?

① SCR ② TRIAC ③ GTO ④ UJT

해설 트라이액(TRIAC : triode AC switch)

- 2개의 SCR을 병렬로 접속하고 게이트를 1개로 한 구조로 3단자 소자이다.
- 양방향성이므로 교류의 전파 제어가 가능하여 전력의 위상 제어 등에 사용된다.

정답 36 ② 37 ② 38 ③ 39 ②

40 다음 그림에 대한 설명으로 틀린 것은?

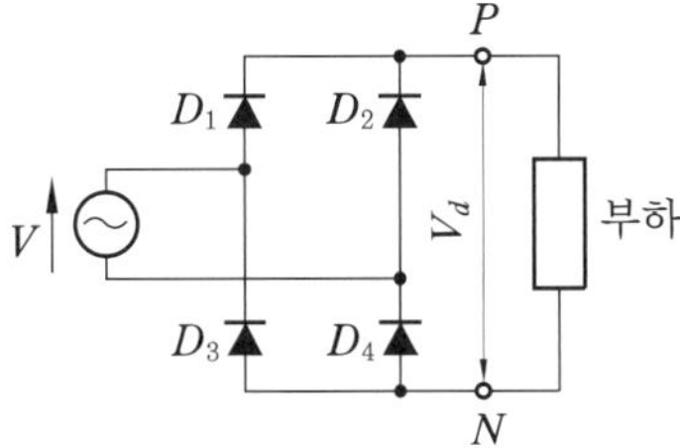

① 브리지(bridge) 회로라고도 한다.
② 실제의 정류기로 널리 사용된다.
③ 반파 정류 회로라고도 한다.
④ 전파 정류 회로라고도 한다.

해설 • 단상 전파 정류 회로이며, 브리지 회로라고도 한다.
• 실제 정류 회로로 널리 사용된다.

제3과목 전기 설비 - 20문항

41 다음 중 전선의 분기접속은?

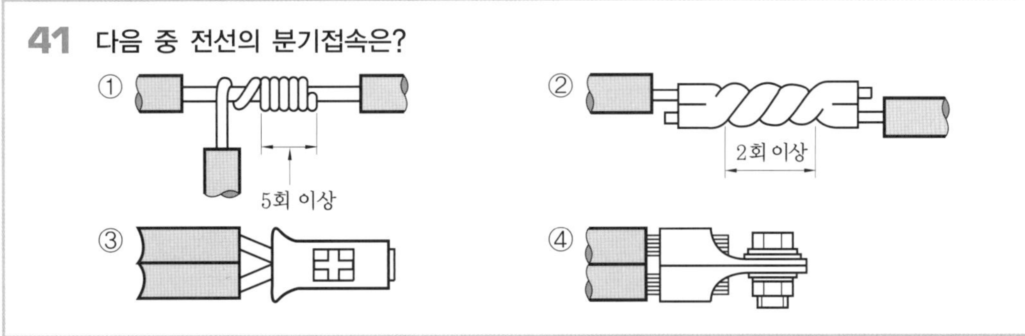

해설 ① 가는 단선 분기 접속
② 슬리브에 의한 직선 접속
③ 겹침용 슬리브에 의한 종단 접속
④ 압착 단자에 의한 종단 접속

42 배관의 이음에서 유니언 등을 끼울 때나 그 외 배관 접속 시 사용하는 공구는?

① 파이프 렌치
② 히키
③ 오스터
④ 클리퍼

해설 파이프 렌치(pipe wrench) : 금속관을 커플링으로 접속할 때, 금속관과 커플링을 물고 죄는 공구이다.

정답 40 ③ 41 ① 42 ①

43 **다음 중 접지 시스템의 요구 사항에 적합하지 않는 것은?**

① 전기 설비의 보호 요구 사항을 충족하여야 한다.
② 지락 전류와 보호 도체 전류를 대지에 전달되지 않도록 해야 한다.
③ 전기·기계적 응력 및 이러한 전류로 인한 감전 위험이 없어야 한다.
④ 전기 설비의 기능적 요구 사항을 충족하여야 한다.

해설 접지 시스템 요구 사항(KEC 142.1.2) : 지락 전류와 보호 도체 전류를 대지에 전달한다.

44 **선 도체의 단면적이 16mm^{2}이면, 구리 보호 도체의 굵기는 얼마인가?**

① 1.5mm^2 ② 2.5mm^2 ③ 16mm^2 ④ 25mm^2

해설 보호 도체의 선정(KEC 142.3.2) : 선 도체의 단면적이 16mm^2 이하이면, 구리 보호 도체의 최소 단면적은 선 도체와 같은 굵기로 한다.

45 **고압 및 특고압의 전로에 시설하는 피뢰기의 접지 저항은 몇 Ω 이하여야 하는가?**

① 10 ② 20 ③ 50 ④ 100

해설 피뢰기의 접지(KEC 341.14) : 고압 및 특고압의 전로에 시설하는 피뢰기 접지 저항값은 10Ω 이하로 하여야 한다.

46 **과전류 차단기로 저압 전로에 사용하는 퓨즈의 정격 전류가 100A이면 몇 분 이내에 용단되어야 하는가?**

① 30 ② 60 ③ 120 ④ 180

해설 퓨즈의 용단 특성(KEC 212.3.4)

- 63A 이하 : 60분
- 63A 초과 160A 이하 : 120분
- 160A 초과 400A 이하 : 180분
- 400A 초과 : 240분

정답 43 ② 44 ③ 45 ① 46 ③

47 전기 욕기용 전원 변압기 2차측 전로의 사용 전압은 몇 V 이하의 것에 한하는가?

① 50 ② 30 ③ 20 ④ 10

해설 전기 욕기 전원 장치의 2차측 배선(KEC 241.2) : 전원 변압기 2차측 전로의 사용 전압은 10V 이하일 것

48 화약류 저장 장소의 배선 공사에서 전용 개폐기에서 화약류 저장소의 인입구까지는 어떤 공사를 하여야 하는가?

① 케이블을 사용한 옥측 전선로
② 금속관을 사용한 지중 전선로
③ 케이블을 사용한 지중 전선로
④ 금속관을 사용한 옥측 전선로

해설 화약류 저장소 등의 위험 장소(KEC 242.5) : 개폐기 및 과전류 차단기에서 화약고의 인입구까지의 배선은 케이블을 사용하고 또한 이것을 지중에 시설하여야 한다.

49 콘크리트에 매입하는 금속관 공사에서 직각으로 배관할 때 사용하는 것은 어느 것인가?

① 노멀 밴드 ② 뚜껑이 있는 엘보
③ 서비스 엘보 ④ 유니버설 엘보

해설 노멀 밴드(normal band) : 배관의 직각 굴곡 부분에 사용되며, 특히 콘크리트 매입 배관의 직각 굴곡 부분에 사용한다.

50 연피 케이블이 구부러지는 곳은 케이블 바깥지름의 최소 몇 배 이상의 반지름으로 구부려야 하는가?

① 8 ② 12 ③ 15 ④ 20

해설 연피가 있는 케이블 공사 : 케이블 바깥지름의 12배 이상의 반지름으로 구부릴 것. 단, 금속관에 넣는 것은 15배 이상으로 하여야 한다.

정답 **47** ④ **48** ③ **49** ① **50** ②

51 다음 중 버스 덕트가 아닌 것은?

① 플로어 버스 덕트
② 피더 버스 덕트
③ 트롤리 버스 덕트
④ 플러그인 버스 덕트

해설 버스 덕트(bus duct) 종류 : 피더 버스 덕트, 플러그인 버스 덕트, 익스팬션 버스 덕트, 탭붙이 버스 덕트, 트랜스포지션 버스 덕트, 트롤리 버스 덕트

52 전주에 가로등을 설치 시 부착 높이는 지표상 몇 m 이상으로 하여야 하는가? (단, 교통에 지장이 없는 경우이다.)

① 2.5m
② 3m
③ 4m
④ 4.5m

해설 전주 외등 설치(KEC 234.10) : 기구의 부착 높이는 하단에서 지표상 4.5 m 이상으로 할 것(교통에 지장이 없는 경우는 지표상 3.0 m 이상).

53 주상 변압기를 철근 콘크리트 전주에 설치할 때 사용되는 것은?

① 암 밴드
② 암타이 밴드
③ 앵커
④ 행어 밴드

해설 행어 밴드(hanger band) : 소형 변압기를 전주에 설치할 때 사용하는 것이다.

참고 앵커(anchor) : 어떤 설치물을 튼튼히 정착시키기 위한 보조 장치(지선 끝에 근가 정착)

54 저압 2조의 전선을 설치할 때, 크로스 완금의 표준 길이는?

① 900mm
② 1400mm
③ 1800mm
④ 2400mm

해설 전압과 가선 조수에 따라 완금 사용의 표준 (단위 : mm)

가선 조수	저압	고압	특고압
2조	900	1400	1800
3조	1400	1800	2400

정답 51 ① 52 ② 53 ④ 54 ①

55 **고압 전선과 저압 전선이 동일 지지물에 병가로 설치되어 있을 때 저압 전선의 위치는?**

① 설치 위치는 무관하다.
② 먼저 설치한 전선이 위로 위치한다.
③ 고압 전선 아래로 위치한다.
④ 고압 전선이 위로 위치한다.

해설 병가(竝架)

- 동일 지지물에 저·고압 가공 전선을 동일 지지물에 가설하는 방식이다.
- 저압 전선은 고압 전선 아래로 위치한다.

56 **다음 중 차단기와 차단기의 소호 매질이 틀리게 연결된 것은?**

① 공기 차단기 – 압축 공기
② 가스 차단기 – SF_6 가스
③ 자기 차단기 – 진공
④ 유입 차단기 – 절연유

해설 자기 차단기(MBCB) : 아크와 직각으로 자기장을 주어 소호실 안에 아크를 밀어 넣고 아크 전압을 증대시키며, 냉각하여 소호한다.

57 **실내 면적 100 m^2인 교실에 전광속이 2500 lm인 40 W 형광등을 설치하여 평균 조도를 150 lx로 하려면 몇 개의 등을 설치하면 되겠는가? (단, 조명률은 50 %, 감광 보상률은 1.25로 한다.)**

① 15개
② 20개
③ 25개
④ 30개

해설 $N = \frac{AED}{FU} = \frac{100 \times 150 \times 1.25}{2500 \times 0.5} = \frac{18750}{1250} = 15$개

58 **옥내 분전반의 설치에 관한 내용 중 틀린 것은?**

① 분전반에서 분기 회로를 위한 배관의 상승 또는 하강이 용이한 곳에 설치한다.
② 분전반에 넣는 금속제의 함 및 이를 지지하는 구조물은 접지를 하여야 한다.
③ 각 층마다 하나 이상을 설치하나, 회로 수가 6 이하인 경우 2개 층을 담당할 수 있다.
④ 분전반에서 최종 부하까지의 거리는 40m 이내로 하는 것이 좋다.

해설 분전반에서 최종 부하까지의 거리는 30m 이내로 하는 것이 좋다.

정답 55 ③ 56 ③ 57 ① 58 ④

11 회

59 **수변전 설비 구성 기기의 계기용 변압기(PT) 설명으로 틀린 것은?**

① 높은 전압을 낮은 전압으로 변성하는 기기이다.
② 높은 전류를 낮은 전류로 변성하는 기기이다.
③ 회로에 병렬로 접속하여 사용하는 기기이다.
④ 부족 전압 트립 코일의 전원으로 사용된다.

해설 계기용 변압기(PT)

- 고전압을 저전압으로 변성 – 회로에 병렬로 접속
- 배전반의 전압계, 전력계, 주파수계, 역률계 표시등 및 부족 전압 트립 코일의 전원으로 사용

60 **다음 중 벽붙이 콘센트를 표시한 올바른 그림 기호는?**

① ◐(:)　② (··)　③ (··) ▲　④ ◐(:) EX

해설 ① 벽붙이　② 천장붙이　③ 바닥붙이　④ 방폭형

12회 CBT 실전문제

제1과목 전기 이론 - 20문항

01 어떤 콘덴서에 1000V의 전압을 가하였더니 5×10^{-3}C의 전하가 축적되었다. 이 콘덴서의 용량은?

① 2.5μF ② 5μF ③ 250μF ④ 5000μF

해설 $C = \frac{Q}{V} = \frac{5\times10^{-3}}{1000} = 5\times10^{-6} = 5\mu\text{F}$

02 10 μF의 콘덴서에 45 J의 에너지를 축적하기 위하여 필요한 충전 전압(V)은?

① 3×10^2 ② 3×10^3 ③ 3×10^4 ④ 3×10^5

해설 $W = \frac{1}{2}CV^2$[J]에서, $V^2 = \frac{2W}{C} = \frac{2\times45}{10\times10^{-6}} = 9\times10^6$[V]

$\therefore V = \sqrt{9\times10^6} = 3\times10^3$[V]

03 다음 중 비오사바르의 법칙을 올바르게 설명한 것은?

① 미소 자기장의 크기는 전류의 크기에 비례하고, 도선까지의 거리의 제곱에 반비례한다.
② 미소 자기장의 크기는 전류의 크기에 반비례하고, 도선까지의 거리의 제곱에 반비례한다.
③ 미소 자기장의 크기는 전류의 크기에 비례하고, 도선까지의 거리의 제곱에 비례한다.
④ 미소 자기장의 크기는 전류의 크기에 반비례하고, 도선까지의 거리의 제곱에 비례한다.

해설 비오 – 사바르의 법칙(Biot – Savart's law)

$$dH = \frac{I\,dl}{4\pi r^2}\sin\theta[\text{AT/m}]$$

정답 01 ② 02 ② 03 ①

04 10cm 떨어진 2장의 금속 평행판 사이의 전위차가 500V일 때 이 평행판 안에서 전위의 기울기는?

① 5 V/m ② 50 V/m ③ 500 V/m ④ 5000 V/m

해설 $G = \frac{V}{l} = \frac{500}{10 \times 10^{-2}} = 5000\text{V/m}$

05 평균 길이 40cm, 권수 10회인 환상 솔레노이드에 4A의 전류가 흐르면 그 내부의 자장의 세기(AT/m)는?

① 10 ② 100 ③ 200 ④ 300

해설 $H = \frac{NI}{2\pi r} = \frac{NI}{l} = \frac{10 \times 4}{40 \times 10^{-2}} = 100\text{AT/m}$

06 공기 중에서 자속 밀도 0.3Wb/m^2의 평등 자기장 속에 길이 50cm의 직선 도선을 자기장의 방향과 30°의 각도로 놓고 여기에 10A의 전류를 흐르게 했을 때 도선에 받는 힘(N)은?

① 0.55 ② 0.75 ③ 0.95 ④ 1.05

해설 $F = BlI\sin 30° = 0.3 \times 50 \times 10^{-2} \times 10 \times \frac{1}{2} = 0.75\,\text{N}$

07 어떤 코일에 교류 전압 100V를 가하니 20A가 흐르고, 코일에 직류 20V를 가하였더니 5A가 흘렀다. 이 코일의 리액턴스(Ω)는?

① 2 ② 3 ③ 4 ④ 5

해설
- 교류를 가할 때 : $Z = \frac{V}{I} = \frac{100}{20} = 5\,\Omega$
- 직류를 가할 때 : $R = \frac{V}{I} = \frac{20}{5} = 4\,\Omega$

$\therefore\ X_L = \sqrt{Z^2 - R^2} = \sqrt{5^2 - 4^2} = 3\,\Omega$

정답 04 ④ 05 ② 06 ② 07 ②

08 어떤 저항(R)에 전압(V)을 가하니 전류(I)가 흘렀다. 이 회로의 저항(R)을 20 % 줄이면 전류(I)는 처음의 몇 배가 되는가?

① 0.8 ② 0.88 ③ 1.25 ④ 2.04

해설 $I' = \dfrac{V}{R'} = \dfrac{V}{0.8R} = 1.25I$ $\therefore$ 1.25배

09 5Ω, 10Ω, 15Ω의 저항을 직렬로 접속하고 전압을 가하였더니 10Ω의 저항 양단에 30V의 전압이 측정되었다. 이 회로에 공급되는 전 전압은 몇 V인가?

① 30 ② 60 ③ 90 ④ 120

해설 각 저항에 흐르는 전류는 같으므로, $I = \dfrac{V_2}{R_2} = \dfrac{30}{10} = 3\text{ A}$

$\therefore E = E_1 + E_2 + E_3 = I(R_1 + R_2 + R_3) = 3(5 + 10 + 15) = 90\text{ V}$

10 권수 200회의 코일에 5A의 전류가 흘러서 0.025Wb의 자속이 코일을 지난다고 하면, 이 코일의 자체 인덕턴스는 몇 H인가?

① 2 ② 1 ③ 0.5 ④ 0.1

해설 $L = N \cdot \dfrac{\phi}{I} = 200 \times \dfrac{0.025}{5} = 200 \times 0.005 = 1\text{H}$

11 $\omega L = 5\Omega$, $\dfrac{1}{\omega C} = 25\Omega$의 LC 직렬 회로에 100V의 교류를 가할 때 전류(A)는?

① 3.3 A, 유도성 ② 5 A, 유도성 ③ 3.3 A, 용량성 ④ 5 A, 용량성

해설
- $\dot{Z} = j\left(\omega L - \dfrac{1}{\omega C}\right) = j(5 - 25) = -j20\Omega$
- $\dot{I} = \dfrac{\dot{V}}{\dot{Z}} = \dfrac{100}{-j20} = j5\text{ A}$

$\therefore$ 5A, 용량성

정답 08 ③ 09 ③ 10 ② 11 ④

12 다음 그림과 같이 3개의 저항을 직병렬로 접속하고 그 양단에 직류 10V의 전압을 가하면 5Ω의 저항에 흐르는 전류는 몇 A인가?

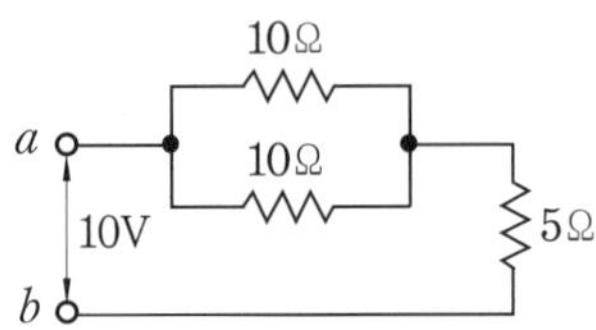

① 10A ② 5A ③ 2A ④ 1A

해설 $R_{ab} = \frac{10}{2} + 5 = 10\,\Omega$

∴ 5Ω의 저항에 흐르는 전류 : $I_5 = I = \frac{V}{R_{ab}} = \frac{10}{10} = 1\,\text{A}$

13 $R = 3\,\Omega$, $X_L = 4\,\Omega$의 병렬 회로의 역률은 얼마인가?

① 0.4 ② 0.6 ③ 0.8 ④ 1.0

해설 RL 병렬 회로의 역률

$$\cos\theta = \frac{X_L}{\sqrt{R^2 + X_L^2}} = \frac{4}{\sqrt{3^2 + 4^2}} = \frac{4}{5} = 0.8$$

14 Δ결선으로 된 부하에 각 상의 전류가 10A이고, 각 상의 저항이 4Ω, 리액턴스가 3Ω이라 하면 전체 소비 전력은 몇 W인가?

① 2000 ② 1800 ③ 1500 ④ 1200

해설 $\dot{Z} = R + jX = 4 + j3\,\Omega$

- $|Z| = \sqrt{R^2 + X^2} = \sqrt{4^2 + 3^2} = 5\,\Omega$
- $V_l = I_P \cdot Z = 10 \times 5 = 50\text{V}$
- $\cos\theta = \frac{R}{Z} = \frac{4}{5} = 0.8$
- $I_l = \sqrt{3}\, I_P = \sqrt{3} \times 10 \fallingdotseq 17.3\text{A}$

∴ $P = \sqrt{3}\, V_l I_l \cos\theta = \sqrt{3} \times 50 \times 17.3 \times 0.8 = 1200\text{W}$

정답 **12** ④ **13** ③ **14** ④

15 200V, 40W의 형광등에 정격 전압이 가해졌을 때 형광등 회로에 흐르는 전류는 0.42A이다. 이 형광등의 역률(%)은?

① 37.5 ② 47.6 ③ 57.5 ④ 67.5

해설 $\cos\theta = \dfrac{P}{VI} \times 100 = \dfrac{40}{200 \times 0.42} \times 100 \fallingdotseq 47.6\%$

16 RL 직렬 회로의 시정수 T[s]는 어떻게 되는가?

① $\dfrac{R}{L}$[s] ② $\dfrac{L}{R}$[s] ③ RL[s] ④ $\dfrac{1}{RL}$[s]

해설 시상수(time constant)

- RL 직렬 회로의 시상수 : $T = \dfrac{L}{R}$[s]
- RC 직렬 회로의 시상수 : $T = RC$[s]

17 어느 회로의 전류가 다음과 같을 때 이 회로에 대한 전류의 실횻값은?

$$i = 3 + 10\sqrt{2}\sin\left(\omega t - \frac{\pi}{6}\right) + 5\sqrt{2}\sin\left(3\omega t - \frac{\pi}{3}\right)[\mathrm{A}]$$

① 11.6A ② 23.2A ③ 32.2A ④ 48.3A

해설 $I = \sqrt{{I_0}^2 + {I_1}^2 + {I_3}^2} = \sqrt{3^2 + 10^2 + 5^2} \fallingdotseq 11.6\mathrm{A}$

18 220V용 50W 전구와 30W 전구를 직렬로 연결하여 220V의 전원에 연결하면?

① 두 전구의 밝기가 같다. ② 30W의 전구가 더 밝다.
③ 50W의 전구가 더 밝다. ④ 두 전구 모두 안 켜진다.

해설 두 전구에 흐르는 전류가 같으므로 내부 저항이 큰 30W의 전구가 더 밝다.

- 30 W 전구 : $R_1 = \dfrac{V^2}{P_1} = \dfrac{220^2}{30} \fallingdotseq 1613\Omega$
- 50 W 전구 : $R_2 = \dfrac{V^2}{P_2} = \dfrac{220^2}{50} = 968\Omega$

정답 15 ② 16 ② 17 ① 18 ②

19 서로 다른 종류의 안티몬과 비스무트의 두 금속을 접속하여 여기에 전류를 통하면, 그 접점에서 열의 발생 또는 흡수가 일어난다. 줄열과 달리 전류의 방향에 따라 열의 흡수와 발생이 다르게 나타나는 이 현상을 무엇이라 하는가?

① 펠티에 효과　　② 제베크 효과
③ 제3금속의 법칙　　④ 열전 효과

해설 펠티에 효과(Peltier effect)

- 두 종류의 금속 접속점에 전류를 흘리면 전류의 방향에 따라 줄열(Joule heat) 이외의 열의 흡수 또는 발생 현상이 생기는 것이다.
- 응용
  ㉠ 흡열 : 전자 냉동기
  ㉡ 발열 : 전자 온풍기

20 전지의 전압 강하 원인으로 틀린 것은?

① 국부 작용　　② 산화 작용
③ 성극 작용　　④ 자기 방전

해설 전지의 전압 강하 원인

- 국부 작용 : 전극의 불순물로 인하여 기전력이 감소하는 현상
- 분극(성극) 작용 : 전지에 부하를 걸면 양극 표면에 수소 가스가 생겨 전류의 흐름을 방해하는 현상
- 자기 방전

제2과목 전기 기기 - 20문항

21 직류 분권 발전기가 있다. 전기자 총 도체수 440, 매 극의 자속수 0.01Wb, 극수 6, 회전수 1500rpm일 때 유기 기전력은 몇 V인가? (단, 전기자 권선은 중권이다.)

① 37　　② 55
③ 110　　④ 220

해설 $E = p\phi \frac{N}{60} \cdot \frac{Z}{a} = 6 \times 0.01 \times \frac{1500}{60} \times \frac{440}{6} = 110\text{V}$

정답 19 ① 20 ② 21 ③

22 **직류 발전기의 전기자 반작용에 의하여 나타나는 현상은?**

① 코일이 자극의 중성축에 있을 때도 브러시 사이에 전압을 유기시켜 불꽃을 발생한다.
② 주자 속 분포를 찌그러뜨려 중성축을 고정시킨다.
③ 주자 속을 감소시켜 유도 전압을 증가시킨다.
④ 직류 전압이 증가한다.

해설 전기자 반작용이 직류 발전기에 주는 현상

- 전기적 중성축이 이동된다(발전기 : 회전 방향, 전동기 : 회전 방향과 반대 방향).
- 주자 속이 감소하여 기전력이 감소된다.
- 정류자편 사이의 전압이 고르지 못하게 되어, 부분적으로 전압이 높아지고 불꽃 섬락이 일어난다.

23 **직류 복권 전동기를 분권 전동기로 사용하려면 어떻게 하여야 하는가?**

① 분권 계자를 단락시킨다. ② 부하 단자를 단락시킨다.
③ 직권 계자를 단락시킨다. ④ 전기자를 단락시킨다.

해설
- 분권 전동기로 사용 시 : 직권 계자를 단락시킨다.
- 직권 전동기로 사용 시 : 분권 계자를 단선시킨다.

24 **직류 직권 전동기의 회전수를 1/2로 하면 토크는 기존 토크에 비해 몇 배가 되는가?**

① 기존 토크에 비해 0.5배가 된다. ② 기존 토크에 비해 2배가 된다.
③ 기존 토크에 비해 4배가 된다. ④ 기존 토크에 비해 16배가 된다.

해설 $T \propto \dfrac{1}{N^2}$

∴ 토크 T는 4배로 커진다.

25 **다음 중 단락비가 큰 동기기는?**

① 안정도가 높다. ② 기계가 소형이다.
③ 전압 변동률이 크다. ④ 반작용이 크다.

정답 22 ① 23 ③ 24 ③ 25 ①

12회

해설 단락비가 큰 동기기

- 전압 변동률이 작고, 안정도가 높다.
- 동기 임피던스가 작으며, 전기자 반작용이 작다.
- 기계의 중량과 부피가 크다.

26 다음 중 동기 발전기 단절권의 특징이 아닌 것은?

① 고조파를 제거해서 기전력의 파형이 좋아진다.
② 코일 단이 짧게 되므로 재료가 절약된다.
③ 전절권에 비해 합성 유기 기전력이 증가한다.
④ 코일 간격이 극 간격보다 작다.

해설 단절권은 전절권에 비하여 파형(고조파 제거) 개선, 코일 단부 단축, 동량 감소 및 기계 길이가 단축되지만, 유도 기전력이 감소되는 단점도 있다.

27 다음 중 역률이 가장 좋은 전동기는?

① 반발 기동 전동기　② 동기 전동기
③ 농형 유도 전동기　④ 교류 정류자 전동기

해설 동기 전동기의 장점 중에서 항상 역률 1로 운전할 수 있고, 지상/진상 역률을 얻는 수도 있다.

28 1500kW, 6000V, 60Hz의 3상 부하에 역률은 65%(뒤짐)이다. 이때 역률을 100%로 하기 위해 이 회로에 접속할 동기 조상의 용량(kVA)은 얼마인가?

① 약 1652kVA　② 약 1754kVA
③ 약 1832kVA　④ 약 1948kVA

해설 $Q = P\tan\theta = P\cdot\frac{\sin\theta}{\cos\theta}$

$$= P\left(\frac{\sqrt{1-\cos^2\theta}}{\cos\theta}\right) = 1500\times\left(\frac{\sqrt{1-0.65^2}}{0.65}\right) = 1754\text{kVA}$$

정답 26 ③　27 ②　28 ②

29 변압기의 여자 전류가 일그러지는 이유는 무엇 때문인가?

① 와류(맴돌이 전류) 때문에
② 자기 포화와 히스테리시스 현상 때문에
③ 누설 리액턴스 때문에
④ 선간의 정전 용량 때문에

해설 여자 전류의 파형 분석 : 여자 전류의 파형은 철심의 히스테리시스와 자기 포화 현상으로, 그 파형이 홀수 고조파를 많이 포함하는 첨두 파형으로 나타난다.

30 퍼센트 저항 강하 1.8% 및 퍼센트 리액턴스 강하 2%인 변압기가 있다. 부하의 역률이 1일 때의 전압 변동률은?

① 1.8%
② 2.0%
③ 2.7%
④ 3.8%

해설 $\varepsilon = p\cos\theta + q\sin\theta = 1.8 \times 1 + 2 \times 0 = 1.8\%$

여기서, $\cos\theta = 1$일 때 $\sin\theta = 0$

31 몰드 변압기의 냉각 방식으로서 변압기 본체가 공기에 의하여 자연적으로 냉각이 되도록 한 방식이며, 작은 용량에 사용하는 것은?

① 건식 자랭식(AN)
② 건식 풍랭식(AF)
③ 건식 밀폐 자랭식(ANAN)
④ 건식 밀폐 풍랭식(ANAF)

해설
- 건식 자랭식(AN) : 변압기 본체가 공기에 의하여 자연적으로 냉각되도록 한 것
- 건식 풍랭식(AF) : 건식 변압기에 송풍기를 사용하여 강제로 통풍시켜 냉각 효과를 크게 한 것

32 유도 전동기에서 슬립이 0이란 것은 어느 것과 같은가?

① 유도 전동기가 동기 속도로 회전한다.
② 유도 전동기가 정지 상태이다.
③ 유도 전동기가 전부하 운전 상태이다.
④ 유도 제동기의 역할을 한다.

해설 슬립(slip) : s
- 무부하 시 : $s = 0 \rightarrow N = N_s$ ∴ 동기 속도로 회전
- 기동 시 : $s = 1 \rightarrow N = 0$ ∴ 정지 상태

정답 29 ② 30 ① 31 ① 32 ①

33 3상 변압기의 병렬 운전 시 병렬 운전이 불가능한 결선 조합은?

① $\Delta-\Delta$와 Y−Y
② $\Delta-\Delta$와 Δ−Y
③ Δ−Y와 Δ−Y
④ $\Delta-\Delta$와 $\Delta-\Delta$

해설 불가능한 결선 조합

- $\Delta-\Delta$와 $\Delta-\mathrm{Y}$
- $\mathrm{Y}-\mathrm{Y}$와 $\Delta-\mathrm{Y}$

참고 불가능한 결선 조합은 Δ 또는 Y의 숫자 합이 홀수인 경우이다.

34 슬립 4%인 유도 전동기의 등가 부하 저항은 2차 저항의 몇 배인가?

① 20　② 24　③ 5　④ 19

해설 $R=\dfrac{1-s}{s}\cdot r_2=\dfrac{1-0.04}{0.04}\times r_2=24r_2$ 　　∴ 24배

참고 $R=\dfrac{r_2}{s}-r_2=\dfrac{r_2}{s}-\dfrac{sr_2}{s}=\dfrac{r_2-sr_2}{s}=\dfrac{1-s}{s}\cdot r_2$

35 교류 전동기를 기동할 때 다음 그림과 같은 기동 특성을 가지는 전동기는? (단, 곡선 ㉮~㉲는 기동 단계에 대한 토크 특성 곡선이다.)

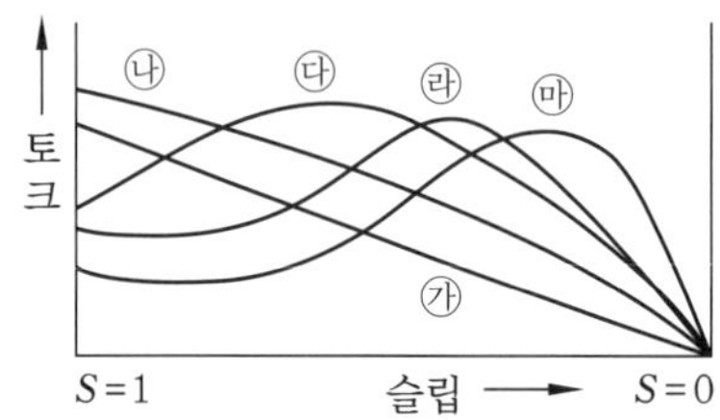

① 반발 유도 전동기
② 2중 농형 유도 전동기
③ 3상 분권 정류자 전동기
④ 3상 권선형 유도 전동기

해설 비례 추이(proportional shift)

- 비례 추이는 권선형 유도 전동기의 기동 전류 제한, 기동 토크 증가, 속도 제어 등에 이용되며 토크, 전류, 역률, 동기 와트, 1차 입력 등에 적용된다.
- 최대 토크 T_m는 항상 일정하다.

정답 33 ② 34 ② 35 ④

36 전부하 슬립 5%, 2차 저항손 5.26kW인 3상 유도 전동기의 2차 입력은 몇 kW인가?

① 2.63kW ② 5.26kW ③ 105.2kW ④ 226.5kW

해설 $P_{c2} = sP_2$에서, $P_2 = \frac{P_{c2}}{s} = \frac{5.26}{0.05} = 105.2\,\mathrm{kW}$

37 다음 그림과 같은 농형 유도 전동기의 기동 방법을 무엇이라 하는가?

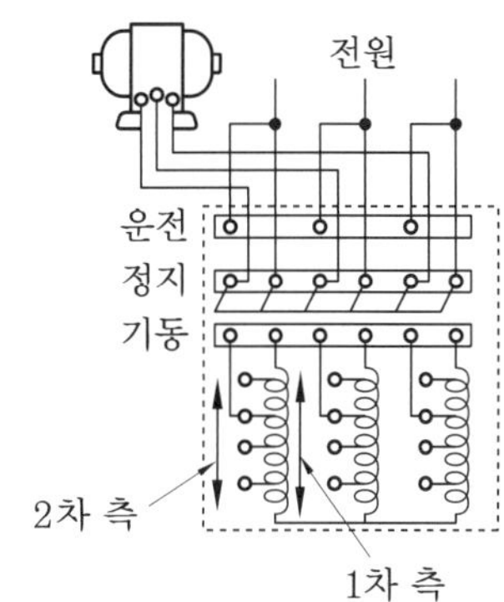

① 전 전압 기동법 ② 기동 보상 기법

③ Y−Δ 기동법 ④ 2차 저항법

해설 기동 보상 기법 [단권 변압기 기동(starting compensator)] : 약 15 ~20kW 정도 이상 되는 농형 전동기를 사용하는 경우에 적용된다.

38 계전기가 설치된 위치에서 고장점까지의 임피던스에 비례하여 동작하는 보호 계전기는 어느 것인가?

① 방향 단락 계전기 ② 거리 계전기

③ 단락 회로 선택 계전기 ④ 과전압 계전기

해설 거리 계전기(distance relay)

- 계전기가 설치된 위치로부터 고장점까지의 전기적 거리(임피던스)에 비례하여 한시로 동작하는 계전기이다.
- 고장점으로부터 일정한 거리 이내일 경우에는 순간적으로 동작할 수 있게 한 것을 고속도 거리 계전기라 한다.

정답 **36** ③ **37** ② **38** ②

12회

39 3상 전파 정류 회로에서 출력 전압의 평균 전압값은? (단, V는 선간 전압의 실횻값이다.)

① $0.45V$[V] ② $0.9V$[V] ③ $1.17V$[V] ④ $1.35V$[V]

해설 ① 단상 반파 : $0.45V$[V]
② 단상 전파 : $0.9V$[V]
③ 3상 반파 : $1.17V$[V]
④ 3상 전파 : $1.35V$[V]

40 스위칭 주기 10μs, 오프(off) 시간 2μs일 때 초퍼의 입력 전압이 100V이면 출력 전압(V)은 얼마인가?

① 90 ② 80 ③ 50 ④ 20

해설 $V_d = \frac{T_{on}}{T} \times V_s = \frac{10-2}{10} \times 100 = 80\text{V}$

참고 초퍼의 개념 : 스위칭 동작의 반복 주기 T를 일정하게 하고, 이 중 스위치를 닫는 구간의 시간을 T_{ON}이라 한다면, 한 주기 동안 부하 전압의 평균값은

$$V_d = \frac{T_{\text{ON}}}{T} V_s \text{ [V]}$$

제3과목 전기 설비 - 20문항

41 나전선 등의 금속선에 속하지 않는 것은?

① 경동선(지름 12mm 이하의 것)
② 연동선
③ 경알루미늄선(단면적 35mm^2 이하의 것)
④ 동합금선(단면적 35mm^2 이하의 것)

해설 나전선 : ①, ②, ③ 이외에
- 동합금선 : 단면적 25mm^2 이하의 것
- 알루미늄합금선 : 단면적 35mm^2 이하의 것
- 아연도강선 및 아연도철선

정답 39 ④ 40 ② 41 ④

42 일반적으로 인장 강도가 커서 가공 전선로에 주로 사용하는 구리선은?

① 경동선 ② 연동선 ③ 합성연선 ④ 합성단선

해설
- 경동선 : 가공 전선로에 주로 사용
- 연동선 : 옥내 배선에 주로 사용
- 합성연선, 합성단선(쌍금속선) : 가공 송전 선로에 사용

43 접지 저항이나 전해액 저항 측정에 쓰이는 것은?

① 휘트스톤 브리지 ② 전위차계
③ 콜라우시 브리지 ④ 메거

해설 콜라우시 브리지(Kohlrausch bridge) : 저 저항 측정용 계기로 접지 저항, 전해액의 저항 측정에 사용된다.

44 다음 중 금속관에 여러 가닥의 전선을 넣을 때 매우 편리하게 넣을 수 있는 방법으로 쓰이는 것은?

① 철선 ② 철망 그립
③ 피시 테이프 ④ 터미널 부싱

해설 피시 테이프(fish tape)
- 전선관에 전선을 넣을 때 사용되는 평각 강철선이다.
- 폭 : 3.2~6.4mm, 두께 : 0.8~1.5mm

45 화약의 폭발력을 이용하여 콘크리트에 구멍을 뚫는 공구는?

① 해머 드릴 ② 드라이브이트 툴
③ 카바이드 드릴 ④ 익스팬션 볼트

해설 드라이브이트 툴(driveit tool)
- 큰 건물의 공사에서 드라이브 핀을 콘크리트에 경제적으로 박는 공구이다.
- 화약의 폭발력을 이용하기 때문에 취급자는 보안상 훈련을 받아야 한다.

정답 42 ① 43 ③ 44 ③ 45 ②

46 **접지 시스템의 주 접지 단자에 접속되는 도체에 해당되지 않는 것은?**

① 등전위 본딩 도체 ② 접지 도체
③ 보호 도체 ④ 충전부 도체

해설 주 접지 단자(KEC 142.3.7)

- 등전위 본딩 도체
- 접지 도체
- 보호 도체
- 관련이 있는 경우, 기능성 접지 도체

47 **변압기의 중성점에 접지 공사를 시설하는 이유는 무엇인가?**

① 전류 변동의 방지 ② 전압 변동의 방지
③ 고·저압 혼촉 방지 ④ 전력 변동의 방지

해설 변압기의 1차 측 고압과 2차 측 저압 사이에 혼촉에 의한 사고에 대비하여 접지 공사를 한다.

48 **저압 전로 중의 전동기 보호용 과전류 보호 장치의 시설에서 단락 보호 전용 퓨즈는 정격 전류의 배수가 6.3배일 경우 몇 초 이내에 자동적으로 동작하여야 하는가?**

① 0.5 ② 5.0 ③ 60 ④ 120

해설 저압 전로 중의 전동기 보호용 과전류 보호 장치의 시설(KEC 표 212.6.3)

단락 보호 전용 퓨즈(aM)의 용단 특성

정격 전류의 배수	불용단 시간	용단 시간
4배	60초 이내	–
6.3배	–	60초 이내
8배	0.5초 이내	–
10배	0.2초 이내	–
12.5배	–	0.5초 이내
19배	–	0.1초 이내

정답 **46** ④ **47** ③ **48** ③

49 **계통 접지 구성에 있어서 충전부 전체를 대지로부터 절연시키거나, 한 점을 임피던스를 통해 대지에 접속시키는 방식은?**

① TN 계통 ② TT 계통 ③ IT 계통 ④ TN-C-S

해설 계통 접지 구성(KEC 203.1)

① TN 계통(KEC 203.2) : 전원측의 한 점을 직접 접지하고 설비의 노출 절연부를 보호 도체로 접속시키는 방식
- TN-S 계통 • TN-C 계통 • TN-C-S 계통

② TT 계통(KEC 203.3) : 전원의 한 점을 직접 접지하고 설비의 노출 절연부는 전원의 접지극과 전기적으로 독립적인 접지극에 접속시키는 방식

③ IT 계통(KEC 203.4) : 충전부 전체를 대지로부터 절연시키거나, 한 점을 임피던스를 통해 대지에 접속시키는 방식

50 **지중 선로를 직접 매설식에 의하여 시설하는 경우에 차량 등 중량물의 압력을 받을 우려가 있는 장소에는 매설 깊이를 몇 m 이상으로 하여야 하는가?**

① 0.6 ② 0.8 ③ 1.0 ④ 1.2

해설 직접 매설식의 매설 깊이(KEC 334.1)
- 차량, 기타 중량물의 압력을 받을 우려가 있는 장소 : 1.0m 이상
- 기타 장소 : 0.6m 이상

51 **가연성 분진이 존재하거나 발생하는 곳의 저압 옥내 배선에서 이동 전선을 사용 시 적절한 것은?**

① 비닐 절연 캡타이어 케이블
② 유압 케이블
③ 0.6/1kV EP 고무 절연 클로로프렌 캡타이어 케이블
④ CD 케이블

해설 가연성 분진 위험 장소(KEC 242.2.2) : 이동 전선은 접속점이 없는 0.6/1kV EP 고무 절연 클로로프렌 캡타이어 케이블 또는 0.6/1kV 비닐 절연 비닐 캡타이어 케이블을 사용한다.

정답 49 ③ 50 ③ 51 ③

52 금속관 구부리기에 있어서 관의 굴곡이 3개소가 넘거나 관의 길이가 30m를 초과하는 경우 적용하는 것은?

① 커플링 ② 풀 박스 ③ 로크너트 ④ 링 리듀서

해설 • 굴곡 개소가 많은 경우 또는 관의 길이가 30m를 초과하는 경우는 풀 박스를 설치하는 것이 바람직하다.
• 아웃렛 박스 사이 또는 전선 인입구가 있는 기구 사이의 금속관은 3개소를 초과하는 직각 또는 직각에 가까운 굴곡 개소를 만들어서는 안 된다.

53 합성수지관을 새들 등으로 지지하는 경우에는 그 지지점간의 거리를 몇 m 이하로 하여야 하는가?

① 1.5m 이하 ② 2.0m 이하 ③ 2.5m 이하 ④ 3.0m 이하

해설 합성수지관 및 부속품의 시설(KEC 232.11.3) : 배관의 지지점 사이의 거리는 1.5m 이하로 하고, 또한 그 지지점은 관의 끝, 관과 박스의 접속점 및 관 상호간의 접속점 등에 가까운 곳에 시설할 것

54 애자 사용 배선 공사 시 사용할 수 없는 전선은?

① 고무 절연 전선 ② 폴리에틸렌 절연 전선
③ 플루오르 수지 절연 전선 ④ 인입용 비닐 절연 전선

해설 애자 공사의 시설 조건(KEC 232.56.1) : 절연 전선 중에서 옥외용 비닐 절연 전선 및 인입용 비닐 절연 전선은 제외한다.

55 라이팅 덕트 공사에 의한 저압 옥내 배선 시 덕트의 지지점간의 거리는 몇 m 이하로 하여야 하는가?

① 1.0 ② 1.2 ③ 2.0 ④ 3.0

해설 라이팅 덕트(lighting duct) 공사(KEC 232.71)
• 덕트는 조영재에 견고하게 붙일 것
• 덕트의 지지점간의 거리는 2m 이하로 할 것
• 덕트의 끝부분은 막을 것

정답 52 ② 53 ① 54 ④ 55 ③

56 금속관 공사를 할 경우 케이블 손상 방지용으로 사용하는 부품은?

① 커플링 ② 부싱

③ 엘보 ④ 로크너트

해설 부싱(bushing) : 금속관 부속품의 하나로, 관 끝에 두어 전선의 인입, 인출을 하는 경우 전선의 절연물을 다치지 않게 하기 위하여 사용하는 것

57 주상 변압기에 시설하는 캐치 홀더는 어느 부분에 직렬로 삽입하는가?

① 1차 측 양선 ② 1차 측 1선

③ 2차 측 비접지 측 선 ④ 2차 측 접지 측 선

해설 주상 변압기를 보호하기 위한 기구 설치

- 1차 측 : 컷아웃 스위치(COS : Cut Out Switch)를 설치하며, 과부하에 대해 보호하기 위한 것이다.
- 2차 측 : 저압 가공 전선을 보호하기 위하여 과전류 차단기를 넣는 캐치 홀더(catch-holder)를 2차 측 비접지 측 선로에 직렬로 삽입 설치한다.

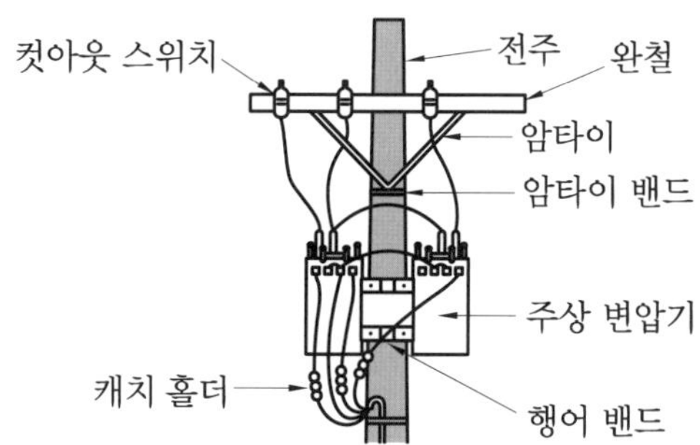

12
회

58 인입 개폐기가 아닌 것은?

① ASS ② LBS ③ LS ④ UPS

해설 ① ASS(Automatic Section Switch) : 자동 고장 구분 개폐기

② LBS(Load Breaking Switch) : 부하 개폐기(결상을 방지할 목적으로 채용)

③ LS(Line Switch) : 선로 개폐기(보안상 책임 분계점에서 보수 점검 시)

④ UPS(Uninterruptible Power Supply) : 무정전 전원 장치

정답 56 ② 57 ③ 58 ④

59 **대전류를 소전류로 변성하여 계전기나 측정 계기에 전류를 공급하는 기기는?**

① 계기용 변류기(CT) ② 계기용 변압기(PT)
③ 단로기(DS) ④ 컷아웃 스위치(COS)

해설 계기용 변류기(CT)
- 높은 전류를 낮은 전류로 변성
- 배전반의 전류계 · 전력계, 차단기의 트립 코일의 전원으로 사용

60 **조명 기구를 일정한 높이 및 간격으로 배치하여 방 전체의 조도를 균일하게 조명하는 방식으로 공장, 사무실, 백화점 등에 널리 쓰이는 조명 방식은 무엇인가?**

① 직접 조명 ② 간접 조명
③ 전반 조명 ④ 국부 조명

해설 전반 조명
- 작업면의 전체를 균일한 조도가 되도록 조명하는 방식이다.
- 공장, 사무실, 백화점, 교실 등에 사용하고 있다.

참고 국부 조명(local lighting)
- 작업에 필요한 장소마다 그곳에 필요한 조도를 얻을 수 있도록 국부적으로 조명하는 방식이다.
- 높은 정밀도의 작업을 하는 곳에서 사용된다.

정답 59 ① 60 ③

13회 CBT 실전문제

제1과목 전기 이론 - 20문항

01 전하의 성질에 대한 설명 중 옳지 않은 것은?

① 전하는 가장 안정한 상태를 유지하려는 성질이 있다.
② 같은 종류의 전하끼리는 흡인하고, 다른 종류의 전하끼리는 반발한다.
③ 낙뢰는 구름과 지면 사이에 모인 전기가 한꺼번에 방전되는 현상이다.
④ 대전체의 영향으로 비대전체에 전기가 유도된다.

해설 전하의 성질 중에서 "같은 종류의 전하는 서로 반발하고, 다른 종류의 전하는 서로 흡인한다."

02 20μF와 30μF의 두 콘덴서를 병렬로 접속하고, 100V의 전압을 인가했을 때 전 전하량은 몇 C인가?

① 30×10^{-4}　② 50×10^{-4}　③ 3×10^{-4}　④ 5×10^{-4}

해설 $Q = (C_1 + C_2)V = (20 + 30) \times 10^{-6} \times 100 = 50 \times 10^{-4}$[C]

03 평행판 전극에 일정 전압을 가하면서 극판의 간격을 2배로 하면 내부 전기장의 세기는 어떻게 되는가?

① 4배로 커진다.　② $\frac{1}{2}$배로 작아진다.
③ 2배로 커진다.　④ $\frac{1}{4}$배로 작아진다.

해설 $E = k\frac{V}{l}$[V/m]　전장의 세기는 극판의 간격에 반비례한다.

∴ 극판의 간격을 2배로 하면 전장의 세기는 $\frac{1}{2}$배로 작아진다.

정답 01 ② 02 ② 03 ②

04 **자기 회로에 강자성체를 사용하는 이유는?**

① 자기 저항을 감소시키기 위하여 ② 자기 저항을 증가시키기 위하여
③ 공극을 크게 하기 위하여 ④ 주자 속을 감소시키기 위하여

해설 자기 회로는 자기 저항을 감소시키기 위하여 강자성체를 사용한다.

참고 강자성체는 투자율이 매우 큰 것이 특징인 철, 코발트, 니켈 등이 있다.

05 **공기 중에서 자속 밀도 $3Wb/m^2$의 평등 자장 중에 길이 50cm의 도선을 자장의 방향과 60°의 각도로 놓고, 이 도체에 10A의 전류가 흐르면 도선에 작용하는 힘(N)은 얼마인가?**

① 약 3 ② 약 13 ③ 약 30 ④ 약 300

해설 $F = BlI\sin 60° = 3 \times 50 \times 10^{-2} \times 10 \times \frac{\sqrt{3}}{2} \fallingdotseq 13\text{N}$

06 **두 개의 자체 인덕턴스를 직렬로 접속하여 합성 인덕턴스를 측정하였더니 95mH이었다. 한쪽 인덕턴스를 반대로 접속하여 측정하였더니 합성 인덕턴스가 15mH로 되었다. 두 코일의 상호 인덕턴스는 얼마인가?**

① 20mH ② 40mH ③ 80mH ④ 160mH

해설 합성 인덕턴스의 차이 : $4M = 95 - 15 = 80\text{mH}$ $\therefore M = \frac{80}{4} = 20\text{mH}$

참고 ㉠ 가동 접속 : $L_1 + L_2 + 2M$

㉡ 차동 접속 : $L_1 + L_2 - 2M$

∴ ㉠-㉡ → $4M$

07 **자기 흡인력은 공극의 자속 밀도를 B라 할 때 다음 중 무엇에 비례하는가?**

① B^2 ② $B^{1.6}$ ③ $B^{\frac{3}{2}}$ ④ B

해설 $F = \frac{1}{2} \cdot \frac{B^2}{\mu_0} A[\text{N}]$ 여기서, A : 자극의 단면적(m^2)

정답 04 ① 05 ② 06 ① 07 ①

08 2A의 전류가 흘러 72000C의 전기량이 이동하였다. 전류가 흐른 시간은 몇 분인가?

① 3600분 ② 36분 ③ 60분 ④ 600분

해설 $t = \frac{Q}{I} = \frac{72000}{2} = 36000\,\mathrm{s}$ $\quad\therefore$ 600분

09 다음 그림과 같은 회로의 합성 저항값은?

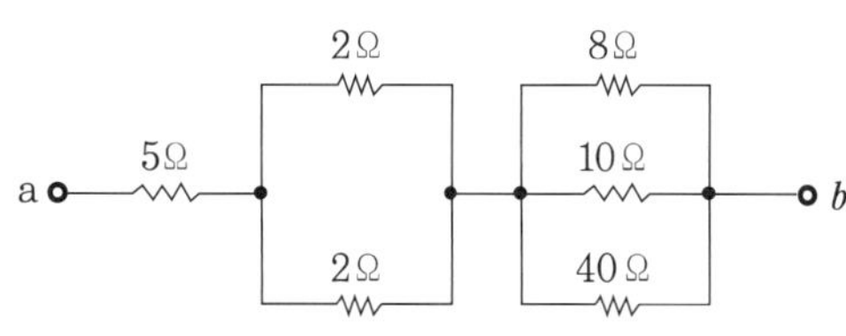

① 67Ω ② 26Ω ③ 10Ω ④ 6Ω

해설 $R = 5 + \frac{2}{2} + \frac{8\times 10\times 40}{8\times 10 + 10\times 40 + 40\times 8} = 10\,\Omega$

13회

10 주위 온도 0℃에서의 저항이 20Ω인 연동선이 있다. 주위 온도가 50℃로 되는 경우 저항은? (단, 0℃에서 연동선의 온도 계수는 $\alpha_0 = 4.3\times 10^{-3}$이다.)

① 약 22.3Ω ② 약 23.3Ω ③ 약 24.3Ω ④ 약 25.3Ω

해설 $R_t = R_o(1 + \alpha_0 t) = 20(1 + 4.3\times 10^{-3}\times 50) = 20 + 4.3 = 24.3\,\Omega$

11 어떤 사무실에 30W, 220V, 60Hz의 형광등이 있다. 형광등 전원의 평균값은?

① 105.5V ② 198.2V ③ 244.2V ④ 280.3V

해설 $V_a = \frac{1}{1.11}\times V = \frac{1}{1.11}\times 220 \fallingdotseq 198\,\mathrm{V}$

참고 $\frac{V_a}{V} = \frac{0.637\,V_m}{0.707\,V_m} \fallingdotseq \frac{1}{1.11}$

정답 08 ④ 09 ③ 10 ③ 11 ②

12 $e = 141\sin\left(120\pi t - \frac{\pi}{3}\right)$ 인 파형의 주파수는 몇 Hz인가?

① 10 ② 15 ③ 30 ④ 60

해설 $\omega = 2\pi f$ [rad/s]에서, $f = \frac{\omega}{2\pi} = \frac{120\pi}{2\pi} = 60\text{Hz}$

13 $R = 3\Omega$, $\omega L = 8\Omega$, $\frac{1}{\omega C} = 4\Omega$ 의 RLC 직렬 회로의 임피던스(Ω)는?

① 5 ② 8.5 ③ 12.4 ④ 15

해설 $Z = \sqrt{R^2 + (X_L - X_C)^2} = \sqrt{R^2 + \left(\omega L - \frac{1}{\omega C}\right)^2} = \sqrt{3^2 + (8-4)^2} = 5\Omega$

14 $\dot{Z} = 2 + j11$ [Ω], $\dot{Z} = 4 - j3$ [Ω]의 직렬 회로에 교류 전압 100V를 가할 때 합성 임피던스는?

① 6Ω ② 8Ω ③ 10Ω ④ 14Ω

해설 $\dot{Z} = \dot{Z}_1 + \dot{Z}_2 = 2 + j11 + 4 - j3 = 6 + j8$

$\therefore |Z| = \sqrt{6^2 + 8^2} = 10\Omega$

15 평형 3상 교류 회로에서, Y회로로부터 Δ회로로 등가 변환하기 위해서는 어떻게 하여야 하는가?

① 각 상의 임피던스를 3배로 한다.
② 각 상의 임피던스를 $\frac{1}{3}$배로 한다.
③ 각 상의 임피던스를 $\sqrt{3}$배로 한다.
④ 각 상의 임피던스를 $\frac{1}{\sqrt{3}}$배로 한다.

해설 Y결선을 Δ 결선으로 변환 시, 각 상의 임피던스를 3배로 해야 한다.

$\therefore Z_\Delta = 3Z_Y$

정답 12 ④ 13 ① 14 ③ 15 ①

16 Y-Y평형 회로에서 상전압 V_p가 100V, 부하 $Z=8+j6[\Omega]$이면 선전류 I_l의 크기는 몇 A인가?

① 2
② 5
③ 7
④ 10

해설 $|Z|=\sqrt{R^2+X^2}=\sqrt{8^2+6^2}=10\Omega$ $\therefore I_l=\dfrac{V_p}{Z}=\dfrac{100}{10}=10\text{A}$

17 교류 회로에서 전압과 전류의 위상차를 θ [rad]라 할 때 $\cos\theta$ 는?

① 전압 변동률
② 왜곡률
③ 효율
④ 역률

해설 역률(power－factor, $P.f$) : $\cos\theta$

- $P=VI\cos\theta\,[\text{W}]$에서, θ는 전압 v와 i의 위상차이다.
- $\cos\theta$ 는 전원에서 공급된 전력이 부하에서 유효하게 이용되는 비율이라는 의미에서 역률이라고 부르며, θ값은 역률각이라 한다.

13회

18 다음 중 비선형 소자는?

① 저항
② 인덕턴스
③ 다이오드
④ 커패시턴스

해설
- 선형 소자 회로 : 전압과 전류가 비례하는 회로
- 비선형 소자 회로 : 전압과 전류가 비례하지 않는 회로(진공관, 다이오드 등)

19 열량을 표시하는 1cal는 몇 J인가?

① 0.4186J
② 4.186J
③ 0.24J
④ 1.24J

해설
- 1cal＝4.186J
- 1J＝0.24cal

정답 **16** ④ **17** ④ **18** ③ **19** ②

20 어느 가정집에서 220V, 60W 전등 10개를 20시간 사용했을 때 전력량(kWh)은 얼마인가?

① 10.5 ② 12
③ 13.5 ④ 15

해설 $P = 60 \times 10 \times 10^{-3} = 0.6\,\text{kW}$
$\therefore\ W = P \cdot t = 0.6 \times 20 = 12\,\text{kWh}$

제2과목 전기 기기 - 20문항

21 다음 중 직류기에서 브러시의 역할은?

① 기전력 유도 ② 자속 생성
③ 정류 작용 ④ 전기자 권선과 외부 회로 접속

해설 브러시(brush) : 회전자(전기자 권선)와 외부 회로를 접속하는 역할을 한다.

22 직류 발전기에서 균압 고리(환)를 설치하는 목적은 무엇인가?

① 전압을 높인다. ② 전압 강하 방지
③ 저항 감소 ④ 브러시 불꽃 방지

해설 균압 고리(환) (equalizing ring)

- 대형 직류기에서는 전기자 권선 중 같은 전위의 점을 구리 고리로 묶는다.
- 기전력 차이에 의한 브러시를 통한 순환 전류를 균압 고리에서 흐르게 하여 브러시 불꽃 발생을 방지한다.

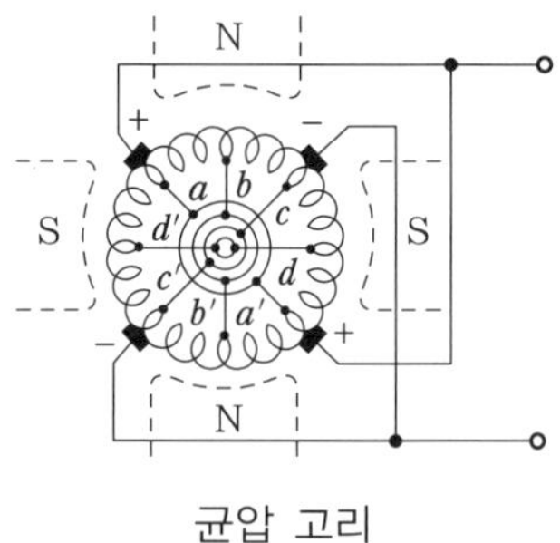

균압 고리

정답 20 ② 21 ④ 22 ④

23 직류 발전기의 운전 중 계자 회로를 급히 차단할 때 과전압 발생 방지를 위해서 설치해야 할 것은 무엇인가?

① 전압 조정기 ② 계자 방전 저항 ③ 자기 조정기 ④ 정전 용량

해설 계자 방전 저항 역할

- 단자 전압의 상승 방지
- 분권 계자 권선의 절연 보호

참고 계자 개폐기를 이용하여 계자 회로를 여는(off) 것과 동시에 분권 계자 권선에 병렬로 계자 방전 저항이 접속 하도록 한다.

24 직류 분권 전동기의 기동 방법 중 가장 적당한 것은?

① 기동 토크를 작게 한다.
② 계자 저항기의 저항 값을 크게 한다.
③ 계자 저항기의 저항 값을 0으로 한다.
④ 기동 저항기를 전기자와 병렬접속한다.

해설 분권 전동기의 기동 : 기동 토크를 크게 하기 위하여 계자 저항 FR을 최솟값으로 한다. 즉, 저항값을 0으로 한다.

25 6극 1200rpm의 교류 발전기와 병렬 운전하는 극수 8의 동기 발전기의 회전수(rpm)는 얼마인가?

① 1200 ② 1000 ③ 900 ④ 750

해설 $N_s = \frac{120}{p} \cdot f\,[\text{rpm}]$에서, $f = \frac{p \cdot N_s}{120} = \frac{6 \times 1200}{120} = 60\text{Hz}$

$\therefore N' = \frac{120}{p'} \cdot f = \frac{120}{8} \times 60 = 900\text{rpm}$

26 3000/200V 변압기의 1차 임피던스가 225Ω이면 2차 환산(Ω)은 얼마인가?

① 0.1 ② 1.0 ③ 1.5 ④ 15

정답 23 ② 24 ③ 25 ③ 26 ②

해설 $a = \frac{V_1}{V_2} = \frac{3000}{200} = 15$　　$Z_2' = \frac{1}{a^2} \times Z_1 = \frac{1}{15^2} \times 225 = 1.0\Omega$

27 발전기를 정격 전압 220V로 전부하 운전하다가 무부하로 운전하였더니 단자 전압이 242V가 되었다. 이 발전기의 전압 변동률(%)은?

① 10　② 14　③ 20　④ 25

해설 $\varepsilon = \frac{V_0 - V_n}{V_n} \times 100 = \frac{242 - 220}{220} \times 100 = 10\%$

28 다음 중 동기 전동기에 관한 설명으로 잘못된 것은?

① 기동 권선이 필요하다.　② 난조가 발생하기 쉽다.
③ 여자기가 필요하다.　④ 역률을 조정할 수 없다.

해설 동기 전동기의 특징 중에서 항상 역률 1로 운전할 수 있고 지상, 진상 역률을 얻는 수도 있다.

29 동기 발전기 중 회전 계자형 발전기의 설명으로 타당성이 적은 것은?

① 고전압 대전류용으로 적당하다.
② 계자 회로는 구조가 간단하다.
③ 계자 회로는 고전압 대용량의 직류 회로이다.
④ 동기 발전기는 대부분 회전 계자형이다.

해설
- 계자 회로는 저압 소용량의 직류이므로 구조가 간단하다.
- 전기자가 고정자이므로 고압 대전류용에 좋고, 절연이 쉽다.

30 변압기의 권선 배치에서 저압 권선을 철심 가까운 쪽에 배치하는 이유는?

① 전류 용량　② 절연 문제　③ 냉각 문제　④ 구조상 편의

해설 변압기의 권선 배치는 절연 관계상 저압 권선을 철심 가까운 쪽에 배치한다.

정답 27 ①　28 ④　29 ③　30 ②

31 다음 중 변압기의 온도 상승 시험법으로 가장 널리 사용되는 것은?

① 무부하 시험법 ② 절연 내력 시험법
③ 단락 시험법 ④ 실 부하법

해설 단락 시험법 : 고·저압 측 권선 가운데 한쪽 권선을 일괄 단락하여 전손실에 해당하는 전류를 공급해 변압기의 유온을 상승시킨 후 정격 전류를 통해 온도 상승을 구하는 방법이다.

참고 절연 내력 시험 : 변압기 권선과 대지 사이 또는 권선 사이의 절연 강도를 보증하는 시험이다.

32 변압기를 Δ–Y 결선한 경우에 2차 측의 출력이 1이라면 1차 측의 전압은?

① 1 ② 1.732 ③ 0.577 ④ 1.414

해설 선간 전압이 상전압의 $\sqrt{3}$ 배이므로 Δ결선인 1차 측의 전압은 $\frac{1}{\sqrt{3}} \fallingdotseq 0.577$배가 된다.

33 3상 유도 전동기의 최고 속도는 우리나라에서 몇 rpm인가?

① 3600 ② 3000 ③ 1800 ④ 1500

해설 우리나라의 상용 주파수는 60Hz이며, 최소 극수는 2이다.

$$\therefore N_s = \frac{120f}{p} = \frac{120 \times 60}{2} = 3600\text{rpm}$$

34 3상 유도 전동기의 1차 입력 60kW, 1차 손실 1kW, 슬립 3%일 때 기계적 출력(kW)은 얼마인가?

① 57 ② 75 ③ 95 ④ 100

해설 P_2=1차 압력−1차 손실=60−1=59kW

$$\therefore P_0 = (1-s)P_2 = (1-0.03) \times 59 \fallingdotseq 57\text{kW}$$

정답 31 ③ 32 ③ 33 ① 34 ①

35 4극 고정자 홈 수 36의 3상 유도 전동기의 홈 간격은 전기각으로 몇 도인가?

① 5° ② 10° ③ 15° ④. 20°

해설 전기각 : $\theta = \dfrac{4극 \times 180°}{36홈} = 20°$ (전기각은 1극당 π [rad]=180°)

36 3상 유도 전동기 속도 특성 곡선이다. 효율을 나타내는 곡선은?

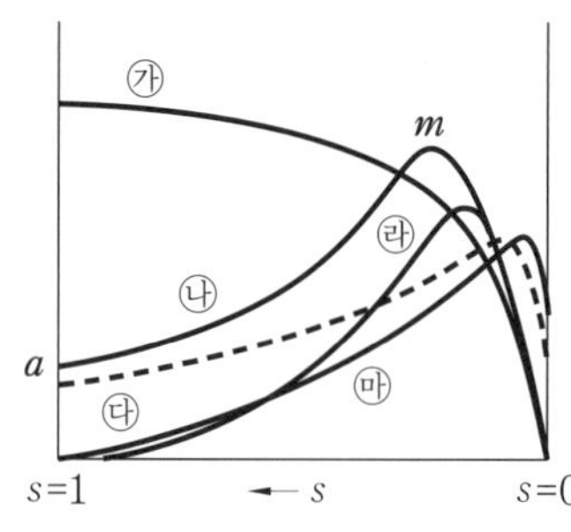

① ㉮ ② ㉯ ③ ㉱ ④ ㉲

해설 ㉮ 1차 전류 ㉯ 토크 ㉰ 역률 ㉱ 기계적 출력 ㉲ 효율

37 정격 전압이 380V인 3상 유도 전동기의 1차 입력이 50kW이고, 1차 전류가 135A가 흐를 때 이 전동기의 역률은?

① 0.52 ② 0.56 ③ 0.59 ④ 0.64

해설 $P = \sqrt{3}\, VI\cos\theta$[W]에서, $\cos\theta = \dfrac{P}{\sqrt{3}\, VI} = \dfrac{50 \times 10^3}{\sqrt{3} \times 380 \times 135} \fallingdotseq 0.56$

38 아크 용접용 변압기가 일반 전력용 변압기와 다른 점은?

① 권선의 저항이 크다. ② 누설 리액턴스가 크다.
③ 효율이 높다. ④ 역률이 좋다.

해설 용접용 변압기는 아크 용접용 전원으로 사용하는 변압기로, 누설 리액턴스가 큰 누설(leakage) 변압기가 사용된다.

정답 35 ④ 36 ④ 37 ② 38 ②

39 동기 전동기나 유도 전동기의 기동 시 기동 보상기로 많이 사용하는 변압기로서 1차, 2차 전압을 같은 권선으로부터 얻는 변압기의 명칭은 무엇인가?

① 단권 변압기
② 계기용 변압기
③ 누설 변압기
④ 계기용 변류기

해설 단권 변압기
- 하나의 권선을 1차와 2차로 공용하는 변압기이다.
- 동기 전동기, 유도 전동기 등을 기동할 때 기동 전류, 기동 보상기로도 쓰인다.

40 낙뢰, 수목 접촉, 일시적인 섬락 등 순간적인 사고로 계통에서 분리된 구간을 신속히 계통에 투입시킴으로써 계통의 안정도를 향상시키고 정전 시간을 단축시키기 위해 사용되는 계전기는?

① 차동 계전기
② 과전류 계전기
③ 거리 계전기
④ 재폐로 계전기

해설
- 전력 계통에 주는 충격의 경감 대책의 하나로 재폐로 방식이 채용된다.
- 재폐로 방식의 효과
  ㉠ 계통의 안정도 향상
  ㉡ 정전 시간 단축

13 회

제3과목 전기 설비 - 20문항

41 전기설비기술기준에 따라 직류에서의 저압 범위는 무엇인가?

① 1,000V 이하
② 1,500V 이하
③ 500V 이하
④ 750V 이하

해설 전압의 구분(KEC 111.1)

전압의 구분	교류	직류
저압	1kV 이하	1.5kV 이하
고압	1kV 초과 7kV 이하	1.5kV 초과 7kV 이하
특고압	7kV 초과	

정답 39 ① 40 ④ 41 ②

42 절연 전선의 피복에 "154kV NRV"라고 표기되어 있다. "NRV"는 무엇을 나타내는 약호인가?

① 형광등 전선 ② 고무 절연 폴리에틸렌 시스 네온 전선
③ 고무 절연 비닐 시스 네온 전선 ④ 폴리에틸렌 절연 비닐 시스 네온 전선

해설 네온관용 전선의 기호(N : 네온 전선, R : 고무, V : 비닐, E : 폴리에틸렌, C : 클로로프렌)

- N-RV : 고무 절연 비닐 시스 네온 전선
- N-RC : 고무 절연 클로로프렌 시스 네온 전선

43 절연 전선을 서로 접속할 때 사용하는 방법이 아닌 것은?

① 커플링에 의한 접속 ② 와이어 커넥터에 의한 접속
③ 슬리브에 의한 접속 ④ 압축 슬리브에 의한 접속

해설 커플링에 의한 접속은 전선관을 접속할 때 사용하는 방법이다.

44 옥내 배선에서 주로 사용하는 직선 접속 및 분기 접속 방법은 어떤 것을 사용하여 접속하는가?

① 동선 압착 단자 ② S형 슬리브
③ 와이어 커넥터 ④ 꽂음형 커넥터

해설 S형 슬리브는 단선, 연선 어느 것에도 사용할 수 있으며, 직선 접속 및 분기 접속에 사용된다.

참고 ①, ③, ④는 모두 종단 접속에 사용된다.

45 사용 전압 415V의 3상 3선식 전선로의 1선과 대지 간에 필요한 절연 저항 값의 최솟값은? (단, 최대 공급 전류는 500A이다.)

① 2560Ω ② 1660Ω ③ 3210Ω ④ 3240Ω

해설 절연 저항의 최솟값 $= \dfrac{\text{사용 전압} \times 2000}{\text{최대 공급 전류}} = \dfrac{415 \times 2000}{500} = 1660\,\Omega$

정답 42 ③ 43 ① 44 ② 45 ②

46 **전선의 슬리브 접속에 있어서 펜치와 같이 사용되고 금속관 공사에서 로크너트를 죌 때 사용하는 공구의 이름은?**

① 펌프 플라이어(pump plier) ② 히키(hickey)
③ 비트 익스텐션(bit extension) ④ 클리퍼(clipper)

해설 펌프 플라이어 : 금속관 공사에서 로크너트를 죌 때 사용한다.

47 **접지 저항 저감 대책이 아닌 것은?**

① 접지봉의 연결 개수를 증가시킨다.
② 접지판의 면적을 감소시킨다.
③ 접지극을 깊게 매설한다.
④ 토양의 고유 저항을 화학적으로 저감시킨다.

해설 접지판의 면적을 증가시킨다.

48 **전로에 시설하는 기계·기구의 철대 및 금속제 외함에는 접지 시스템 규정에 의한 접지 공사를 하여야 한다. 단, 사용 전압이 직류 (ⓐ)V 또는 교류 대지 전압이 (ⓑ)V 이하인 기계·기구를 건조한 곳에 시설하는 경우는 규정에 따르지 않을 수 있다. ( )에 알맞은 값은?**

① ⓐ 200, ⓑ 100 ② ⓐ 300, ⓑ 150
③ ⓐ 350, ⓑ 200 ④ ⓐ 440, ⓑ 220

해설 기계·기구의 철대 및 금속제 외함 접지(KEC 142.7) : 사용 전압이 직류 300V 또는 교류 대지 전압이 150V 이하인 기계·기구를 건조한 곳에 시설하는 경우

49 **저압 연접 인입선의 시설과 관련된 설명으로 잘못된 것은?**

① 옥내를 통과하지 아니할 것
② 전선의 굵기는 1.5 mm^2 이하일 것
③ 폭 5 m를 넘는 도로를 횡단하지 아니할 것
④ 인입선에서 분기하는 점으로부터 100 m를 넘는 지역에 미치지 아니할 것

정답 46 ① 47 ② 48 ② 49 ②

해설 저압 인입선의 시설(KEC 221.1.1)
- 전선의 길이 15m 이하 : 인입용 비닐 절연 전선 2.0mm 이상
- 전선의 길이 15m 초과 : 인입용 비닐 절연 전선 2.6mm 이상

50 옥측 또는 옥외에 시설하는 배전반 및 분전반을 시설하는 경우에 사용하는 케이블로 옳은 것은?

① 난연성 케이블 ② 광섬유 케이블 ③ 차폐 케이블 ④ 수밀형 케이블

해설 배전반 및 분전반을 옥측 또는 옥외에 시설하는 경우는 방수형의 것으로 수밀형 케이블 사용하여야 한다.

참고 수밀성(water tightness, 水密性) 재료 : 압력수가 통과하지 않는 재료

51 엘리베이터 장치를 시설할 때 승강기 내부에서 사용하는 전등 및 전기 기계 기구에 사용할 수 있는 최대 전압은?

① 110V 이하 ② 220V 이하 ③ 400V 이하 ④ 440V 이하

해설 엘리베이터 덤웨이터 승강기 내(KEC 242.11) : 승강로 안의 저압 옥내 배선 등의 시설에서 최대 사용 전압은 400V 이하일 것

52 400V 이하의 저압 옥내 배선을 할 때 점검할 수 없는 은폐 장소에 할 수 없는 배선 공사는?

① 금속관 공사 ② 합성수지관 공사
③ 금속 몰드 공사 ④ 플로어 덕트 공사

해설 금속 몰드 공사(KEC 232.22) : 400V 이하의 건조한 장소로 전개된 장소 또는 점검할 수 있는 은폐 장소에 한하여 시설할 수 있다.

53 다음 중 금속 전선관 부속품이 아닌 것은?

① 앵글 커넥터 ② 노멀 밴드 ③ 커플링 ④ 로크너트

정답 50 ④ 51 ③ 52 ③ 53 ①

해설 ① 앵글 커넥터(angle connector) : 가요 전선관을 박스에 접속 시 사용된다.
② 노멀 밴드(normal band) : 배관의 직각 굴곡 부분에 사용되며, 특히 금속 전선관의 콘크리트 매입 배관에 사용된다.
③ 커플링(coupling) : 전선관 상호 접속에 사용된다.
④ 로크너트(lock nut) : 금속 전선관을 박스에 고정시킬 때 사용된다.

54 **가요 전선관과 금속관의 접속에 사용하는 것은?**

① 앵글 박스 커넥터
② 플렉시블 커플링
③ 콤비네이션 커플링
④ 스플릿 커플링

해설 • 가요 전선관의 상호 접속 : 스플릿 커플링
• 금속 전선관의 접속 : 콤비네이션 커플링

55 **다음 중 셀룰러 덕트의 판 두께(mm)로 올바른 것은? (단, 덕트의 최대 폭이 150mm 이하인 경우이다.)**

① 1.0mm ② 1.2mm
③ 2.5mm ④ 3mm

해설 셀룰러 덕트 및 부속품의 선정(KEC 232.33.2)
• 덕트의 최대 폭이 150mm 이하 : 1.2
• 덕트의 최대 폭이 150mm 초과 200mm 이하 : 1.4
• 덕트의 최대 폭이 200mm 초과 : 1.6

56 **다음 중 래크를 사용하는 장소는?**

① 저압 가공 전선로 ② 저압 지중 전선로
③ 고압 가공 전선로 ④ 고압 지중 전선로

해설 저압 가공 전선로에 있어서 완금이나 완목 대신에 래크(rack)를 사용하여 전선을 수직 배선한다.

정답 54 ③ 55 ② 56 ①

57 저압 가공 전선과 고압 가공 전선을 동일 지지물에 시설하는 경우 상호 이격 거리는 몇 m 이상이어야 하는가?

① 0.2m ② 0.3m ③ 0.4m ④ 0.5m

해설 고압 가공 전선 등의 병행 설치(KEC 332.8) : 저압 가공 전선과 고압 가공 전선 사이의 이격 거리는 0.5m 이상일 것

58 가스 절연 개폐기나 가스 차단기에 사용되는 가스인 SF_6의 성질이 아닌 것은?

① 같은 압력에서 공기의 2.5~3.5배의 절연 내력이 있다.
② 무색, 무취, 무해 가스이다.
③ 가스 압력 3~4kgf/cm^{2}에서의 절연 내력은 절연유 이상이다.
④ 소호 능력은 공기보다 2.5배 정도 낮다.

해설 SF_6의 성질 : 소호 능력은 공기보다 100배 정도로 높다.

59 두 개 이상의 회로에서 선행 동작 우선 회로 또는 상대 동작 금지 회로인 동력 배선의 제어 회로는?

① 자기 유지 회로 ② 인터로크 회로
③ 동작 지연 회로 ④ 타이머 회로

해설 인터로크(interlock) 회로 : 우선도 높은 측의 회로를 ON 조작하면 다른 회로가 열려서 작동하지 않도록 하는 회로

60 다음 심벌이 나타내는 것은?

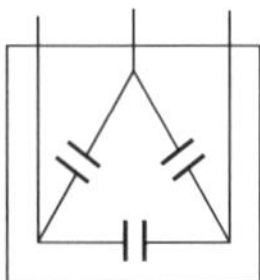

① 저항 ② 진상용 콘덴서 ③ 유압 개폐기 ④ 변압기

해설 진상용 콘덴서의 복선도

정답 57 ④ 58 ④ 59 ② 60 ②

14회 CBT 실전문제

제1과목 전기 이론 - 20문항

01 쿨롱의 법칙에서 2개의 점전하 사이에 작용하는 정전력의 크기는?

① 두 전하의 곱에 비례하고 거리에 반비례한다.
② 두 전하의 곱에 반비례하고 거리에 비례한다.
③ 두 전하의 곱에 비례하고 거리의 제곱에 비례한다.
④ 두 전하의 곱에 비례하고 거리의 제곱에 반비례한다.

해설 쿨롱의 법칙(Coulomb's law)

$$F = 9 \times 10^9 \times \frac{Q_1 \cdot Q_2}{r^2} \text{ [N]}$$

02 콘덴서 4F, 6F를 직렬로 접속하고 양단에 100V의 전압을 가할 때 4F에 걸리는 전압은?

① 100V ② 80V ③ 60V ④ 40V

해설 $V_1 = \frac{C_2}{C_1 + C_2} V = \frac{6}{4+6} \times 100 = 60\,\text{V}$

03 전기력선 밀도를 이용하여 주로 대칭 정전계의 세기를 구하기 위하여 이용되는 법칙은?

① 패러데이의 법칙 ② 가우스의 법칙
③ 쿨롱의 법칙 ④ 톰슨의 법칙

해설 가우스의 법칙(Gauss's law) : 전기력선에 수직한 단면적 1m^2 당 전기력선의 수, 즉 밀도가 그곳의 전장의 세기와 같다.

정답 01 ④ 02 ③ 03 ②

04 자기 회로의 누설 계수를 나타낸 식은?

① $\frac{\text{누설 자속}+\text{유효 자속}}{\text{전자속}}$　② $\frac{\text{누설 자속}}{\text{전자속}}$

③ $\frac{\text{누설 자속}}{\text{유효 자속}}$　④ $\frac{\text{누설 자속}+\text{유효 자속}}{\text{유효 자속}}$

해설 자기 누설 계수$=\frac{\text{누설 자속}+\text{유효 자속}}{\text{유효 자속}}$

- 유효 자속 : 자기 회로 내를 통과하는 자속
- 누설 자속 : 자로 이외의 부분을 통과하는 자속

05 환상 솔레노이드 외부 자기장의 세기 H는 얼마인가?

① $H=\frac{NI}{2\pi r}$[AT/m]　② $H=\frac{NI}{2r}$[AT/m]

③ $H=\frac{I}{2\pi r}$[AT/m]　④ 0

해설 환상 솔레노이드(solenoid)

- 내부 자계의 세기 : $H=\frac{NI}{2\pi r}$[AT/m]
- 외부 자계의 세기는 0이다.

06 전류에 의한 자기장과 직접적으로 관련이 없는 것은?

① 줄의 법칙　② 플레밍의 왼손 법칙

③ 비오-사바르의 법칙　④ 앙페르의 오른나사 법칙

해설 ① 줄의 법칙 : 전류의 발열 작용

② 플레밍의 왼손 법칙 : 자기장 내의 도선에 전류가 흐를 때 도선이 받는 힘의 방향을 나타낸다.

③ 비오-사바르의 법칙 : 도체의 미소 부분 전류에 의해 발생되는 자기장의 크기를 알아내는 법칙이다.

④ 앙페르의 오른나사 법칙 : 전류의 방향에 따라 자기장의 방향을 정의하는 법칙이다.

정답 04 ④　05 ④　06 ①

07 코일의 자기 인덕턴스는 어느 것에 따라 변하는가?

① 투자율 ② 유전율
③ 도전율 ④ 저항률

해설 자기 인덕턴스 $L = \frac{N}{I} \cdot \phi = \frac{N}{I} \cdot BA = \frac{N}{I} \mu HA = \frac{NHA}{I} \cdot \mu[\text{H}]$

∴ 자기 인덕턴스 L은 투자율 μ에 비례한다.

08 다음 그림에서 2Ω의 저항에 흐르는 전류는 몇 A인가?

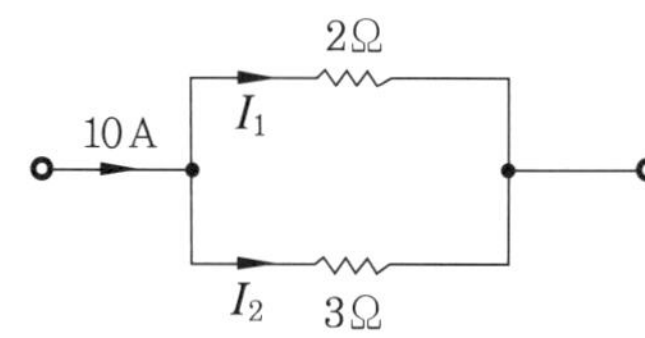

① 6A ② 4A
③ 5A ④ 3A

해설 $I_1 = \frac{R_2}{R_1 + R_2} \cdot I = \frac{3}{2+3} \times 10 = 6\text{A}$

참고 $I_2 = \frac{R_1}{R_1 + R_2} \cdot I = \frac{2}{2+3} \times 10 = 4\text{A}$

09 다음 그림의 저항기는?

① 금속 피막 저항기 ② 탄소 피막 저항기
③ 가변 저항기 ④ 어레이 저항기

해설 어레이(array) 저항기는 동일한 규격의 저항을 여러 개 집약한 것이다.

정답 07 ① 08 ① 09 ④

10 다음 그림의 회로에서 I [A]는 어느 것인가?

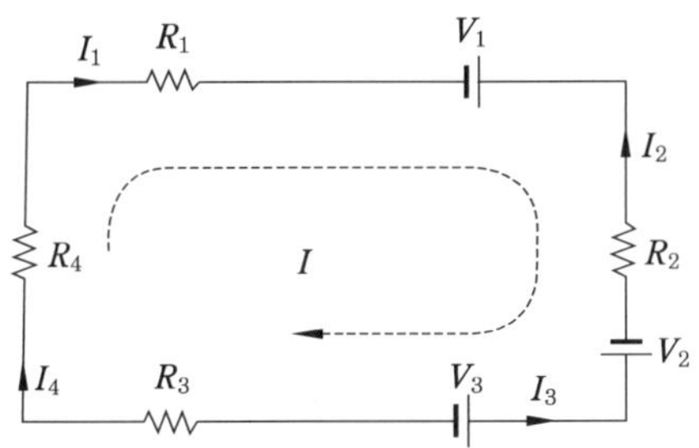

① $I = \dfrac{V_1 + V_2 - V_3}{R_1 + R_2 + R_3 + R_4}$ ② $I = \dfrac{V_1 - V_2 - V_3}{R_1 - R_2 - R_3 - R_4}$

③ $I = \dfrac{V_1 - V_2 + V_3}{R_1 + R_2 + R_3 - R_4}$ ④ $I = \dfrac{V_1 + V_2 - V_3}{R_1 - R_2 + R_3 + R_4}$

해설 키르히호프의 법칙 (Kirchhoff's law) : 전류의 방향에 따라 제2법칙을 적용하면,

$V_1 + V_2 - V_3 = I(R_1 + R_2 + R_3 + R_4)$

$\therefore \; I = \dfrac{V_1 + V_2 - V_3}{R_1 + R_2 + R_3 + R_4}$ [A]

11 어떤 정현파 전압의 평균값이 200V이면 실횻값은 약 몇 V인가?

① 180 ② 222 ③ 282 ④ 380

해설 $V = 1.11 \times V_a = 1.11 \times 200 = 222$ V

12 어떤 회로에 $v = 200\sin\omega t$의 전압을 가했더니 $i = 50\sin\left(\omega t + \dfrac{\pi}{2}\right)$의 전류가 흘렀다. 이 회로는?

① 저항 회로 ② 유도성 회로 ③ 용량성 회로 ④ 임피던스 회로

해설 전류가 $\dfrac{\pi}{2}$[rad]만큼 앞선다. ∴ 용량성 회로이다.

참고 전류가 $\dfrac{\pi}{2}$[rad]만큼 뒤지면 유도성 회로이다.

정답 10 ① 11 ② 12 ③

13 $R = 4\,\Omega$, $X_L = 8\,\Omega$, $X_C = 5\,\Omega$이 직렬로 연결된 회로에 100V의 교류를 가했을 때 흐르는 ㉠ 전류와 ㉡ 임피던스는?

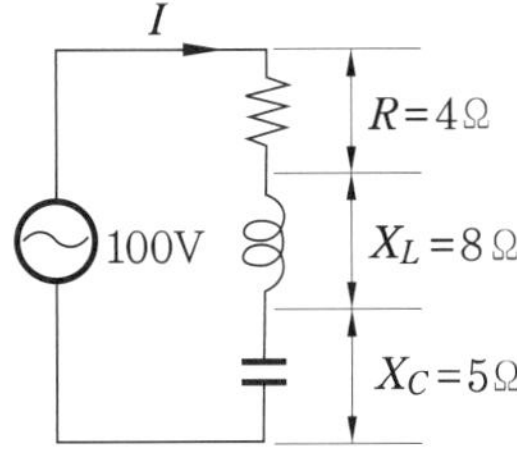

① ㉠ 5.9A, ㉡ 용량성
② ㉠ 5.9A, ㉡ 유도성
③ ㉠ 20A, ㉡ 용량성
④ ㉠ 20A, ㉡ 유도성

해설
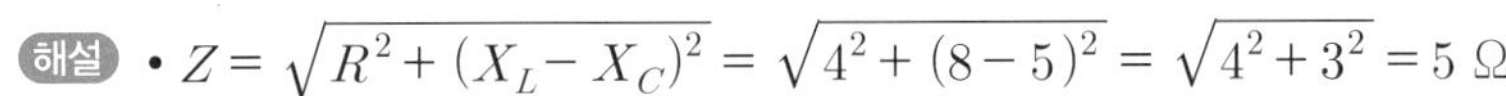
• $Z = \sqrt{R^2 + (X_L - X_C)^2} = \sqrt{4^2 + (8-5)^2} = \sqrt{4^2 + 3^2} = 5\ \Omega$

• $I = \dfrac{V}{Z} = \dfrac{100}{5} = 20\ \text{A}$

• $X_L > X_C$ 이므로 임피던스는 유도성이다.

14 선간 전압이 380V인 전원에 $Z = 8 + j6[\Omega]$의 부하를 Y결선으로 접속했을 때 선전류는 약 몇 A인가?

① 12
② 22
③ 28
④ 38

해설 $|Z| = \sqrt{R^2 + X^2} = \sqrt{8^2 + 6^2} = 10\,\Omega$

$\therefore\ I_p = \dfrac{V_p}{Z} = \dfrac{380/\sqrt{3}}{10} = \dfrac{219.4}{10} \fallingdotseq 22\text{A}$

15 교류 기기나 교류 전원의 용량을 나타낼 때 사용되는 것과 그 단위가 바르게 나열된 것은?

① 유효 전력 – VAh
② 무효 전력 – W
③ 피상 전력 – VA
④ 최대 전력 – Wh

해설 ① 유효 전력 P[W], ② 무효 전력 P_r[Var], ③ 피상 전력P_a[VA]

정답 13 ④ 14 ② 15 ③

16 평형 3상 회로에서 1상의 소비 전력이 P[W]라면, 3상 회로 전체 소비 전력(W)은?

① $2P$ ② $\sqrt{2}P$ ③ $3P$ ④ $\sqrt{3}P$

해설 각 상에서 소비되는 전력은 평형 회로이므로 $P_a = P_b = P_c$

∴ 3상의 전체 소비 전력 $P_0 = P_a + P_b + P_c = 3P\,[\mathrm{W}]$

17 다음 중 파형률을 나타낸 것은?

① $\dfrac{실횻값}{최댓값}$ ② $\dfrac{최댓값}{실횻값}$ ③ $\dfrac{실횻값}{평균값}$ ④ $\dfrac{평균값}{실횻값}$

해설 • 파형률 $= \dfrac{실횻값}{평균값}$ • 파고율 $= \dfrac{최댓값}{실횻값}$

18 200V, 500W의 전열기를 220V 전원에 사용하였다면 이때의 전력은?

① 400W ② 500W ③ 550W ④ 605W

해설 $P = \dfrac{V^2}{R}$[W]에서, 저항이 일정하므로 소비 전력은 전압의 제곱에 비례한다.

$P' = k\left(\dfrac{220}{200}\right)^2 \times 500 = 605\,\mathrm{W}$

참고 $R = \dfrac{{V_1}^2}{P} = \dfrac{200^2}{500} = 80\,\Omega$

∴ $P' = \dfrac{{V_2}^2}{R} = \dfrac{220^2}{80} = 605\mathrm{W}$

19 전해액에 전류가 흘러 화학 변화를 일으키는 현상을 무엇이라 하는가?

① 전리 ② 전기 분해
③ 화학 분해 ④ 전기 변화

해설 전기 분해 : 전해질의 수용액에 전류를 통하여 액 중의 양, 음 이온이 각각 음극·양극에 모여, 화학적인 전기 생성물이 형성되는 현상

정답 16 ③ 17 ③ 18 ④ 19 ②

20 기전력이 1.2V, 용량 20Ah 전지를 직렬로 5개 연결했을 때 기전력이 6V라면, 이때 전지의 용량은 몇 Ah인가?

① 20 ② 30 ③ 50 ④ 100

해설 n개의 직렬연결 : 합성 용량은 1개의 용량과 같다. ∴ 20Ah

참고 n개의 병렬연결 : 합성 용량은 1개 용량의 n배가 된다. ∴ 100Ah

제2과목 전기 기기 - 20문항

21 직류 분권 발전기가 있다. 전기자 총 도체 수 220, 극수 6, 회전수 1500rpm일 때의 유기 기전력이 165V이면, 매 극의 자속 수는 몇 Wb인가? (단, 전기자 권선은 파권이다.)

① 0.01 ② 0.02 ③ 10 ④ 20

해설 $E = p\phi \dfrac{N}{60} \cdot \dfrac{Z}{a}$ [V]에서

$$\phi = 60 \times \frac{aE}{pNZ} = 60 \times \frac{2 \times 165}{6 \times 1500 \times 220} = 0.01\text{Wb}$$

22 다음은 여러 직류 전동기의 속도 특성 곡선을 나타낸 것이다. ⓐ부터 ⓓ까지 차례로 맞는 것은?

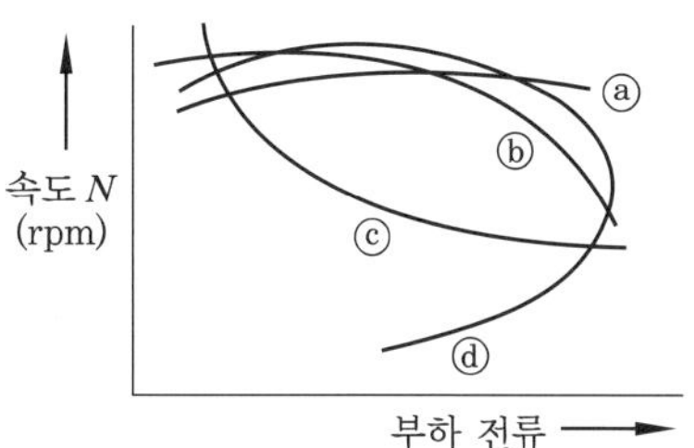

① 차동 복권, 분권, 가동 복권, 직권 ② 분권, 직권 가동 복권, 차동 복권
③ 가동 복권, 차동 복권, 직권, 분권 ④ 직권, 가동 복권, 분권, 차동 복권

해설 직류 전동기의 속도 특성 곡선

ⓐ : 차동 복권, ⓑ : 분권, ⓒ : 가동 복권, ⓓ : 직권

14회

정답 20 ① 21 ① 22 ①

23 전기 용접기용 발전기로 가장 적합한 것은?

① 분권형 발전기 ② 차동 복권형 발전기
③ 가동 복권형 발전기 ④ 타여자식 발전기

해설 차동 복권 발전기 : 수하 특성을 가지므로, 용접기용 전원으로 사용된다.

참고 수하 특성이란 외부 특성 곡선에서와 같이 단자 전압이 부하 전류가 늘어남에 따라 심하게 떨어지는 현상을 말하며, 아크 용접기는 이러한 특성을 가진 전원을 필요로 한다.

24 직류 전동기의 속도 제어에서 자속을 2배로 하면 회전수는?

① $\frac{1}{2}$로 줄어든다. ② 변함이 없다.
③ 2배로 증가한다. ④ 4배로 증가한다.

해설 직류 전동기의 속도 : $N = k\frac{E}{\phi}[\text{rpm}]$

∴ 속도 N은 자속 ϕ에 반비례하므로 자속을 2배로 하면 회전수는 $\frac{1}{2}$로 줄어든다.

25 3상 동기 발전기에 무부하 전압보다 90° 뒤진 전기자 전류가 흐를 때 전기자 반작용은?

① 감자 작용을 한다. ② 증자 작용을 한다.
③ 교차 자화 작용을 한다. ④ 자기 여자 작용을 한다.

해설
- 90° 뒤진 전류 : 감자 작용으로 기전력을 감소시킨다.
- 90° 앞선 전류 : 증자 작용으로 기전력을 증가시킨다.

26 다음 중 공극이 큰 동기기를 잘못 설명한 것은?

① 동기 임피던스가 작다. ② 전기자 반작용이 크다.
③ 무겁고 비싸다. ④ 전압 변동률이 작다.

정답 23 ② 24 ① 25 ① 26 ②

해설 공극이 큰 동기기
- 전기자 반작용이 작고, 동기 임피던스가 작아서 단락비가 크다.
- 기계의 중량과 부피가 크며, 고정손이 커서 효율이 나쁘다.
- 전압 변동률이 작고, 안정도가 높다.

27 동기 발전기의 병렬 운전에서 기전력의 크기가 다를 경우 나타나는 현상은?
① 주파수가 변한다. ② 동기화 전류가 흐른다.
③ 난조 현상이 발생한다. ④ 무효 순환 전류가 흐른다.

해설 병렬 운전 조건

병렬 운전의 필요조건	운전 조건이 같지 않을 경우의 현상
• 기전력의 크기가 같을 것	무효 순환 전류가 흐른다. (권선에 열 발생)
• 기전력의 위상이 같을 것	동기화 전류(유효 횡류)가 흐른다.
• 기전력의 주파수가 같을 것	단자 전압이 진동하고, 출력이 주기적으로 요동하며, 권선이 가열한다. (난조의 원인)
• 기전력의 파형이 같을 것	고조파 무효 순환 전류가 흘러 과열 원인

참고 이 전류는 역률이 거의 0인 무효 전류이므로 출력에는 관계가 없고, 다만 두 발전기 사이를 순환하여 전기자 권선에 저항손을 발생시키는 무효 순환 전류이다.

28 동기 전동기의 특징과 용도에 대한 설명으로 잘못된 것은?
① 진상, 지상의 역률 조정이 된다. ② 속도 제어가 원활하다.
③ 시멘트 공장의 분쇄기 등에 사용된다. ④ 난조가 발생하기 쉽다.

해설 동기 속도로만 회전하므로 속도 제어가 원활하지 못하다.

29 권수비가 100인 변압기에 있어서 2차 측의 전류가 1000A일 때, 이것을 1차 측으로 환산하면 얼마인가?
① 16 A ② 10 A ③ 9 A ④ 6 A

해설 $I_1' = \frac{1}{a} \cdot I_2 = \frac{1}{100} \times 1000 = 10\text{A}$

정답 27 ④ 28 ② 29 ②

14 회

30 일정 전압 및 일정 파형에서 주파수가 상승하면 변압기 철손은 어떻게 변하는가?

① 증가한다. ② 감소한다.
③ 불변이다. ④ 어떤 기간 동안 증가한다.

해설 $E = 4.44 f N\phi_m$ [V]에서,
전압이 일정하고 주파수 f 만 높아지면 자속 ϕ_m 이 감소, 즉 여자 전류가 감소하므로 철손이 감소하게 된다.

31 변압기 2차 정격 전압 100V, 무부하 전압 104V이면 전압 변동률(%)은?

① 1 ② 2 ③ 4 ④ 6

해설 $\varepsilon = \dfrac{V_{20} - V_{2n}}{V_{2n}} \times 100 = \dfrac{104 - 100}{100} \times 100 = \dfrac{4}{100} \times 100 = 4\%$

32 일반적으로 주상 변압기의 냉각 방식은?

① 유입 송유식 ② 유입 수랭식 ③ 유입 풍랭식 ④ 유입 자랭식

해설 유입 자랭식(ONAN) : 설비가 간단하고 다루기나 보수가 쉽다. 일반적으로 주상 변압기는 유입 자랭식 냉각 방식이다.

33 다음 중 승강기용으로 보통 사용되는 전동기의 종류는?

① 동기 전동기 ② 셀신 전동기 ③ 단상 유도 전동기 ④ 3상 유도 전동기

해설 보통 권선형 3상 유도 전동기가 쓰이며, 직류기로는 분권기, 복권기가 쓰인다.

34 다음 중 슬립이 0.05이고 전원 주파수가 60Hz인 유도 전동기의 회전자 회로의 주파수 Hz는?

① 1 ② 2 ③ 3 ④ 4

해설 $f' = s \cdot f = 0.05 \times 60 = 3\text{Hz}$

정답 **30** ② **31** ③ **32** ④ **33** ④ **34** ③

35 **유도 전동기의 전압이 일정하고, 주파수가 조금 감소할 때 잘못된 것은?**

① 동기 속도 감소 ② 철손 증가
③ 누설 리액턴스 증가 ④ 역률 저하

해설 $\omega L = 2\pi f L[\Omega]$에서, 주파수가 감소하면 누설 리액턴스도 감소한다.

참고 • 히스테리시스 손실은 주파수에 반비례하므로 철손 증가
• 동기 속도는 주파수에 비례하므로 감소

36 **20kW의 농형 유도 전동기의 기동에 가장 적당한 방법은?**

① Y−Δ 기동법 ② 기동 보상 기법 ③ 리액터 기동법 ④ 전전압 기동법

해설 기동 보상 기법[단권 변압기 기동(starting compensator)] : 약 15 ~20kW 정도 이상 되는 농형 전동기를 사용하는 경우에 적용된다.

14 회

37 **전동기가 회전하고 있을 때 회전 방향과 반대 방향으로 토크를 발생시켜 갑자기 정지시키는 제동법은?**

① 역상 제동 ② 회생 제동 ③ 발전 제동 ④ 단상 제동

해설 역상 제동(plugging)
• 전동기를 매우 빨리 정지시킬 때 쓴다.
• 전동기가 회전하고 있을 때 전원에 접속된 3선 중에서 2선을 빨리 바꾸어 접속하면, 회전 자장의 방향이 반대로 되어 회전자에 작용하는 토크의 방향이 반대가 되므로 전동기는 빨리 정지한다.

38 **믹서기, 전기 대패기, 전기 드릴, 재봉틀, 전기 청소기 등에 많이 사용되는 전동기는?**

① 단상 분상형 ② 만능 전동기 ③ 반발 전동기 ④ 동기 전동기

해설 만능 전동기(univer- sal motor)
• 직류 직권 전동기 구조에서 교류를 가한 전동기를 말하며, 단상 직권 정류자 전동기이다.
• 소형은 믹서기, 전기 대패기, 전기 드릴, 재봉틀, 전기 청소기 등에 많이 사용된다.

정답 35 ③ 36 ② 37 ① 38 ②

39 보호를 요하는 회로의 전류가 어떤 일정한 값(정정값) 이상으로 흘렀을 때 동작하는 계전기는?

① 과전류 계전기 ② 과전압 계전기
③ 차동 계전기 ④ 비율 차동 계전기

해설 과전류 계전기(over-current relay)

- 일정값 이상의 전류가 흘렀을 때 동작하는데, 일명 과부하 계전기라고도 한다.
- 각종 기기(발전기, 변압기)와 배전 선로, 배전반 등에 널리 사용되고 있다.

40 다음 정류 방식 중에서 맥동 주파수가 가장 많고, 맥동률이 가장 작은 방식은?

① 단상 반파 ② 단상 전파 ③ 3상 반파 ④ 3상 전파

해설 정류 방식에 따른 특성 비교

정류 방식	단상 반파	단상 전파	3상 반파	3상 전파
출력 전압의 평균값	$0.45V_1$	$0.9V_1$	$1.71V_P$	$1.35V_1$
맥동률(%)	121	48	17	4
정류 효율	40.6	81.2	96.5	99.8
맥동 주파수	f	$2f$	$3f$	$6f$

참고 맥동률(ripple factor) : 정류된 직류 속에 포함되어 있는 교류 성분의 정도를 말한다.

제3과목 전기 설비 - 20문항

41 전선 약호가 VV인 케이블의 종류로 옳은 것은?

① 0.6/1kV 비닐 절연 비닐 시스 케이블
② 0.6/1kV EP 고무 절연 클로로프렌시스 케이블
③ 0.6/1kV EP 고무 절연 비닐 시스 케이블
④ 0.6/1kV 비닐 절연 비닐 캡타이어 케이블

해설 ① : VV, ② : PN, ③ : PV, ④ : VCT

참고 VV 케이블(PVC insulated PVC sheathed power cable)

정답 39 ① 40 ④ 41 ①

42 **기구 단자에 전선 접속 시 진동 등으로 헐거워지는 염려가 있는 곳에 사용되는 것은?**

① 스프링 와셔 ② 2중 볼트 ③ 삼각 볼트 ④ 접속기

해설 전선과 기구 단자와의 접속에서 2중 너트, 스프링 와셔 및 나사 풀림 방지 기구가 있는 것을 사용한다.

43 **최대 사용 전압이 70kV인 중성점 직접 접지식 전로의 절연 내력 시험 전압은 몇 V인가?**

① 35,000 ② 42,000 ③ 44,800 ④ 50,400

해설 시험 전압=70000×0.72=50400V

참고 전로의 절연 내력 시험 전압(KEC 표 132-1 참조)

전로의 종류	시험 전압
• 최대 사용 전압이 7kV 이하인 전로	최대 사용 전압의 1.5배의 전압
• 최대 사용 전압이 7kV 초과 25kV 이하인 중성점 직접 접지식 전로(중성점 다중 접지식에 한함)	최대 사용 전압의 0.92배의 전압
• 최대 사용 전압이 60kV 초과하고, 중성점 직접 접지식 전로	최대 사용 전압의 0.72배의 전압

44 **주 접지 단자에 접속하기 위한 등전위 본딩 도체의 단면적은 구리 도체 (ⓐ)mm^2 이상, 알루미늄 도체 (ⓑ)mm^2 이상, 강철 도체 50mm^2 이상이어야 한다. ( )에 알맞은 값은?**

① ⓐ 6, ⓑ 16 ② ⓐ 10, ⓑ 18
③ ⓐ 14, ⓑ 20 ④ ⓐ 18, ⓑ 24

해설 등전위 본딩 도체(KEC 143.3.1) : 구리 도체는 6mm^2 이상, 알루미늄 도체는 16mm^2 이상, 강철 도체는 50mm^2 이상이어야 한다.

참고 등전위 본딩(equipotential bonding) : 등전위를 형성하기 위해 도전성 부분 상호 간을 전기적으로 연결하는 것

정답 42 ① 43 ④ 44 ①

45 옥내 배선 공사 중 금속관 공사에 사용되는 공구의 설명 중 잘못된 것은?

① 전선관의 굽힘 작업에 사용하는 공구는 토치램프나 스프링 벤더를 사용한다.
② 전선관의 나사를 내는 작업에 오스터를 사용한다.
③ 전선관을 절단하는 공구에는 쇠톱 또는 파이프 커터를 사용한다.
④ 아웃렛 박스의 천공 작업에 사용되는 공구는 녹아웃 펀치를 사용한다.

해설 금속 전선관의 굽힘 작업에 사용하는 공구는 벤더 (bender) 또는 히키 (hickey)이다.

참고 토치램프, 스프링 벤더(spring bender)는 합성수지관, PE관 굽힘 작업용이다.

46 금속관을 가공할 때 절단된 내부를 매끈하게 하려고 사용하는 공구의 명칭은?

① 리머 ② 프레셔 툴 ③ 오스터 ④ 녹아웃 펀치

해설 리머(reamer) : 금속관을 쇠톱이나 커터로 끊은 다음, 관 안의 날카로운 것을 다듬는 것이다.

47 일반적으로 특고압 전로에 시설하는 피뢰기의 접지 저항 값은 몇 Ω 이하로 하여야 하는가?

① 10 ② 25 ③ 50 ④ 100

해설 피뢰기의 접지(KEC 341.14) : 고압 및 특고압의 전로에 시설하는 피뢰기 접지 저항 값은 10Ω 이하로 하여야 한다.

48 다음 중 과전류 차단기를 설치하는 곳은?

① 간선의 전원 측 전선
② 접지 공사의 접지선
③ 접지 공사를 한 저압 가공 전선의 접지 측 전선
④ 다선식 전로의 중성선

해설 과전류 차단기의 시설 제한

- 접지 공사의 접지선
- 다선식 전로의 중성선 및 접지 공사를 한 저압 가공 전선로의 접지 측 전선

정답 45 ① 46 ① 47 ① 48 ①

49 **욕기 내의 전극간의 거리는 몇 m 이상이어야 하는가?**

① 0.25 ② 0.50 ③ 0.75 ④ 1.0

해설 욕기 내의 시설(KEC 241.2)

- 욕기 내의 전극간의 거리는 1m 이상일 것
- 욕기 내의 전극은 사람이 쉽게 접촉될 우려가 없도록 시설할 것

50 **흥행장의 저압 공사에서 잘못된 것은?**

① 무대, 무대 밑, 오케스트라 박스 및 영사실의 전로에는 전용 개폐기 및 과전류 차단기를 시설할 필요가 없다.

② 무대용의 콘센트, 박스, 플라이 덕트 및 보더라이트의 금속제 외함에는 접지를 하여야 한다.

③ 플라이 덕트는 조영재 등에 견고하게 시설하여야 한다.

④ 사용 전압 400 V 이하의 이동 전선은 0.6/1 kV EP 고무 절연 클로로프렌 캡타이어 케이블을 사용한다.

해설 무대, 무대 밑, 오케스트라 박스 및 영사실에서 사용하는 전등 등의 부하에 공급하는 전로에는 이들의 전로에 전용 개폐기 및 과전류 차단기를 설치하여야 한다.

14 회

51 **금속관을 구부릴 때 금속관의 단면이 심하게 변형되지 아니하도록 구부려야 하며, 그 안쪽의 반지름은 관 안지름의 몇 배 이상이 되어야 하는가?**

① 6 ② 8 ③ 10 ④ 12

해설 금속관을 구부릴 때 : 그 안쪽의 반지름은 관 안지름의 6배 이상이 되어야 한다.

52 **평형 비닐 외장 케이블 서로 간을 노출한 곳에서 접속할 때는 어떤 방법이 좋은가?**

① 슬리브 ② 조인트 박스 ③ 와이어 커넥터 ④ 박스용 커넥터

해설 케이블 상호의 접속은 캐비닛, 아웃렛 박스 또는 접속함 조인트 박스 등의 내부에서 하거나 적당한 접속함을 사용하여 접속 부분이 노출되지 않도록 할 것

정답 49 ④ 50 ① 51 ① 52 ②

53 합성수지관 상호 및 관과 박스는 접속 시에 삽입하는 깊이를 관 바깥지름의 몇 배 이상으로 하여야 하는가? (단, 접착제를 사용하는 경우이다.)

① 0.6배 ② 0.8배 ③ 1.2배 ④ 1.6배

해설 관과 관의 접속 방법(KEC 232.11.3)

- 커플링에 들어가는 관의 길이는 관 바깥지름의 1.2배 이상으로 되어 있다.
- 접착제를 사용하는 경우에는 0.8배 이상으로 할 수 있다.

54 애자 사용 공사에서 전선의 지지점간의 거리는 전선을 조영재의 윗면 또는 옆면에 따라 붙이는 경우에는 몇 m 이하인가?

① 1 ② 1.5 ③ 2 ④ 3

해설 애자 사용 공사의 시설 조건(KEC 232.56.1) : 조영재의 윗면 또는 옆면에 따라 붙일 경우에는 2 m 이하일 것

55 합성수지 몰드 배선 공사 시 사람의 접촉이 없도록 시설하는 경우가 아닌 일반 규격은?

① 홈의 폭 3.5cm 이하, 두께 2mm 이상 ② 홈의 폭 3.5cm 이하, 두께 1mm 이상
③ 홈의 폭 5cm 이하, 두께 2mm 이상 ④ 홈의 폭 5cm 이하, 두께 1mm 이상

해설 합성수지 몰드 배선 공사(KEC 232.21)

- 합성수지 몰드는 홈의 폭 및 깊이가 35mm 이하, 두께는 2mm 이상의 것일 것
- 사람이 쉽게 접촉할 우려가 없도록 시설하는 경우에는 폭이 50mm 이하, 두께 1mm 이상의 것을 사용할 수 있다.

56 전주의 버팀 강도를 보강하기 위해 3가닥 이상의 소선을 꼬아 만든 아연 도금된 철선을 무엇이라고 하는가?

① 완금 ② 지선 ③ 근가 ④ 애자

해설 지선의 시설(KEC 331.11) : 지선에 연선을 사용할 경우

- 소선 3가닥 이상의 연선일 것
- 소선의 지름이 2.6mm 이상의 금속선을 사용한 것일 것

정답 53 ② 54 ③ 55 ① 56 ②

57 다음 ( ) 안에 들어갈 알맞은 말은?

(㉠)는 고압 회로의 전압을 이에 비례하는 낮은 전압으로 변성해 주는 기기로서, 회로에 (㉡)접속하여 사용된다.

① ㉠ CT, ㉡ 직렬
② ㉠ PT, ㉡ 직렬
③ ㉠ CT, ㉡ 병렬
④ ㉠ PT, ㉡ 병렬

해설 PT는 고압 회로의 전압을 이에 비례하는 낮은 전압으로 변성해 주는 기기로서, 회로에 병렬접속하여 사용된다.

58 접지 측 전선을 접속하여 사용하여야 하는 것은?

① 캐치 홀더
② 점멸 스위치
③ 단극 스위치
④ 리셉터클 베이스 단자

해설 소켓, 리셉터클 등에 전선을 접속할 때

• 전압 측 전선을 중심 접촉면에, 접지 측 전선을 속 베이스에 연결하여야 한다.
• 이유 : 충전된 속 베이스를 만져서 감전될 우려가 있는 것을 방지하기 위해서이다.

59 배선 설계를 위한 전등 및 소형 전기 기계 기구의 부하 용량 산정 시 건축물의 종류에 대응한 표준 부하에서 원칙적으로 표준 부하를 20VA/m^2으로 적용하여야 하는 건축물은?

① 교회, 극장
② 호텔, 병원
③ 은행, 상점
④ 아파트, 미용원

해설 건물의 종류별 표준 부하

건축물의 종류	표준 부하(VA/m^2)
공장, 공회당, 사원, 교회, 영화관, 연회장	10
기숙사, 호텔, 병원, 학교, 음식점, 대중목욕탕	20
사무실, 은행, 상점, 미용원	30
주택, 아파트	40

14 회

정답 57 ④ 58 ④ 59 ②

60 우리나라 특고압 배전 방식으로 가장 많이 사용되고 있으며, 220/380V의 전원을 얻을 수 있는 배전 방식은?

① 단상 2선식 ② 3상 3선식
③ 3상 4선식 ④ 2상 4선식

해설 저압 간선 : 3상 4선식 220/380V (Y－Y)

참고 3상 4선식은 Y결선에서 중성선을 가지므로 4선식이 된다.

정답 60 ③

15회 CBT 실전문제

제1과목 전기 이론 - 20문항

01 다음 그림과 같이 박 검전기의 원판 위에 양(+)의 대전체를 가까이 했을 경우에 박 검전기는 양으로 대전되어 벌어진다. 이와 같은 현상을 무엇이라고 하는가?

① 정전 유도　　② 정전 차폐
③ 자기 유도　　④ 대전

해설 정전 유도 현상 : 양(+) 대전체를 박 검전기 근처에 가까이 했을 경우에 대전체 가까운 쪽에는 다른 종류의 전하가, 먼 쪽에는 같은 종류의 전하가 나타나는 현상으로 끝부분이 벌어진다.

02 전장을 E, 유전율을 ε, 전속 밀도를 D라 할 때 이들의 관계식은?

① $\dfrac{E\varepsilon}{D}$　　② $D=\varepsilon E$　　③ $D=\varepsilon E^2$　　④ $D=\dfrac{E^2}{\varepsilon}$

해설 전기장의 세기 E와 전속 밀도 D와의 관계

$$D=\frac{Q}{4\pi r^2}=\frac{\varepsilon}{\varepsilon}\cdot\frac{Q}{4\pi r^2}=\varepsilon\cdot\frac{1}{4\pi\varepsilon}\cdot\frac{Q}{r^2}=\varepsilon E\,[\mathrm{C/m^2}]$$

여기서, $4\pi r^2$ (반지름 r인 구의 표면적)

정답 01 ① 02 ②

03 재질과 두께가 같은 1, 2, 3μF 콘덴서 3개를 직렬접속하고, 전압을 가하여 증가시킬 때 먼저 절연이 파괴되는 콘덴서는?

① 1μF ② 2μF ③ 3μF ④ 동시

해설 콘덴서의 직렬접속 시 각 콘덴서 양단에 걸리는 전압은 정전 용량에 반비례하므로, 가장 용량이 작은 1μF 콘덴서가 가장 먼저 절연 파괴된다.

04 공기 중 자장의 세기가 20AT/m인 곳에 8×10^{-3}Wb의 자극을 놓으면 작용하는 힘(N)은?

① 0.16 ② 0.32 ③ 0.43 ④ 0.56

해설 $F = mH = 8 \times 10^{-3} \times 20 = 0.16\text{N}$

05 자장 내에 있는 도체에 전류를 흘리면 힘(전자력)이 작용하는데, 이 힘의 방향은 어떤 법칙으로 정하는가?

① 플레밍의 오른손 법칙
② 플레밍의 왼손 법칙
③ 렌츠의 법칙
④ 앙페르의 오른나사 법칙

해설 플레밍의 왼손 법칙
- 자기장 내의 도선에 전류가 흐를 때 도선이 받는 힘의 방향을 나타낸다.
- 전동기의 회전 방향을 결정한다(엄지손가락 : 전자력(힘)의 방향, 집게손가락 : 자장의 방향, 가운뎃손가락 : 전류의 방향).

06 1회 감은 코일에 지나가는 자속이 1/100s 동안에 0.3Wb에서 0.5Wb로 증가하였다. 이 유도 기전력(V)은 얼마인가?

① 5 ② 10 ③ 20 ④ 40

해설 $v = N \cdot \dfrac{d\phi}{dt} = 1 \times \dfrac{0.5 - 0.3}{1 \times 10^{-2}} = 20\text{V}$

정답 03 ① 04 ① 05 ② 06 ③

07 자기 인덕턴스 200mH의 코일에서 0.1s 동안에 30A의 전류가 변화하였다. 코일에 유도되는 기전력(V)은?

① 6 ② 15 ③ 60 ④ 150

해설 $v = L\frac{dI}{dt} = 200 \times 10^{-3} \times \frac{30}{0.1} = 2 \times 10^{-1} \times 3 \times 10^{2} = 60\,\mathrm{V}$

08 어떤 도체에 5초간 4C의 전하가 이동했다면 이 도체에 흐르는 전류는?

① 0.12×10^3 mA ② 0.8×10^3 mA

③ 1.25×10^3 mA ④ 8×10^3 mA

해설 $I = \frac{Q}{t} = \frac{4}{5} = 0.8\mathrm{A}$ $\therefore\ 0.8 \times 10^3\ \mathrm{mA}$

09 다음 그림에서 $a-b$ 간의 합성 저항은 $c-d$ 간의 합성 저항보다 몇 배인가?

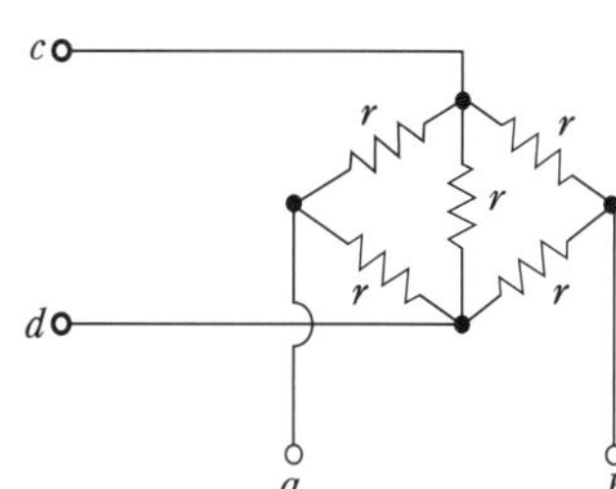

① 1배 ② 2배 ③ 3배 ④ 4배

해설 평형 브리지 회로

• $R_{ab} = \frac{2r \times 2r}{2r + 2r} = \frac{4r^2}{4r} = r$

• $R_{cd} = \frac{1}{\frac{1}{2r} + \frac{1}{r} + \frac{1}{2r}} = \frac{r}{2}$

$\therefore \frac{R_{ab}}{R_{cd}} = \frac{r}{\frac{r}{2}} = 2$

정답 07 ③ 08 ② 09 ②

10 1m에 저항이 20Ω인 전선의 길이를 2배로 늘리면 저항은 몇 Ω이 되는가? (단, 동선의 체적은 일정하다.)

① 10 ② 20 ③ 40 ④ 80

해설 • 체적이 일정하다는 조건하에서 길이를 n배로 늘리면 단면적은 $\frac{1}{n}$배로 감소한다.

• $R=\rho\frac{l}{A}$에서, $R_n=\rho\frac{nl}{\frac{A}{n}}=n^2\cdot\rho\frac{l}{A}=n^2R$

$\therefore R_2=2^2\times R=4R=4\times 20=80\,\Omega$

11 어떤 정현파 전압의 평균값은 최댓값에 얼마를 곱해야 하는가?

① 0.707 ② 0.637 ③ 1.121 ④ 1.414

해설 $V_a=\frac{2}{\pi}V_m \fallingdotseq 0.637\,V_m$

12 RLC 직렬 회로에서 전압과 전류가 동상이 되기 위한 조건은?

① $L=C$ ② $\omega LC=1$ ③ $\omega^2LC=1$ ④ $(\omega LC)^2=1$

해설 공진 조건 : $\omega L=\frac{1}{\omega C}$ $\therefore\ \omega^2LC=1$

13 전압 100V, 전류 15A로서 1.2kW의 전력을 소비하는 회로의 리액턴스는 약 몇 Ω인가?

① 4 ② 6 ③ 8 ④ 10

해설 • $\cos\theta=\frac{P}{VI}=\frac{1.2\times10^3}{100\times15}=0.8$ $\therefore\ \sin\theta=\sqrt{1-\cos^2\theta}=\sqrt{1-0.8^2}=0.6$

• $P_r=P_a\cdot\sin\theta=100\times15\times0.6=900\,\text{Var}$ $\therefore\ X=\frac{P_r}{I^2}=\frac{900}{15^2}=4\,\Omega$

정답 10 ④ 11 ② 12 ③ 13 ①

14 $R=10\text{k}\Omega$, $C=5\mu\text{F}$ 의 직렬 회로에 110V의 직류 전압을 인가했을 때 시상수(T)는?

① 5 ms ② 50 ms ③ 1 s ④ 2 s

해설 $T=RC=10\times10^3\times5\times10^{-6}=50\times10^{-3}=50\text{ ms}$

15 다음 그림과 같이 $R=20\Omega$, $X_L=15\Omega$ 의 유도 리액턴스를 병렬로 연결하고, 120 V의 교류 전압을 가할 때 이 회로에 흐르는 전 전류(A)는?

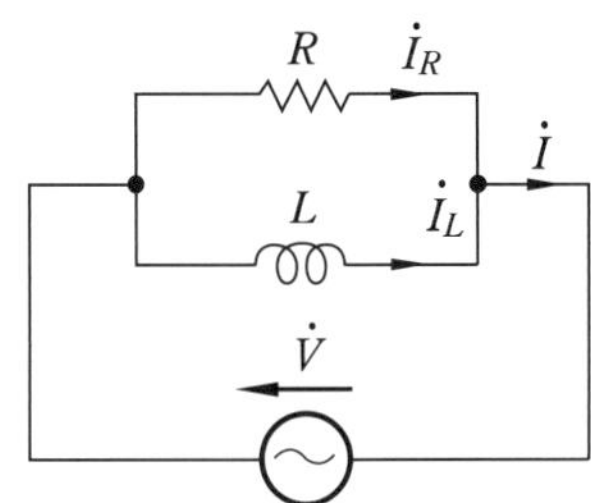

① 6 ② 8 ③ 10 ④ 14

해설 $Z=\dfrac{R\cdot X_L}{\sqrt{R^2+{X_L}^2}}=\dfrac{20\times15}{\sqrt{20^2+15^2}}=12\Omega$

$\therefore\ I=\dfrac{V}{Z}=\dfrac{120}{12}=10\text{A}$

16 평형 3상 교류 회로에서 Δ부하의 한 상의 임피던스가 Z_Δ일 때, 등가 변환한 Y부하의 한 상의 임피던스 Z_Y는 얼마인가?

① $Z_Y=\sqrt{3}Z_\Delta$ ② $Z_Y=3Z_\Delta$

③ $Z_Y=\dfrac{1}{\sqrt{3}}Z_\Delta$ ④ $Z_Y=\dfrac{1}{3}Z_\Delta$

해설 Δ결선을 Y 결선으로 변환 시, 각 상의 임피던스를 $\dfrac{1}{3}$배로 해야 한다.

$\therefore\ Z_Y=\dfrac{1}{3}Z_\Delta$

정답 14 ② 15 ③ 16 ④

17 선간 전압 210V, 선전류 10A의 Y-Y 회로가 있다. 상전압과 상전류는 각각 얼마인가?

① 약 121V, 5.77A ② 약 121V, 10A
③ 약 210V, 5.77A ④ 약 210V, 10A

해설 • 상전압 $= \dfrac{선간전압}{\sqrt{3}} = \dfrac{210}{\sqrt{3}} \fallingdotseq 121\text{V}$

• 상전류 = 선전류 = 10A

18 다음 중 전류를 흘렸을 때 열이 발생하는 원리를 이용한 것이 아닌 것은?

① 헤어드라이기 ② 백열전구 ③ 적외선 히터 ④ 전기 도금

해설 전기 도금 : 전기 분해를 이용해 어떤 금속의 표면에 다른 금속의 얇은 막을 입히는 방법이다.

19 20A의 전류를 흘렸을 때 전력이 60W인 저항에 30A를 흘리면 전력은 몇 W가 되겠는가?

① 80 ② 90 ③ 120 ④ 135

해설 $P = I^2R[\text{W}]$에서, R이 일정하므로 전력은 I^2에 비례한다.

$\therefore\ P' = \left(\dfrac{30}{20}\right)^2 \times 60 = 135\,\text{W}$

20 망간 건전지의 양극은?

① 아연판 ② 구리판 ③ 이산화망간 ④ 탄소 막대

해설 망간 건전지(dry cell) : 1차 전지로 가장 많이 사용된다.

• 양극 : 탄소 막대
• 음극 : 아연 원통
• 전해액 : 염화암모늄 용액($NH_4Cl + H_2O$)
• 감극제 : 이산화망간(MnO_2)

정답 17 ② 18 ④ 19 ④ 20 ④

제2과목 전기 기기 - 20문항

21 전기 기계에 있어 와전류손(eddy current loss)을 감소하기 위한 적합한 방법은?

① 규소 강판에 성층 철심을 사용한다. ② 보상 권선을 설치한다.
③ 교류 전원을 사용한다. ④ 냉각 압연한다.

해설 철손=히스테리시스 손+맴돌이 전류 손
- 규소 강판 : 히스테리시스 손의 감소를 위하여
- 성층 철심 : 와전류(맴돌이 전류) 손의 감소를 위하여

22 직류 발전기에서 보극을 두는 가장 주된 목적은?

① 기동 특성을 좋게 한다.
② 전기자 반작용을 크게 한다.
③ 정류 작용을 돕고 전기자 반작용을 약화시킨다.
④ 전기자 자속을 증가시킨다.

해설 전압 정류 : 보극(정류극)을 설치하여 정류 코일 내에 유기되는 리액턴스 전압과 반대 방향으로 정류 전압을 유기시켜 양호한 정류를 얻는다.

15 회

23 정속도 전동기로 공작 기계 등에 주로 사용되는 전동기는?

① 직류 분권 전동기 ② 직류 직권 전동기
③ 직류 차동 복권 전동기 ④ 단상 유도 전동기

해설 직류 분권 전동기는 정속도 전동기로 직류 전원 선박의 펌프, 환기용 송풍기, 공작 기계 등에 사용된다.

24 정격 220V의 직류 직권 전동기가 있다. 전기자 저항이 0.2Ω, 계자 저항은 0.04Ω이다. 부하 전류 50 A일 때의 역기전력(V)은?

① 116 V ② 208 V ③ 226 V ④ 248 V

해설 $E = V - I(R_a + R_f) = 220 - 50(0.2 + 0.04) = 220 - 12 = 208\text{ V}$

정답 21 ① 22 ③ 23 ① 24 ②

25 전기자 지름이 2m인 50Hz, 12극 동기 발전기가 있다. 주변 속도는 약 얼마인가?

① 10 m/s ② 20 m/s
③ 40 m/s ④ 50 m/s

해설 $N_s = \frac{120f}{p} = \frac{120 \times 50}{12} = 500\,\text{rpm}$

$\therefore\ v = \pi D \frac{N_s}{60} = 3.14 \times 2 \times \frac{500}{60} \fallingdotseq 52\,\text{m/s}$

26 6극 36슬롯 3상 동기 발전기의 매 극 매 상당 슬롯 수는?

① 2 ② 3 ③ 4 ④ 5

해설 슬롯(slot) 수 : $q = \frac{\text{총 홈수}}{\text{극수} \times \text{상수}} = \frac{36}{6 \times 3} = 2\text{개}$

27 동기 조상기를 부족 여자로 운전하면?

① 콘덴서로 작용 ② 뒤진 역률 보상
③ 리액터로 작용 ④ 저항손의 보상

해설 동기 조상기의 위상 특성 곡선

- 부족 여자 : 유도성 부하로 동작 → 리액터로 작용
- 과여자 : 용량성 부하로 동작 → 콘덴서로 작용

28 1차 측 권수가 1500인 변압기의 2차 측에 접속한 16Ω의 저항은 1차 측으로 환산했을 때 8kΩ으로 되었다고 한다. 2차 측 권수를 구하면 얼마인가?

① 60 ② 67 ③ 65 ④ 72

해설 $r_1 = a^2 \cdot r_2$에서, $a = \sqrt{\frac{r_1}{r_2}} = \sqrt{\frac{8000}{16}} \fallingdotseq 22.36$

$\therefore\ N_2 = \frac{N_1}{a} = \frac{1500}{22.36} = 67$

정답 25 ④ 26 ① 27 ③ 28 ②

29 동기 조상기가 전력용 콘덴서보다 우수한 점은 어느 것인가?

① 손실이 적다. ② 보수가 쉽다.
③ 지상 역률을 얻는다. ④ 가격이 싸다.

해설 전력용 콘덴서는 진상 역률만을 얻을 수 있지만, 동기 조상기는 지상, 진상 역률을 얻는 수도 있다.

30 60Hz의 변압기에 50Hz의 동일 전압을 가했을 때의 자속 밀도는 60Hz 때와 비교하였을 경우 어떻게 되는가?

① $\frac{5}{6}$로 감소 ② $\frac{6}{5}$으로 증가
③ $\left(\frac{5}{6}\right)^{1.6}$로 감소 ④ $\left(\frac{6}{5}\right)^{2}$으로 증가

해설 변압기의 주파수와 자속 밀도 관계
- $E=4.44fNB_mA$[V]에서, 전압이 같으면 자속 밀도는 주파수에 반비례한다.
- 주파수가 $\frac{5}{6}$배로 감소하면, 자속 밀도는 $\frac{6}{5}$ 배로 증가한다.

31 변압기유의 열화 방지와 관계가 가장 먼 것은?

① 브리더 ② 콘서베이터
③ 불활성 질소 ④ 부싱

해설 변압기유의 열화 방지
- 변압기유 : 절연과 냉각용으로, 광유 또는 불연성 합성 절연유를 쓴다.
- 콘서베이터(conservator) : 기름과 공기의 접촉을 끊어 열화를 방지하는 설비이다.
- 브리더(breather) : 변압기 내함과 외부 기압의 차이로 인한 공기의 출입을 호흡 작용이라 하고, 탈수제(실리카 겔)를 넣어 습기를 흡수하는 장치이다.
- 질소 봉입 : 콘서베이터 유면 위에 불활성 질소를 넣어 공기의 접촉을 막는다.

참고 부싱(bushing) : 변압기·차단기 등의 단자로서 사용하며, 애자의 내부에 도체를 관통시키고 절연한 것을 말한다.

정답 29 ③ 30 ② 31 ④

32 변압기의 결선 방식에서 낮은 전압을 높은 전압으로 올릴 때 사용하는 결선 방식은?

① Y-Y 결선 방식 ② $\Delta-\Delta$ 결선 방식
③ Δ-Y 결선 방식 ④ Y-Δ 결선 방식

해설 • Δ-Y 결선 : 낮은 전압을 높은 전압으로 올릴 때 사용(1차 변전소의 승압용)
• Y-Δ 결선 : 높은 전압을 낮은 전압으로 낮추는 데 사용(수전단 강압용)

33 슬립 링(slip ring)이 있는 유도 전동기는?

① 농형 ② 권선형 ③ 심 홈형 ④ 2중 농형

해설 권선형 회전자 내부 권선의 결선은 일반적으로 Y 결선하고, 3상 권선의 세 단자 각각 3개의 슬립 링(slip ring)에 접속하고 브러시(brush)를 통해서 바깥에 있는 기동 저항기와 연결한다.

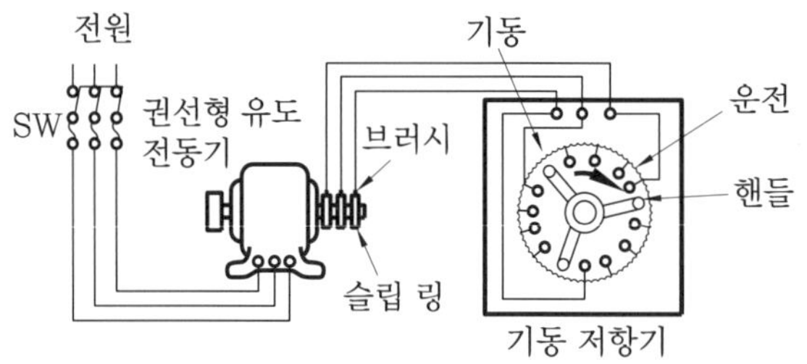

권선형 유도 전동기의 기동 회로

34 3상 유도 전동기의 회전 방향을 바꾸기 위한 방법은?

① 3상의 3선 접속을 모두 바꾼다.
② 3상의 3선 중 2선의 접속을 바꾼다.
③ 3상의 3선 중 1선에 리액턴스를 연결한다.
④ 3상의 3선 중 2선에 같은 값의 리액턴스를 연결한다.

해설 회전 방향을 바꾸는 방법
• 회전 방향 : 부하가 연결되어 있는 반대쪽에서 보아 시계 방향을 표준으로 하고 있다.
• 회전 방향을 바꾸는 방법
㉠ 회전 자장의 회전 방향을 바꾸면 된다.
㉡ 전원에 접속된 3개의 단자 중에서 어느 2개를 바꾸어 접속하면 된다.

정답 32 ③ 33 ② 34 ②

35 20극, 60Hz의 권선형 유도 전동기를 전부하 운전 시 2차 회로의 주파수가 3Hz이고 2차 손실이 600W일 때 기계적 출력(W)은?

① 43.5 ② 31.4 ③ 20.5 ④ 11.4

해설
- $s = \dfrac{f_2}{f_1} = \dfrac{3}{60} = 0.05$
- $P_2 = \dfrac{P_{2c}}{s} = \dfrac{600}{0.05} = 12\text{kW}$

$\therefore P_0 = P_2 - P_{2c} = 12 - 0.6 = 11.4\text{kW}$

36 유도 전동기가 회전하고 있을 때 생기는 손실 중에서 구리손이란 무엇인가?

① 브러시의 마찰손 ② 베어링의 마찰손
③ 표유 부하손 ④ 1차, 2차 권선의 저항손

해설
- 회전할 때 생기는 구리손은 부하 전류에 의한 1차, 2차 권선의 저항손이다.
- 표유 부하손 : 측정하거나 계산할 수 없는 손실로 부하에 비례하여 변화한다.

37 유도 전동기에서 회전 자장의 속도가 1200rpm이고, 전동기의 회전수가 1176rpm일 때 슬립(%) 은 얼마인가?

① 2 ② 4 ③ 4.5 ④ 5

해설 $s = \dfrac{N_s - N}{N_s} \times 100 = \dfrac{1200 - 1176}{1200} \times 100 = 2\%$

참고 $s = 1 - \dfrac{N}{N_s} = 1 - \dfrac{1176}{1200} = 1 - 0.98 = 0.02$

38 60Hz 3상 반파 정류 회로의 맥동 주파수(Hz)는?

① 360 ② 180 ③ 120 ④ 60

해설 $f_r = 3f = 3 \times 60 = 180\text{Hz}$

정답 35 ④ 36 ④ 37 ① 38 ②

39 대전류 · 고전압의 전기량을 제어할 수 있는 자기 소호형 소자는?
① FET ② Diode ③ TRIAC ④ IGBT

해설 IGBT(Insulated Gate Bipolar Transistor ; 절연 게이트 양극성 트랜지스터) : 게이트-이미터간의 전압이 구동되어 입력 신호에 의해서 온/오프가 생기는 자기 소호형이므로, 대전력의 고속 스위칭이 가능한 반도체 소자이다.

40 3권선 변압기에 대한 설명으로 옳은 것은?
① 한 개의 전기 회로에 3개의 자기 회로로 구성되어 있다.
② 3차 권선에 조상기를 접속하여 송전선의 전압 조정과 역률 개선에 사용된다.
③ 3차 권선에 단권 변압기를 접속하여 송전선의 전압 조정에 사용된다.
④ 고압 배전선의 전압을 10% 정도 올리는 승압용이다.

해설 3권선 변압기(Y-Y-Δ)
- 변압기 1개에 권선이 3개 감겨 있는 구조로 되어 있어 한 개의 자기 회로에 3개의 전기 회로로 구성되어 있다.
- 3차 권선에 조상기를 접속하여 송전선의 전압 조정과 역률 개선용으로 사용한다.
- Δ 결선으로 한 작은 용량의 제3의 권선을 따로 감아서 제3고조파를 제거하여 파형의 일그러짐을 막으려는 것이 3차 권선의 원래 목적이다.

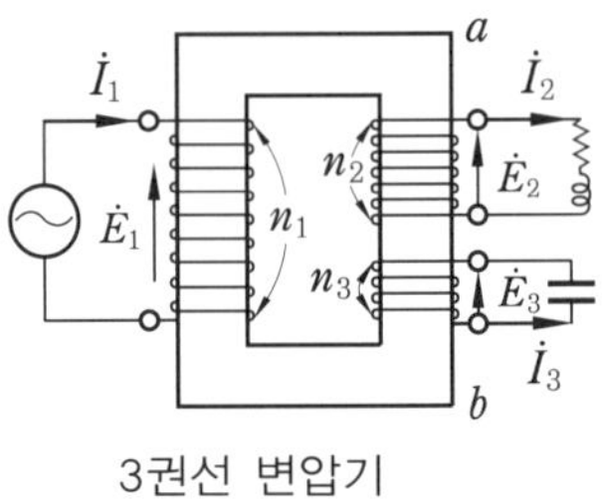

3권선 변압기

제3과목 전기 설비 - 20문항

41 일반적으로 가정용, 옥내용으로 자주 사용되는 절연 전선은?
① 경동선 ② 연동선 ③ 합성 연선 ④ 합성 단선

정답 39 ④ 40 ② 41 ②

해설 • 경동선 : 가공 전선로에 주로 사용
• 연동선 : 옥내 배선에 주로 사용
• 합성 연선, 합성 단선(쌍금속선) : 가공 송전 선로에 사용

42 ACSR 약호의 명칭은?

① 경동 연선 ② 중공 연선
③ 알루미늄선 ④ 강심알루미늄 연선

해설 강심알루미늄 연선(ACSR : Aluminum Cable Steel Reinforced)

43 다음 중 O형 압착 터미널의 전선 규격(mm^2)을 잘못 표기한 것은?

① 1.5mm^2 ② 2.5mm^2 ③ 3.5mm^2 ④ 4mm^2

해설 O형 압착 터미널 규격(mm^2) : 1.5, 2.5, 4, 6, 10, 16, 25

44 S형 슬리브에 의한 직선 접속 시 몇 번 이상 꼬아야 하는가?

① 2번 ② 3번 ③ 4번 ④ 5번

해설 슬리브의 양단을 비트는 공구로 물리고 완전히 두 번 이상 비튼다. 오른쪽으로 비틀거나 왼쪽으로 비틀거나 관계없다.

45 다음 중 금속관 공사의 공구 사용에 대하여 잘못 설명한 것은?

① 쇠톱을 이용하여 금속관을 절단하였다.
② 리머를 이용하여 금속관의 절단면 안쪽을 다듬었다.
③ 녹아웃 펀치를 이용하여 나사산을 내었다.
④ 파이프 벤더를 이용하여 관을 구부렸다.

해설 녹아웃 펀치(knock out punch) : 배전반, 분전반 등의 캐비닛에 구멍을 뚫을 때 필요한 공구이다.

정답 42 ④ 43 ③ 44 ① 45 ③

46 **보호 도체와 계통 도체를 겸용하는 겸용 도체의 단면적은 구리 (ⓐ)mm^2 또는 알루미늄 (ⓑ)mm^2 이상이어야 한다. (　)에 올바른 값은?**

① ⓐ 6, ⓑ 10　　② ⓐ 10, ⓑ 16
③ ⓐ 14, ⓑ 18　　④ ⓐ 18, ⓑ 24

해설 겸용 도체(KEC 142.3.4) : 단면적은 구리 $10mm^2$ 또는 알루미늄 $16mm^2$ 이상이어야 한다.

47 **다음 중 접지 공사를 반드시 하지 않아도 되는 것은?**

① 사용 전압이 직류 400V 또는 교류 대지 전압 150V 이하의 회로에 사용되는 기기를 건조한 장소에 시설하는 경우
② 저압용의 기계·기구를 건조한 목재의 마루 기타 이와 유사한 절연성 물건 위에서 취급하도록 시설하지 않는 경우
③ 저압용 기계·기구에 전기를 공급하는 전로 또는 개별 기계·기구에 전기용품안전 관리법의 적용을 받는 인체 감전 보호용 누전 차단기(정격 감도 전류 30mA 이하, 동작 시간 0.03초 이내의 전류 동작형에 한한다.)를 시설하는 경우
④ 외함을 충전하여 사용하는 기계·기구에 사람이 접촉할 우려가 있는 경우

해설 기계·기구의 철대 및 외함의 접지(KEC 147.7) : 전로에 시설하는 기계·기구의 철대 및 금속제 외함에는 접지 시스템 규정에 의한 접지 공사를 하여야 한다. 단, ③의 경우에만 위의 규정에 따르지 않을 수도 있다.

48 **저압 옥내 배선에서 애자 사용 공사를 할 때 올바른 것은?**

① 전선 상호간의 간격은 6cm 이상
② 400V 초과하는 경우 전선과 조영재 사이의 이격 거리는 2.5cm 이하
③ 전선의 지지점간의 거리는 조영재의 윗면 또는 옆면에 따라 붙일 경우에는 3 m 이상
④ 애자 사용 공사에 사용되는 애자는 절연성·난연성 및 내수성과 무관

해설 ①의 경우 : 사용 전압에 관계없이 6cm 이상
②의 경우 : 4.5cm 이상
③의 경우 : 2m 이하
④의 경우 : 애자는 절연성, 난연성 및 내수성이 있는 것이어야 한다.

정답 46 ② 47 ③ 48 ①

49 **한국전기설비규정에 따라 저압 전로 중의 전동기 과부하 보호 장치로 전자 접촉기를 사용할 경우 반드시 함께 부착해야 하는 것은 무엇인가?**

① 단로기 ② 과부하 계전기 ③ 전력 퓨즈 ④ 릴레이

해설 전동기 보호용 과전류 보호 장치의 시설(KEC 212.6.3) : 과부하 보호 장치로 전자 접촉기를 사용할 경우에는 반드시 과부하 계전기가 부착되어 있어야 한다.

50 **전기 울타리의 시설에 관한 내용 중 틀린 것은?**

① 수목과의 이격 거리는 0.3m 이상일 것
② 전선은 지름이 2mm 이상의 경동선일 것
③ 전선과 이를 지지하는 기둥 사이의 이격 거리는 10mm 이상일 것
④ 전기 울타리용 전원 장치에 전기를 공급하는 전로의 사용 전압은 250V 이하일 것

해설 전기 울타리 시설(KEC 241.1) : 전선과 이를 지지하는 기둥 사이의 이격 거리는 25mm(2.5cm) 이상일 것

51 **엘리베이터의 승강로 및 승강기에 시설하는 전선은 절연 전선을 사용하는 경우 동전선의 최소 굵기는 몇 mm^2 이상이어야 하는가?**

① 0.75 ② 1 ③ 1.25 ④ 1.5

해설 승강로 및 승강기에 시설하는 절연 전선의 굵기

- 절연 전선 : 1.5mm^2 이상
- 이동 케이블 : 0.75mm^2 이상

52 **직류 회로에서 선 도체 겸용 보호 도체의 표시 기호는?**

① PEM ② PEL ③ PEN ④ PET

해설 용어의 정의(KEC 112)

- PEM : 직류 회로에서 중간선 겸용 보호 도체
- PEL : 직류 회로에서 선도체 겸용 보호 도체
- PEN : 교류 회로에서 중성선 겸용 보호 도체

참고 PEL(Protective Earthing conductor and a Line conductor)

정답 49 ② 50 ③ 51 ④ 52 ②

53 금속 전선관을 직각 구부리기를 할 때 굽힘 반지름(mm)은? (단, 내경은 18mm, 외경은 22mm이다.)

① 113　② 115　③ 119　④ 121

해설 $r = 6d + \frac{D}{2} = 6 \times 18 + \frac{22}{2} = 119\,\text{mm}$

54 전선로의 직선 부분에 사용하는 애자는?

① 핀 애자　② 지지 애자
③ 가지 애자　④ 구형 애자

해설 애자
① 핀 애자 : 전선의 직선 부분에 사용
② 지지 애자 : 전선의 지지부에 사용
③ 가지 애자 : 전선을 다른 방향으로 돌리는 부분에 사용
④ 구형 애자 : 인류용과 지선용이 있으며, 지선용은 지선의 중간에 넣어 양측 지선을 절연

55 비교적 장력이 작고 타 종류의 지선을 시설할 수 없는 경우에 적용되는 지선은?

① 공동 지선　② 궁지선
③ 수평 지선　④ Y 지선

해설 ① 공동 지선 : 두 개의 지지물에 공통으로 시설하는 지선으로서 지지물 상호간 거리가 비교적 근접한 경우에 시설한다.
② 궁지선 : 장력이 비교적 적고, 다른 종류의 지선을 시설할 수 없을 경우에 적용하며, 시공 방법에 따라 A형, R형 지선으로 구분한다.
③ 수평 지선 : 지형의 상황 등으로 보통 지선을 시설할 수 없는 경우에 적용한다.
④ Y 지선 : 다단의 완철이 설치되고 또한 장력이 클 때 또는 H주일 때 보통 지선을 2단으로 시설하는 것이다.

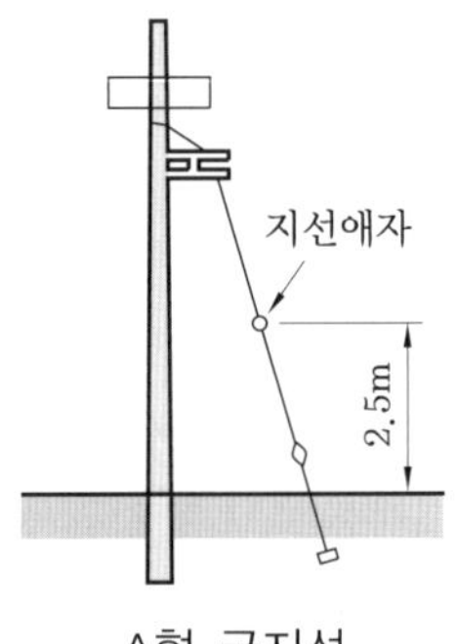

A형 궁지선

정답 53 ③　54 ①　55 ②

56 **고압 옥내 배선은 다음 중 하나에 의하여 시설하여야 한다. 해당되지 않는 것은?**

① 애자 사용 배선
② 케이블 배선
③ 케이블 트레이 배선
④ 가요 전선관 공사

해설 고압 옥내 배선(KEC 342.1) : 애자 사용 배선, 케이블 배선, 케이블 트레이 배선

57 **변류기 개방 시 2차 측을 단락하는 이유는?**

① 2차 측 절연 보호
② 2차 측 과전류 보호
③ 측정 오차 감소
④ 변류비 유지

해설
- CT는 사용 중 2차 회로를 개방해서는 안 되며, 계기를 제거시킬 때에는 먼저 2차 단자를 단락시켜야 한다.
- 2차를 개방하면 1차의 전 전류가 전부 여자 전류가 되어, 2차 권선에 고압이 유도되며 절연이 파괴되기 때문이다.

58 **저압용 배전반과 분전반을 옥내에 설치할 때 주의하여야 할 사항이 아닌 것은?**

① 노출된 충전부가 있는 배전반 및 분전반은 취급자 이외의 사람이 쉽게 출입할 수 없도록 설치하여야 한다.
② 한 개의 분전반에는 한 가지 전원(1회선의 간선)만 공급하여야 한다.
③ 주택용 분전반은 노출된 장소에 시설하지 않아야 한다.
④ 옥내에 설치하는 배전반 및 분전반은 불연성 또는 난연성으로 시설한다.

해설 분전반 및 배전반의 설치 장소
- 전기 회로를 쉽게 조작할 수 있는 장소
- 개폐기를 쉽게 조작할 수 있는 장소
- 노출된 장소
- 안정된 장소

정답 **56** ④ **57** ① **58** ③

59 **작업면상의 필요한 장소로서 어떤 특별한 면을 부분 조명하는 방식을 무엇이라 하는가?**

① 국부 조명 ② 전반 조명
③ 직접 조명 ④ 간접 조명

해설 국부 조명(local lighting)

- 작업에 필요한 장소마다 그 곳에 필요한 조도를 얻을 수 있도록 국부적으로 조명하는 방식이다.
- 높은 정밀도의 작업을 하는 곳에서 사용된다.

60 **4개소에서 1개의 전등을 자유롭게 점등, 점멸할 수 있도록 하기 위해 배선하고자 할 때 필요한 스위치의 수는? (단, SW_3은 3로 스위치, SW_4는 4로 스위치이다.)**

① SW_3 4개 ② SW_3 1개, SW_4 3개
③ SW_3 2개, SW_4 2개 ④ SW_4 4개

해설 N개소 점멸을 위한 스위치의 소요

N= 2개의 3로 스위치+(N-2)개의 4로 스위치 $= 2S_3 + (N-2)S_4$

$\therefore$ $N=4$일 때 : 2개의 3로 스위치+2개의 4로 스위치

정답 59 ① 60 ③

16회 CBT 실전문제

제1과목 전기 이론 - 20문항

01 온도 변화에 의한 용량 변화가 작고 절연 저항이 높은 우수한 특성을 갖고 있어 표준 콘덴서로도 이용하는 콘덴서는?

① 전해 콘덴서 ② 마이카 콘덴서
③ 세라믹 콘덴서 ④ 마일러 콘덴서

해설 마이카 콘덴서(mica condenser)
- 운모(mica)와 금속 박막으로 되어 있거나 운모 위에 은을 발라서 전극으로 만든다.
- 절연 저항이 높은 우수한 특성을 가지므로, 표준 콘덴서로도 이용된다.

16회

02 정전 용량 100μF의 콘덴서에 1000V의 전압을 가하여 충전한 뒤 저항을 통하여 방전시키면 저항 중의 발생 열량(cal)은 얼마인가?

① 43 ② 12 ③ 5 ④ 1.2

해설 $W = \frac{1}{2}CV^2 = \frac{1}{2} \times 100 \times 10^{-6} \times 1000^2 = 50\,\text{J}$

$\therefore\ H = 0.24 \times W = 0.24 \times 50 = 12\text{cal}$

03 표면 전하 밀도 σ [C/m^2]로 대전된 도체 내부의 전속 밀도는 몇 C/m^{2}인가?

① $\varepsilon_0 E$ ② 0 ③ σ ④ $\frac{E}{\varepsilon_0}$

해설 도체에 전하를 주었을 때, 도체 내부에는 전하가 존재하지 않는다. 따라서 도체 내부에서는 전계 $E = 0$이다.

$\therefore$ 전속 밀도 $D = \varepsilon E = 0$

정답 01 ② 02 ② 03 ②

04 물질에 따라 자석에 반발하는 물체를 무엇이라 하는가?

① 비자성체 ② 상자성체 ③ 반자성체 ④ 가역성체

해설 반자성체 : 자석에 반발하는 방향으로 자화되는 물체이다.

05 공심 솔레노이드의 내부 자계의 세기가 800AT/m일 때, 자속 밀도(Wb/m^2)는 약 얼마인가?

① 1×10^{-3} ② 1×10^{-4} ③ 1×10^{-5} ④ 1×10^{-6}

해설 $B=\mu_0 H=4\pi\times10^{-7}\times800=1\times10^{-3}[Wb/m^2]$

06 서로 가까이 나란히 있는 두 도체에 전류가 반대 방향으로 흐를 때 각 도체 간에 작용하는 힘은?

① 흡인한다. ② 반발한다.
③ 흡인과 반발을 되풀이한다. ④ 처음에는 흡인하다가 나중에는 반발한다.

해설 전자력의 작용(힘의 방향)
- 동일 방향일 때 : 흡인력
- 반대 방향일 때 : 반발력

07 자체 인덕턴스가 150mH와 120mH인 두 개의 코일이 있다. 두 코일 사이에 누설 자속이 없고, 상호 인덕턴스가 90mH일 때 가동 접속 시 합성 인덕턴스는?

① 270mH ② 360mH ③ 450mH ④ 560mH

해설 가동 접속 : $L_p=L_1+L_2+2M=150+120+20\times90=450mH$

08 어느 전기 회로에서 전압은 전지의 음극을 기준으로 할 때, 전기 회로를 지나 최종적으로 전지의 음극에 돌아오면 그 값은 어떻게 되는가?

① 최댓값 ② 평균값 ③ 0 ④ 최솟값

정답 04 ③ 05 ① 06 ② 07 ③ 08 ③

해설 전지의 음극을 기준, 즉 0 전위로 한다.

09 다음 그림과 같은 회로에서 각 저항에 생기는 전압 강하와 단자 전압은?

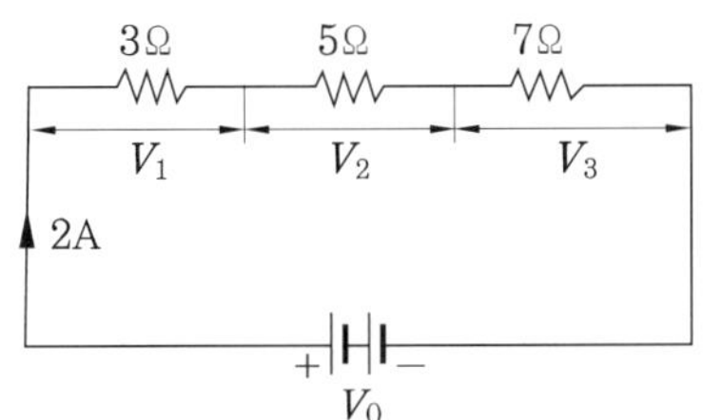

① $V_1 = 10,\ V_2 = 6,\ V_3 = 14,\ V_0 = 25$
② $V_1 = 6,\ V_2 = 10,\ V_3 = 14,\ V_0 = 30$
③ $V_1 = 10,\ V_2 = 5,\ V_3 = 10,\ V_0 = 25$
④ $V_1 = 10,\ V_2 = 5,\ V_3 = 7,\ V_0 = 22$

해설 $V_1 = IR_1 = 2 \times 3 = 6\,\text{V}$

$V_2 = IR_2 = 2 \times 5 = 10\,\text{V}$

$V_3 = IR_3 = 2 \times 7 = 14\,\text{V}$

$V_0 = V_1 + V_2 + V_3 = 6 + 10 + 14 = 30\,\text{V}$

10 다음 그림에서 폐회로에 흐르는 전류는 몇 A인가?

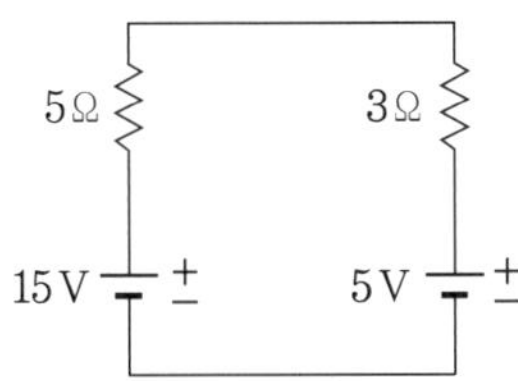

① 1　② 1.25　③ 2　④ 2.5

해설 $\sum V = \sum IR$

$\therefore I = \dfrac{\sum V}{\sum R} = \dfrac{15-5}{5+3} = 1.25\text{A}$

정답 09 ② 10 ②

11 주파수 10㎐의 주기는 몇 초인가?

① 0.05 ② 0.02 ③ 0.01 ④ 0.1

해설 $T=\frac{1}{f}=\frac{1}{10}=0.1\,\mathrm{s}$

12 콘덴서 용량이 커질수록 용량 리액턴스는 어떻게 되는가?

① 무한대로 접근한다. ② 커진다.
③ 작아진다. ④ 변하지 않는다.

해설 $X_C=\frac{1}{2\pi fC}[\Omega]$: 용량 리액턴스(X_C)는 콘덴서 용량(C)에 반비례한다.

13 다음 중 정현파의 파고율은?

① 1 ② 1.11 ③ 1.414 ④ 1.732

해설 정현파의 파고율 $=\frac{\text{최댓값}}{\text{실횻값}}=\frac{V_m}{V}=\frac{\sqrt{2}\,V}{V}=\sqrt{2}=1.414$

참고 정현파의 파형률 $=\frac{\text{실횻값}}{\text{평균값}}=\frac{V}{V_a}=\frac{\frac{1}{\sqrt{2}}\cdot V_m}{\frac{2}{\pi}\cdot V_m}=\frac{\pi}{2\sqrt{2}}\fallingdotseq 1.11$

14 저항 R, 리액턴스 X의 직렬 회로에 전압 V를 가할 때 전력(W)은?

① $\frac{V^2R}{R^2+X^2}$ ② $\frac{V^2X}{R^2+X^2}$
③ $\frac{V^2R}{R+X}$ ④ $\frac{V^2X}{R+X}$

해설 $P=I^2R=\left(\frac{V}{\sqrt{R^2+X^2}}\right)^2\times R=\frac{V^2R}{R^2+X^2}[\mathrm{W}]$

정답 11 ④ 12 ③ 13 ③ 14 ①

15 다음 중 Δ결선 시 V_l(선간 전압), V_p(상전압), I_l(선전류), I_p(상전류)의 관계식으로 옳은 것은?

① $V_l = \sqrt{3}\,V_p$, $I_l = I_p$
② $V_l = V_p$, $I_l = \sqrt{3}\,I_p$
③ $V_l = \frac{1}{\sqrt{3}}V_p$, $I_l = I_p$
④ $V_l = V_p$, $I_l = \frac{1}{\sqrt{3}}I_p$

해설
- Δ 결선 : ㉠ $I_l = \sqrt{3}\,I_p$ ㉡ $V_l = V_p$
- Y 결선 : ㉠ $I_l = I_p$ ㉡ $V_l = \sqrt{3}\,V_p$

16 RLC 직렬 공진 회로에서 최대가 되는 것은?

① 전류 ② 임피던스 ③ 리액턴스 ④ 저항

해설 RLC 직렬 공진 시 임피던스는 다음과 같이 최소가 되므로, 전류는 최대가 된다.

$Z = \sqrt{R^2 + (X_L - X_C)^2}\,[\Omega]$에서, $X_L - X_C = 0$

$\therefore Z = R$

17 1.5V의 전위차로 3A의 전류가 3분 동안 흘렀을 때 한 일은?

① 1.5 J ② 13.5 J ③ 810 J ④ 2430 J

해설 $W = Pt = VIt = 1.5 \times 3 \times 3 \times 60 = 810\,\text{J}$

18 다음 중 1차 전지가 아닌 것은?

① 망간 건전지
② 공기 전지
③ 알칼리 축전지
④ 수은 전지

해설 알칼리 축전지(alkaline storage battery)
- 전해액으로 알칼리 수용액을 사용한 축전지
- 일반적으로 양극에 수산화니켈을 사용하고, 음극에 철을 사용한 에디슨 축전지와 음극에 카드뮴을 사용한 융너 축전지를 말한다.

정답 15 ② 16 ① 17 ③ 18 ③

19 기전력 12V, 내부 저항(r)이 5Ω인 전원이 있다. 여기에 부하 저항(R)을 연결하여 얻을 수 있는 최대 전력(W)은? (단, 최대 전력 전달 조건은 $r = R$이다.)

① 3.6 ② 7.2 ③ 14.4 ④ 60

해설 $P_m = \dfrac{E^2}{4R} = \dfrac{12^2}{4 \times 5} = 7.2\,\mathrm{W}$

참고 최대 전력 전달 조건 : 내부 저항(r)=부하 저항(R)

$$\therefore\ P_m = I^2 \cdot R = \left(\frac{E}{2R}\right)^2 \cdot R = \frac{E^2}{4R^2} \cdot R = \frac{E^2}{4R}$$

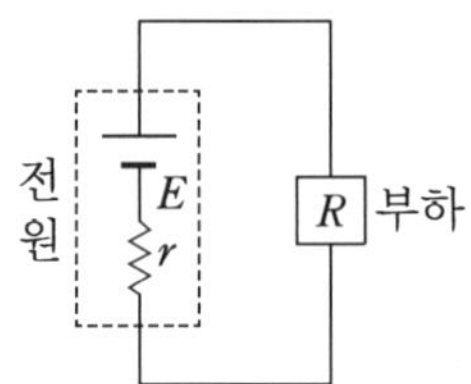

20 황산구리($CuSO_4$) 전해액에 2개의 구리판을 넣고 전원을 연결하였을 때 음극에서 나타나는 현상으로 옳은 것은?

① 변화가 없다. ② 구리판이 두터워진다.
③ 구리판이 얇아진다. ④ 수소 가스가 발생한다.

해설 황산구리의 전해액에 2개의 구리판을 넣어 전극으로 하고 전기 분해하면,

- 점차로 양극(anode) A의 구리판은 엷어지고
- 반대로 음극(cathode) K의 구리판은 새롭게 구리가 되어 두터워진다.

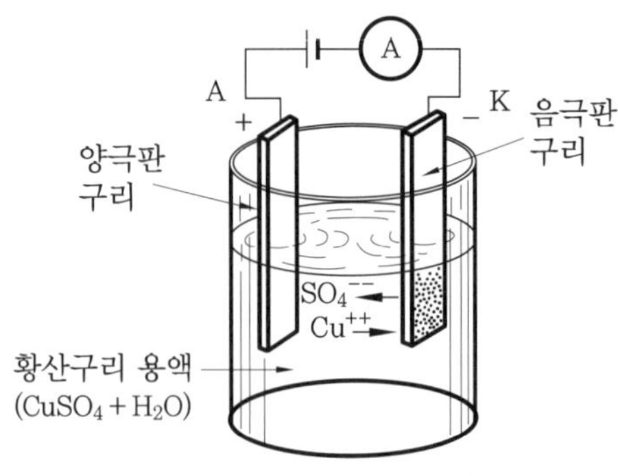

구리의 전기 분해

제2과목 전기 기기 - 20문항

21 영구 자석 또는 전자석 끝부분에 설치한 자성 재료편으로써 전기자에 대응하여 계자 자속을 공극 부분에 적당히 분포시키는 역할을 하는 것은 무엇인가?

① 자극편 ② 정류자 ③ 공극 ④ 브러시

해설 자극편 : 전기자와 마주 보는 계자극의 부분으로, 자속을 분포시키는 역할을 하는 자성 재료편이다.

22 정격 속도로 운전하는 무부하 분권 발전기의 계자 저항이 60Ω, 계자 전류가 1A, 전기자 저항이 0.5Ω라 하면 유도 기전력은 약 몇 V인가?

① 30.5 ② 50.5 ③ 60.5 ④ 80.5

해설 분권 발전기의 유도 기전력(무부하 시)

- $V = I_f R_f = 1 \times 60 = 60\text{V}$
- $I_a = I_f + I$ 에서, 무부하일 때 : $I_a = I_f$

$\therefore E = V + I_f R_a = 60 + 1 \times 0.5 = 60.5\text{V}$

23 직류 발전기를 정지시킨 후 계자 저항기의 위치는?

① 0으로 놓는다. ② 중간 위치에 놓는다.
③ 취소가 되도록 놓는다. ④ 최대가 되도록 놓는다.

해설 기동 시 계자 저항의 조정으로 전압을 조정하므로 계자 저항이 적으면 높은 전압이 되기 때문에 위험하므로 정지 시는 반드시 최대 위치로 둔다.

24 직류 직권 전동기의 전원 극성을 반대로 하면 어떻게 되는가?

① 회전 방향이 변하지 않는다. ② 회전 방향이 변한다.
③ 속도가 증가된다. ④ 발전기로 된다.

해설 전원 극성을 반대로 하면 전기자 전류와 계자 전류의 방향이 모두 반대가 되어 회전 방향이 변하지 않는다.

정답 **21** ① **22** ③ **23** ④ **24** ①

25 동기기를 회전자형에 따라 분류할 때, 고전압 대 전류용에 적당한 것은?
① 유도자형 ② 회전 계자형 ③ 고정 계자형 ④ 터빈 발전기형

해설 회전 계자형은 전기자가 고정자이므로, 고전압 대 전류용에 적당하여 3상 동기 발전기에서 채용하는 형식이다.

26 다음 중 동기 발전기에서 단락비가 작은 기계는?
① 동기 임피던스가 크므로 전압 변동률이 작다.
② 동기 임피던스가 크므로 전기자 반작용이 크다.
③ 공극이 넓다.
④ 계자 기자력이 크다.

해설 단락비가 작은 동기기
- 동기 임피던스가 크므로 전기자 반작용이 크다.
- 공극이 좁고 계자 기자력이 작은 동기계이다.
- 전압 변동률이 크고, 안정도가 낮다.
- 기계의 중량이 가볍고 부피가 작으며, 고정손이 작아 효율이 좋다.

27 2대의 동기 발전기 A, B가 병렬 운전하고 있을 때 A기의 여자 전류를 증가시키면 어떻게 되는가?
① A기의 역률은 낮아지고, B기의 역률은 높아진다.
② A기의 역률은 높아지고, B기의 역률은 낮아진다.
③ A, B 양 발전기의 역률이 높아진다.
④ A, B 양 발전기의 역률이 낮아진다.

해설 A기의 여자 전류를 증가시키면 A기의 무효 전력이 증가하여 역률이 낮아지고, B기의 무효분은 감소되어 역률이 높아진다.

28 변압기의 손실에 해당되지 않는 것은?
① 동손 ② 와전류손 ③ 히스테리시스 손 ④ 기계손

해설 기계손은 회전 기기의 고정손에 속하며, 마찰손과 풍손의 합으로 표시된다.

정답 25 ② 26 ② 27 ① 28 ④

29 동기 전동기에 대한 설명으로 옳지 않은 것은?

① 정속도 전동기로 비교적 회전수가 낮고 큰 출력이 요구되는 부하에 이용한다.
② 난조가 발생하기 쉽고 속도 제어가 간단하다.
③ 전력 계통의 전류 세기, 역률 등을 조정할 수 있는 동기 조상기로 사용된다.
④ 가변 주파수에 의해 정밀 속도 제어 전동기로 사용된다.

해설 동기 전동기는 기동 토크가 작고 난조를 일으킬 염려가 있으며, 정속도로만 회전하므로 속도 제어가 원활하지 못하며. 직류 전원을 필요로 하는 결점이 있다.

30 200kVA 단상 변압기가 있다. 철손은 1.6kW이고, 전부하 동손은 2.4kW이다. 역률 0.8에서의 효율(%)은?

① 약 94.4 ② 약 95.6 ③ 약 96.4 ④ 약 97.6

해설 • $P = P_a \cos\theta = 200 \times 0.8 = 160\text{kW}$

• $P_l = P_c + P_i = 2.4 + 1.6 = 4\text{kW}$

$$\therefore \eta = \frac{\text{출력}}{\text{출력}+\text{손실}} \times 100 = \frac{160}{160+4} \times 100 = 97.56\,\%$$

31 동기 속도 1800rpm, 주파수 60Hz인 동기 발전기의 극수는 몇 극인가?

① 2 ② 4 ③ 8 ④ 10

해설 $N_s = \frac{120}{p} \cdot f\ [\text{rpm}]$에서, $p = \frac{120}{N_s} \cdot f = \frac{120}{1800} \times 60 = 4$

32 절연 기름을 채운 외함에 변압기 본체를 넣고, 기름의 대류 작용으로 열을 외기 중에 발산시키는 방법으로 설비가 간단하고 다루기나 보수가 쉬운 변압기의 냉각 방식은?

① 유입 송유식 ② 유입 수랭식 ③ 유입 풍랭식 ④ 유입 자랭식

해설 유입 자랭식(ONAN) : 설비가 간단하고 다루기나 보수가 쉽다. 일반적으로 주상 변압기는 유입 자랭식 냉각 방식이다.

정답 29 ② 30 ④ 31 ② 32 ④

33 다음 그림은 단상 변압기 결선도이다. 1, 2차는 각각 어떤 결선인가?

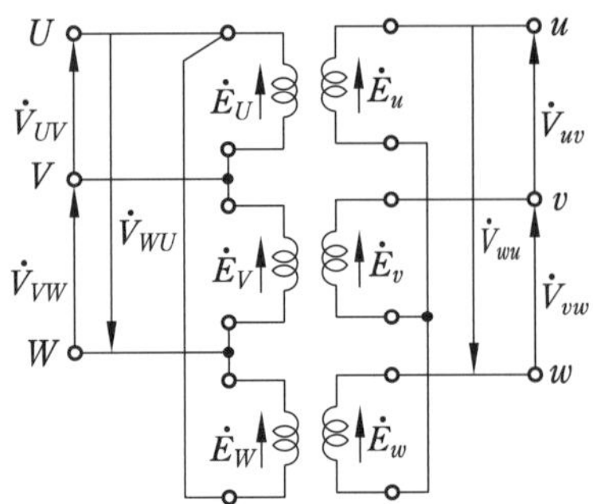

① Y－Y 결선 ② Δ－Y 결선 ③ Δ－Δ 결선 ④ Y－Δ 결선

34 다음 중 4극 24홈 표준 농형 3상 유도 전동기의 매극 매상당의 홈 수는?

① 6 ② 3 ③ 2 ④ 1

해설 1극 1상의 홈 수 : $N_{sp} = \dfrac{\text{홈 수}}{\text{극수} \times \text{상수}} = \dfrac{24}{4 \times 3} = 2$

35 주파수 60Hz의 회로에 접속되어 슬립 3%, 회전수 1164rpm으로 회전하고 있는 유도 전동기의 극수는?

① 4 ② 6 ③ 8 ④ 10

해설 • $N_s = \dfrac{N}{1-s} = \dfrac{1164}{1-0.03} = 1200\text{rpm}$

• $p = \dfrac{120f}{N_s} = \dfrac{120 \times 60}{1200} = 6\text{극}$

36 다음 중 권선형 유도 전동기의 기동법은?

① 분상 기동법 ② 2차 저항 기동법
③ 콘덴서 기동법 ④ 반발 기동법

정답 33 ② 34 ③ 35 ② 36 ②

해설 권선형 유도 전동기의 기동 – 2차 저항 기동법 : 2차 권선 자체는 저항이 작은 재료로 쓰고, 슬립 링을 통하여 외부에서 조절할 수 있는 기동 저항기를 접속한다.

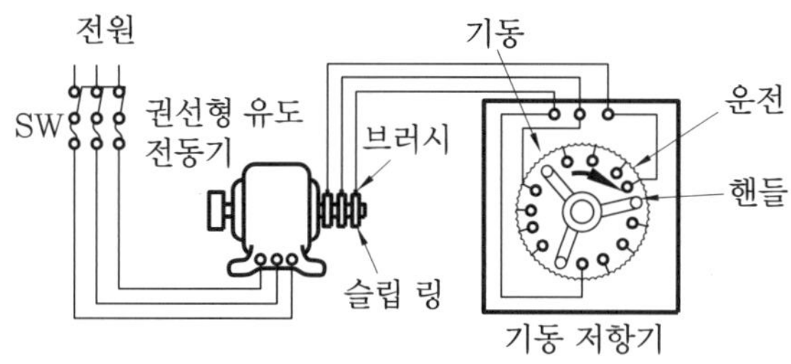

37 다음 그림과 같은 분상 기동형 단상 유도 전동기를 역회전시키기 위한 방법이 아닌 것은?

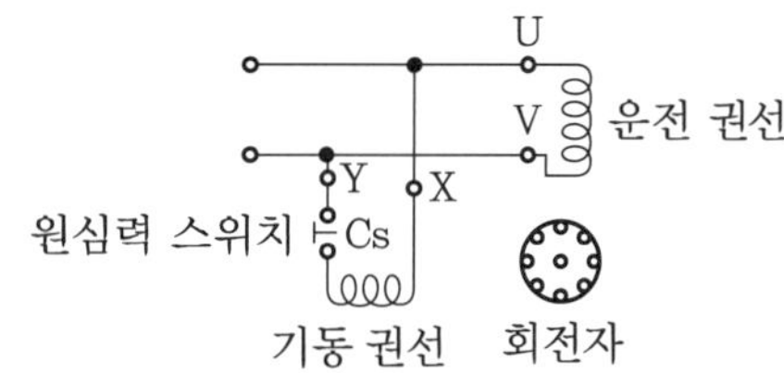

① 원심력 스위치를 개로 또는 폐로 한다.
② 기동 권선이나 운전 권선의 어느 한 권선의 단자 접속을 반대로 한다.
③ 기동 권선의 단자 접속을 반대로 한다.
④ 운전 권선의 단자 접속을 반대로 한다.

해설 분산 기동형 단상 유도 전동기는 기동 권선이나 운전 권선의 어느 한 권선의 단자 접속을 반대로 하면 역회전된다.

참고 기동 시 CS는 폐로(ON) 상태에서 일단 기동이 되면 원심력이 작용하여 CS는 자동적으로 개로(OFF) 가 된다.

38 PN 접합 다이오드의 대표적인 작용으로 옳은 것은?

① 정류 작용 ② 변조 작용 ③ 증폭 작용 ④ 발진 작용

해설 PN 접합 다이오드의 대표적인 작용은 정류 작용이다.

참고 PN 접합은 외부에서 가하는 전압의 방향에 따라 정류 특성을 가진다.

정답 37 ① 38 ①

39 **부흐홀츠 계전기의 설치 위치로 가장 적당한 것은?**

① 변압기 주 탱크 내부 ② 콘서베이터 내부
③ 변압기의 고압 측 부싱 ④ 변압기 본체와 콘서베이터 사이

해설 부흐홀츠 계전기(Buchholtz relay ; BHR)
- 변압기 내부 고장으로 2차적으로 발생하는 기름의 분해가스 증기 또는 유류를 이용하여 부자(뜨는 물건)를 움직여 계전기의 접점을 닫는 것이다.
- 변압기의 주 탱크와 콘서베이터의 연결관 도중에 설비한다.

40 **VVVF는 어떤 전동기의 속도 제어에 사용되는가?**

① 동기 전동기 ② 유도 전동기
③ 직류 복권 전동기 ④ 직류 타여자 전동기

해설 VVVF(Variable Voltage Variable Frequency) : 인버터(inverter)에 의해 가변 전압, 가변 주파수의 교류 전력을 발생하는 교류 전원 장치로서 주파수 제어에 의한 유도 전동기 속도 제어에 많이 사용된다.

제3과목 전기 설비 - 20문항

41 **접지선의 절연 전선 색상은 특별한 경우를 제외하고는 어느 색으로 표시를 하여야 하는가?**

① 흑색 ② 녹색 ③ 녹색-노란색 ④ 녹색-적색

해설 전선의 식별(KEC 121.2)

상(문자)	색상
L1	갈색
L2	흑색
L3	회색
N	청색
보호 도체(접지선)	녹색-노란색

정답 39 ④ 40 ② 41 ③

42 다음 중 0.6/1kV EP 고무 절연 클로로프렌시스 케이블의 약호는?

① PV ② PN ③ CV1 ④ VV

해설 ① PV : 0.6/1kV EP 고무 절연 비닐시스 케이블
② PN : 0.6/1kV EP 고무 절연 클로로프렌시스 케이블
③ CV1 : 0.6/1kV 가교 폴리에틸렌 절연 비닐시스 케이블
④ VV : 0.6/1kV 비닐 절연 비닐 외장 케이블

43 연선 결정에 있어서 중심 소선을 뺀 층수가 3층이다. 전체 소선 수는?

① 91 ② 61 ③ 37 ④ 19

해설 $N=3n(n+1)+1=3\times3(3+1)+1=37$가닥

44 피뢰기의 제한 전압이란?

① 피뢰기의 평균 전압 ② 피뢰기의 파형 전압
③ 피뢰기 동작 중 단자 전압의 파고치 ④ 뇌 전압의 값

해설 제한 전압 : 충격파 전류가 흐르고 있을 때의 피뢰기의 단자 전압을 말한다.

45 굵은 전선을 절단할 때 사용하는 공구는?

① 녹아웃 펀치 ② 파이프 커터 ③ 프레셔 툴 ④ 클리퍼

해설 클리퍼(clipper) : 굵은 전선을 절단할 때 사용하는 가위이다.

46 접지 시스템의 구분에 해당되지 않는 것은?

① 공통 접지 ② 계통 접지 ③ 보호 접지 ④ 피뢰 시스템 접지

해설 접지 시스템의 구분(KEC 141) : 계통 접지, 보호 접지, 피뢰 시스템 접지
• 공통 접지는 접지 시스템의 시설 종류에 해당된다.

정답 42 ② 43 ③ 44 ③ 45 ④ 46 ①

47 다음 중 굵은 알루미늄선을 박스 안에서 접속하는 방법으로 적합한 것은?

① 링 슬리브에 의한 접속
② 비틀어 꽂는 형의 전선 접속기에 의한 방법
③ C형 접속기에 의한 접속
④ 맞대기용 슬리브에 의한 압착 접속

해설 C형 접속기에 의한 접속

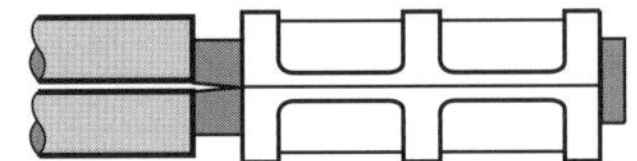

48 전선 약호가 CNCV-W인 케이블의 명명은?

① 동심중성선 수밀형 전력 케이블
② 동심중성선 차수형 전력 케이블
③ 동심중성선 수밀형 저독성 난연 전력 케이블
④ 동심중성선 차수형 저독성 난연 전력 케이블

해설
• CV : 가교 폴리에틸렌 절연 비닐시스 케이블
• CNCV : 동심중성선 가교 폴리에틸렌 절연 비닐시스 케이블
• CNCV-W : 동심중성선 수밀형 가교 폴리에틸렌 절연 비닐시스 케이블

49 화약류 저장소의 전기 설비 내용 중 옳은 것은?

① 전로의 대지 전압은 400V 이하로 한다.
② 전기 기계 기구는 개방형으로 시설해야 한다.
③ 케이블을 전기 기계 기구에 인입할 때는 인입구에서 케이블이 손상될 우려가 없도록 시설해야 한다.
④ 백열전등 및 형광등을 포함한 전기 시설은 일절 금지된다.

해설 화약류 저장소 등의 위험 장소(KEC 242.5)
• 전로의 대지 전압 300V 이하이고, 전기 기계 기구는 전폐형으로 시설해야 한다.
• 전기 시설은 일절 금지. 단, 백열전등, 형광등 또는 이들에 전기를 공급하기 위한 경우에는 가능하다.

정답 47 ③ 48 ① 49 ③

50 셀룰로이드, 성냥, 석유류 등 기타 가연성 위험 물질을 제조 또는 저장하는 장소의 배선 방법이 아닌 것은?

① 배선은 금속관 배선, 합성수지관 배선 또는 케이블 배선에 의할 것
② 금속관은 박강 전선관 또는 이와 동등 이상의 강도가 있는 것을 사용할 것
③ 두께가 2mm 미만의 합성수지제 전선관을 사용할 것
④ 합성수지관 배선에 사용하는 합성수지관 및 박스 기타 부속품은 손상될 우려가 없도록 시설할 것

해설 위험물 등이 존재하는 장소(셀룰로이드, 성냥, 석유류 등) (KEC 242.4) : 금속 전선관 배선, 합성수지 전선관 배선(두께 2mm 미만의 합성수지관 제외) 또는 케이블 배선으로 시공한다.

51 합성수지관 공사에 대한 설명 중 옳지 않은 것은?

① 습기가 많은 장소 또는 물기가 있는 장소에 시설하는 경우에는 방습 장치를 한다.
② 관 상호간 및 박스와는 관을 삽입하는 깊이를 바깥지름의 1.2배 이상으로 한다.
③ 관의 지지점간의 거리는 3 m 이상으로 한다.
④ 합성수지관 안에는 전선에 접속점이 없도록 한다.

해설 관의 지지점간의 거리는 1.5m 이하로 한다.

52 라이팅 덕트 공사에 의한 저압 옥내 배선의 시설 기준으로 틀린 것은?

① 덕트의 끝부분은 막을 것
② 덕트는 조영재에 견고하게 붙일 것
③ 덕트의 개구부는 위로 향하여 시설할 것
④ 덕트는 조영재를 관통하여 시설하지 아니할 것

해설 덕트의 개구부는 아래로 향하여 시설할 것

53 인류하는 곳이나 분기하는 곳에 사용하는 애자는?

① 구형 애자 ② 가지 애자 ③ 섀클 애자 ④ 현수 애자

16
회

정답 50 ③ 51 ③ 52 ③ 53 ④

해설 특고압 배전 선로용 현수 애자의 사용 장소

- 선로의 종단과 선로의 분기점
- 개폐기 설치 전주 등의 내장 장소
- 수평각 30° 이상인 인류 개소와 전선의 굵기가 변경되는 지점

54 전선의 보호를 위하여 사용하는 것으로 수평의 전선관 끝에 부착하여 전선의 인출 시 보호를 위하여 사용하는 부속 재료는?

① 엔트런스 캡 ② 터미널 캡
③ 파이프 커터 ④ 링 슬리브

해설
- 터미널 캡(terminal cap) : 수평 전선관의 끝에 부착하여 전선을 보호한다.
- 엔트런스 캡(enterance cap) : 수직 전선관의 끝에 부착하여 전선을 보호한다.

55 가공 전선로의 지지물에 시설하는 지선의 안전율은 얼마 이상이어야 하는가?

① 3.5 ② 3.0
③ 2.5 ④ 1.0

해설 지선의 시설(KEC 331.11) : 지선의 안전율은 2.5 이상일 것

56 수·변전 설비의 인입구 개폐기로 많이 사용되고 있으며, 전력 퓨즈의 용단 시 결상을 방지하는 목적으로 사용되는 개폐기는?

① 부하 개폐기 ② 자동 고장 구분 개폐기
③ 선로 개폐기 ④ 기중 부하 개폐기

해설 ① 부하 개폐기(LBS) : 전류 퓨즈의 용단 시 결상을 방지할 목적으로 채용되고 있다.
② 자동 고장 구분 개폐기(ASS) : 사고 시 전원으로부터 즉시 분리하여 사고의 파급 확대를 방지하고 구내 설비의 피해를 최소화하는 개폐기이다.
③ 선로 개폐기(LS) : 보안상 책임 분계점에서 보수 점검 시 전로 개폐를 위하여 설치 사용된다.
④ 기중부하 개폐기(IS) : 22.9kV 선로에 주로 사용되며, 자가용 수전 설비에서는 300kVA 이하 인입구 개폐기로 사용된다.

정답 **54** ② **55** ③ **56** ①

57 가공 케이블 시설 시 조가용선에 금속 테이프 등을 사용하여 케이블 외장을 견고하게 붙여 조가하는 경우 나선형으로 금속 테이프를 감는 간격은 몇 m 이하를 확보하여 감아야 하는가?

① 0.5 ② 0.3 ③ 0.2 ④ 0.1

해설 가공 케이블의 시설(KEC 332.2) : 나선형으로 금속 테이프를 감는 간격은 0.2m 이하를 확보하여 감아야 한다.

58 자동 화재 탐지 설비는 화재의 발생을 초기에 자동적으로 탐지하여 소방 대상물의 관계자에게 화재의 발생을 통보해 주는 설비이다. 이러한 자동 화재 탐지 설비의 구성 요소가 아닌 것은?

① 수신기 ② 비상 경보기 ③ 발신기 ④ 중계기

해설 자동 화재 탐지 설비의 구성 요소 : 감지기, 수신기, 발신기, 중계기, 표시등, 음향장치 및 배선

참고 비상 경보 설비는 비상벨 또는 자동식 사이렌이므로 탐지 설비의 구성 요소에 속하지 않는다.

59 다음 중 광원에서 나오는 빛의 90~100%를 비춰 높은 조도를 얻을 수 있는 조명 방식은?

① 부분 간접 조명 ② 간접 조명
③ 반직접 조명 ④ 직접 조명

해설 직접 조명 : 광원에서 나오는 빛의 90% 이상을 비춰 높은 조도를 얻을 수 있는 조명 방식이다.

60 일반적으로 학교 건물이나 은행 건물 등의 간선의 수용률은 얼마인가?

① 50% ② 60% ③ 70% ④ 80%

해설 간선의 수용률
- 학교, 사무실, 은행 : 70%
- 주택, 기숙사, 여관, 호텔, 병원, 창고 : 50%

정답 57 ③ 58 ② 59 ④ 60 ③

17회 CBT 실전문제

제1과목 전기 이론 - 20문항

01 다음 중 정전 차폐와 가장 관계가 깊은 것은?

① 상자성체
② 강자성체
③ 반자성체
④ 비투자율이 1인 자성체

해설 정전 차폐 : 정전 실드라고도 하며, 외부 정전계에 의한 정전 유도를 차단하는 것으로 강자성체가 사용된다.

02 다음 중 공기의 비투자율은?

① 0.1 ② 1 ③ 10 ④ 100

해설 공기의 비투자율=1.0000004≒1

03 도면과 같이 공기 중에 놓인 2×10^{-8}[C]의 전하에서 4m 떨어진 점 P와 2m 떨어진 점 Q와의 전위차는 몇 V인가?

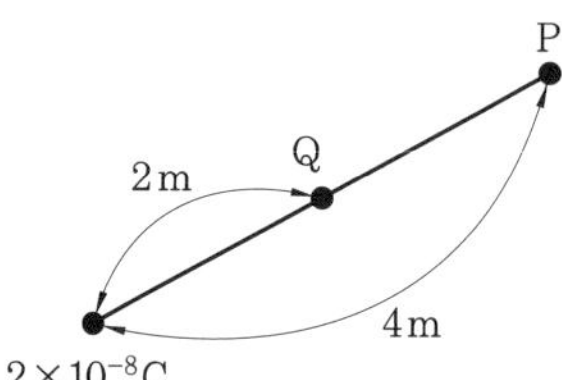

① 45V ② 90V ③ 125V ④ 150V

해설 $V=\dfrac{Q}{4\pi\varepsilon r}=9\times10^{9}\times\dfrac{Q}{\varepsilon_s r}$[V]

$\therefore V=9\times10^{9}\times Q\left(\dfrac{1}{\gamma_1}-\dfrac{1}{\gamma_2}\right)=9\times10^{9}\times2\times10^{-8}\left(\dfrac{1}{2}-\dfrac{1}{4}\right)=90-45=45\text{V}$

정답 01 ② 02 ② 03 ①

04 비유전율이 큰 산화티탄 등을 유전체로 사용한 것으로 극성이 없으며, 가격에 비해 성능이 우수하여 널리 사용되고 있는 콘덴서의 종류는?

① 전해 콘덴서 ② 세라믹 콘덴서 ③ 마일러 콘덴서 ④ 마이카 콘덴서

해설 세라믹(ceramic) 콘덴서

- 세라믹 콘덴서는 전극간의 유전체로, 티탄산바륨과 같은 유전율이 큰 재료를 사용하며 극성은 없다.
- 이 콘덴서는 인덕턴스(코일의 성질)가 적어 고주파 특성이 양호하여 바이패스에 흔히 사용된다.

05 도체가 자기장에서 받는 힘의 관계 중 틀린 것은?

① 자기력선속 밀도에 비례
② 도체의 길이에 반비례
③ 흐르는 전류에 비례
④ 도체가 자기장과 이루는 각도에 비례(0~90°)

해설 $F = BIl\sin\theta$ [N] ∴ 도체의 길이(l)에 비례한다.

06 다음 중 플레밍의 오른손 법칙에 의하여 동작하는 것은?

① 선풍기 ② 세탁기 ③ 자전거 발전기 ④ 전동기

해설 플레밍의 오른손 법칙 : 도체가 운동하여 자속을 끊었을 때 기전력의 방향을 알아내는 법칙으로 발전기의 원리에 적용된다.

- 엄지손가락 : 운동의 방향
- 집게손가락 : 자속의 방향
- 가운뎃손가락 : 기전력의 방향

07 자체 인덕턴스가 각각 160mH, 250mH의 두 코일이 있다. 두 코일 사이의 상호 인덕턴스가 150mH이면 결합 계수는?

① 0.5 ② 0.62 ③ 0.75 ④ 0.86

정답 04 ② 05 ② 06 ③ 07 ③

17회

해설 $k = \dfrac{M}{\sqrt{L_1 L_2}} = \dfrac{150}{\sqrt{160 \times 250}} = 0.75$

08 20Ω, 30Ω, 60Ω의 저항 3개를 병렬로 접속하고 여기에 60V의 전압을 가했을 때, 이 회로에 흐르는 전체 전류는 몇 A인가?

① 3A ② 6A ③ 30A ④ 60A

해설 $R_p = \dfrac{R_1 R_2 R_3}{R_1 R_2 + R_2 R_3 + R_3 R_1} = \dfrac{20 \times 30 \times 60}{20 \times 30 + 30 \times 60 + 60 \times 20} = 10\,\Omega$

$\therefore\ I = \dfrac{V}{R_p} = \dfrac{60}{10} = 6\,\text{A}$

09 다음 그림과 같은 회로에서 합성 저항은 몇 Ω인가?

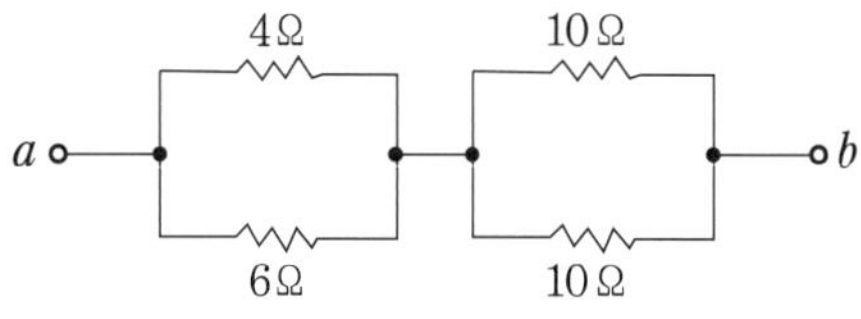

① 30 ② 15.5 ③ 8.6 ④ 7.4

해설 $R_{ab} = \dfrac{R_1 R_2}{R_1 + R_2} + \dfrac{R_3 R_4}{R_3 + R_4} = \dfrac{4 \times 6}{4 + 6} + \dfrac{10 \times 10}{10 + 10} = 2.4 + 5 = 7.4\,\Omega$

10 다음 중 저항의 온도 계수가 부(−)의 특성을 가지는 것은?

① 경동선 ② 백금선
③ 텅스텐 ④ 서미스터

해설 부(−) 저항 온도 계수

- 온도가 상승하면 저항값이 감소하는 특성을 나타낸다.
- 반도체, 탄소, 절연체, 전해액, 서미스터 등이 있다.

참고 서미스터(thermistor) : 온도에 민감한 저항체이다.

정답 08 ② 09 ④ 10 ④

11 최댓값이 200V인 사인파 교류의 평균값은?

① 약 70.7V ② 약 100V ③ 약 127.3V ④ 약 141.4V

해설 $V_a = \frac{2}{\pi} V_m \fallingdotseq 0.637 \times 200 = 127.4\,\mathrm{V}$

12 RLC 직렬 회로에서 직렬 공진인 경우 전압과 전류의 위상 관계는?

① 전류가 전압보다 $\frac{\pi}{2}$[rad] 앞선다. ② 전류가 전압보다 $\frac{\pi}{2}$[rad] 뒤진다.

③ 전류가 전압보다 π[rad] 앞선다. ④ 전류와 전압은 동상이다.

해설 직렬 공진 시 $X_L - X_c = 0$이므로 $Z = R$

∴ 전류와 전압은 동상이다.

13 어드미턴스 Y_1과 Y_2를 병렬로 연결하면 합성 어드미턴스는?

① $Y_1 + Y_2$ ② $\frac{1}{Y_1} + \frac{1}{Y_2}$ ③ $\frac{1}{Y_1 + Y_2}$ ④ $\frac{Y_1 Y_2}{Y_1 + Y_2}$

해설 어드미턴스(admittance)는 임피던스 Z의 역수로 기호는 Y, 단위는 ℧을 사용한다.

∴ $Y_0 = Y_1 + Y_2$

14 △결선인 3상 유도 전동기의 상전압(V_p)과 상전류(I_p)를 측정하였더니 각각 200V, 30A였다. 이 3상 유도 전동기의 선간 전압(V_l)과 선전류(I_l)의 크기는 각각 얼마인가?

① $V_l = 200\mathrm{V},\ I_l = 30\,\mathrm{A}$ ② $V_l = 200\sqrt{3}\,\mathrm{V},\ I_l = 30\mathrm{A}$

③ $V_l = 200\sqrt{3}\,\mathrm{V},\ I_l = 30\sqrt{3}\,\mathrm{A}$ ④ $V_l = 200\mathrm{V},\ I_l = 30\sqrt{3}\,\mathrm{A}$

해설 • $V_p = V_l = 200\mathrm{V}$

• $I_l = \sqrt{3}\, I_p = \sqrt{3} \times 30 = 30\sqrt{3}\,\mathrm{A}$

정답 ●—● **11** ③ **12** ④ **13** ① **14** ④

15 다음 그림의 회로에서 전압 100V의 교류 전압을 가했을 때 전력(W)은?

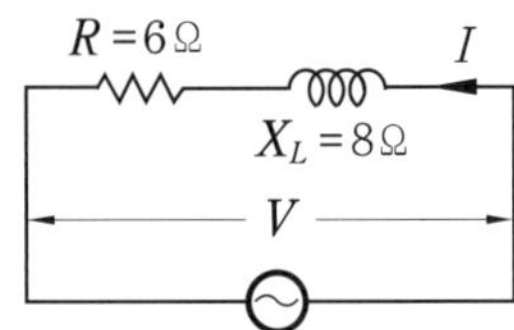

① 10W ② 60W ③ 100W ④ 600W

해설 • $Z=\sqrt{R^2+X_L^2}=\sqrt{6^2+8^2}=10\Omega$

• $I=\dfrac{V}{Z}=\dfrac{100}{10}=10\text{ A}$

$\therefore\ P=I^2\cdot R=10^2\times 6=600\text{W}$

16 다음 그림과 같은 평형 3상 △회로를 등가 Y결선으로 환산하면 각 상의 임피던스는 몇 Ω이 되는가? (단, 각 상의 Z는 12Ω이다.)

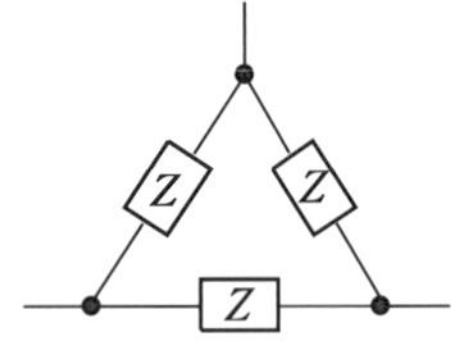

① 48Ω ② 36Ω ③ 4Ω ④ 3Ω

해설 $Z_Y=\dfrac{1}{3}Z_\triangle=\dfrac{12}{3}=4\Omega$

17 2전력계법으로 평형 3상 전력을 측정할 때 W_1의 지시값이 P_1, W_2의 지시값이 P_2라고 한다면 3상 유효 전력은 어떻게 계산되는가?

① P_1+P_2 ② $3(P_1-P_2)$

③ P_1-P_2 ④ $2\sqrt{P_1^2+P_2^2-P_1P_2}$

해설 2전력계법 : 3상 유효 전력$=W_1$의 지시값$+W_2$의 지시값$=P_1+P_2$

정답 15 ④ 16 ③ 17 ①

18 $i_1 = 8\sqrt{2}\sin\omega t[\mathrm{A}]$, $i_2 = 4\sqrt{2}\sin(\omega t + 180°)[\mathrm{A}]$[A]과의 차에 상당한 전류의 실횻값은?

① 4 A ② 6 A ③ 8 A ④ 12 A

해설 두 전류의 위상차는 180°이므로 $I_1 = 8\mathrm{A}$, $I_2 = -4\mathrm{A}$

$\therefore I_1 - I_2 = 8 - (-4) = 12\mathrm{A}$

19 4 Ω의 저항에 200V의 전압을 인가할 때 소비되는 전력은 얼마인가?

① 20 W ② 400 W ③ 2.5 kW ④ 10 kW

해설 $P = \dfrac{V^2}{R} = \dfrac{200^2}{4} \times 10^{-3} = 10\,\mathrm{kW}$

20 200V, 2kW의 전열선 2개를 같은 전압에서 직렬로 접속한 경우의 전력은 병렬로 접속한 경우의 전력보다 어떻게 되는가?

① $\dfrac{1}{2}$로 줄어든다. ② $\dfrac{1}{4}$로 줄어든다.

③ 2배로 증가된다. ④ 4배로 증가된다.

해설 직렬접속 시 각 전열선에 가해지는 전압은 1/2배가 된다.

$\therefore P = \dfrac{V^2}{R}$ [W]에서, 전력은 전압의 제곱에 비례하므로 전력은 $\dfrac{1}{4}$로 줄어든다.

제2과목 전기 기기 - 20문항

21 6극 직렬권(파권) 발전기의 전기자 도체 수 300, 매극 자속 수 0.02Wb, 회전수 900rpm일 때 유도 기전력은 몇 V인가?

① 300 ② 400 ③ 270 ④ 120

해설 $E = p\phi \dfrac{N}{60} \cdot \dfrac{Z}{a} = 6 \times 0.02 \times \dfrac{900}{60} \times \dfrac{300}{2} = 270\,\mathrm{V}$ 여기서, $a = 2$

정답 18 ④ 19 ④ 20 ② 21 ③

22 직류 발전기 중 무부하 전압과 전부하 전압이 같은 값을 가지는 특성의 발전기는?

① 직권 발전기
② 차동 복권 발전기
③ 평복권 발전기
④ 과복권 발전기

해설 ① 직권 : 부하 전류로 여자된다.
② 차동 복권 : 수하 특성을 가진다.
③ 평복권 : 무부하 전압과 전부하 전압의 특성이 같은 것으로, 부하의 변동에 대하여 단자 전압의 변화가 가장 적다.
④ 과복권 : 전부하 전압이 무부하 전압보다 특성이 높다.

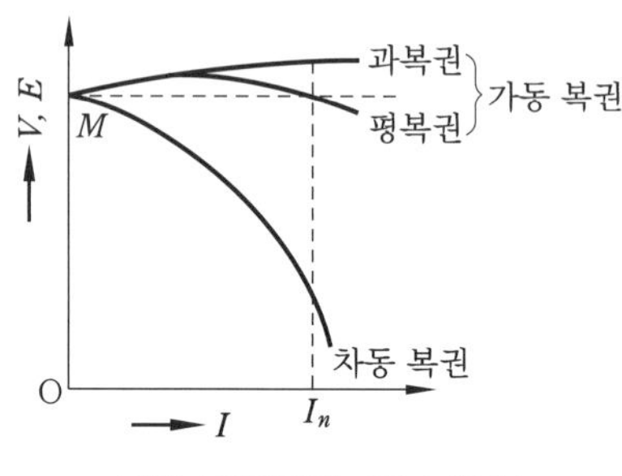

복권 발전기의 외부 특성

23 다음 직류 전동기에 대한 설명으로 옳은 것은?

① 전기 철도용 전동기는 차동 복권 전동기이다.
② 분권 전동기는 계자 저항기로 쉽게 회전 속도를 조정할 수 있다.
③ 직권 전동기에서는 부하가 줄면 속도가 감소한다.
④ 분권 전동기는 부하에 따라 속도가 현저하게 변한다.

해설 ① 전기 철도용 전동기로는 직권 전동기가 사용된다.
② 분권 전동기는 계자 저항기의 조정에 의한 자속의 변화로 속도를 쉽게 제어할 수 있다.
③ 직권 전동기에서는 부하가 줄면 전류가 감소, 즉 계자 전류의 감소로 자속이 줄어들어 속도가 증가하게 된다.
④ 분권 전동기는 정속도 전동기로 부하에 따라 속도가 거의 일정하다.

정답 22 ③ 23 ②

24 **직류 전동기의 규약 효율은 어떤 식으로 표현되는가?**

① $\frac{\text{출력}}{\text{입력}} \times 100\%$ ② $\frac{\text{출력}}{\text{출력}+\text{손실}} \times 100\%$

③ $\frac{\text{입력}+\text{손실}}{\text{입력}} \times 100\%$ ④ $\frac{\text{입력}-\text{손실}}{\text{입력}} \times 100\%$

해설 규약 효율

- 전동기의 효율 $= \frac{\text{입력}-\text{손실}}{\text{입력}} \times 100\%$
- 발전기의 효율 $= \frac{\text{출력}}{\text{출력}+\text{손실}} \times 100\%$

25 **1극의 자속수가 0.060Wb, 극수 4극, 회전 속도 1800rpm, 코일의 권수가 100인 동기 발전기의 실횻값은 몇 V인가? (단, 권선 계수는 0.96이다.)**

① 1500 ② 1535 ③ 1570 ④ 1600

해설 $f = \frac{N_s}{120} \cdot p = \frac{1800}{120} \times 4 = 60\text{Hz}$

$\therefore E = 4.44\,kfn\phi = 4.44 \times 0.96 \times 60 \times 100 \times 0.06 = 1535\text{V}$

26 **동기 발전기의 전기자 반작용에 대한 설명으로 틀린 것은?**

① 전기자 반작용은 부하 역률에 따라 크게 변화된다.

② 전기자 전류에 의한 자속의 영향으로 감자 및 자화 현상과 편자 현상이 발생된다.

③ 전기자 반작용의 결과 감자 현상이 발생될 때 반작용 리액턴스의 값은 감소된다.

④ 계자 자극의 중심축과 전기자 전류에 의한 자속이 전기적으로 90°를 이룰 때 편자 현상이 발생된다.

해설 전기자 반작용의 결과

- 감자 현상이 발생될 때 : 반작용 리액턴스의 값은 증가된다.
- 증자 현상이 발생될 때 : 반작용 리액턴스의 값은 감소된다.

참고 전기자 반작용 리액턴스 : 전기자 반작용에 의한 증자 · 감자 작용은 기전력을 증감시키고 전류와는 90° 위상차가 있으므로, 리액턴스에 의한 전압 강하로 나타낼 수 있다.

정답 24 ④ 25 ② 26 ③

27 **3상 동기 발전기의 상간 접속을 Y 결선으로 하는 이유 중 잘못된 것은?**

① 중성점을 이용할 수 있다.
② 같은 선간 전압의 결선에 비하여 절연이 어렵다.
③ 선간 전압이 상전압의 $\sqrt{3}$ 배가 된다.
④ 선간 전압에 제3고조파가 나타나지 않는다.

해설 상간 접속 : 성형(Y 결선)

- 중성점 이용이 가능하며, 선간 전압이 상 전압의 $\sqrt{3}$ 배가 된다.
- 절연이 용이하며, 제3고조파가 나타나지 않는다.

28 **A, B 2대의 동기 발전기의 병렬 운전 중 A기의 역률을 좋게 하려면 어떻게 해야 하는가?**

① A기 여자 증가
② A기의 원동기 입력 증가
③ B기 여자 증가
④ B기의 원동기 입력 증가

해설 역률 조정

- 역률을 좋게 하려면 무효 전력이 감소해야 하므로 계자를 줄여야 한다.
- A기의 역률을 좋게 하려면 A기의 여자를 줄이든가, B기의 여자를 증가시키면 된다.

참고 이때 전력과 전압의 변동은 없다.

29 **변압기유가 구비해야 할 조건 중 맞는 것은?**

① 절연 내력이 작고 산화하지 않을 것
② 비열이 작아서 냉각 효과가 클 것
③ 인화점이 높고 응고점이 낮을 것
④ 절연 재료나 금속에 접촉할 때 화학 작용을 일으킬 것

해설 변압기 기름의 구비 조건

① 절연 내력이 높아야 한다.
② 냉각 작용이 좋고 비열과 열전도도가 클 것
③ 인화점이 높으며, 응고점이 낮아야 한다.
④ 절연 재료나 금속에 접촉할 때 화학 작용을 일으키지 않을 것

정답 27 ② 28 ③ 29 ③

30 어떤 변압기의 철손이 300W, 전부하 동손은 400W이다. 71% 부하에서의 전손실(W)은 얼마인가?

① 700 ② 580 ③ 500 ④ 400

해설 $P_l = P_i + \left(\frac{1}{m}\right)^2 P_c = 300 + (0.71)^2 \times 400 = 500\text{W}$

31 권수비 2, 2차 전압 100, 2차 전류 5A, 2차 임피던스 20Ω인 변압기의 ㉠ 1차 환산 전압 및 ㉡ 1차 환산 임피던스는?

① ㉠ 200V, ㉡ 80Ω ② ㉠ 200V, ㉡ 40Ω
③ ㉠ 50V, ㉡ 10Ω ④ ㉠ 50V, ㉡ 5Ω

해설
- $E_1' = aE_2 = 2 \times 100 = 200\text{V}$
- $Z_1' = a^2 Z_2 = 2^2 \times 20 = 80\,\Omega$

32 송배전 계통에 거의 사용되지 않는 변압기 3상 결선 방식은?

① Y-Δ ② Y-Y ③ Δ-Y ④ Δ-Δ

해설 Y-Y 결선의 단점 : 제3고조파를 주로 하는 고조파 충전 전류가 흘러 통신선에 장애를 준다.

33 셰이딩 코일형 유도 전동기의 특징을 나타낸 것으로 틀린 것은?

① 역률과 효율이 좋고 구조가 간단하여 세탁기 등 가정용 기기에 많이 쓰인다.
② 회전자는 농형이고, 고정자의 성층 철심은 몇 개의 돌극으로 되어 있다.
③ 기동 토크가 작고, 출력이 수 10 W 이하의 소형 전동기에 주로 사용된다.
④ 운전 중에도 셰이딩 코일에 전류가 흐르고, 속도 변동률이 크다.

해설 셰이딩 코일 (shading coil)형은 기동 토크가 작고, 출력이 수 10 W 이하의 소형 전동기에 주로 사용된다.

참고 콘덴서 기동형은 역률(90 % 이상)과 효율이 좋아서 가전제품에 주로 사용된다.

정답 30 ③ 31 ① 32 ② 33 ①

34 3상 유도 전동기의 2차 입력 100kW, 슬립 5%일 때 기계적 출력(kW)은?

① 50 ② 75 ③ 95 ④ 100

해설 $P_0 = (1-s) \cdot P_2 = (1-0.05) \times 100 = 95\,\text{kW}$

35 3상 유도 전동기의 특성에서 비례 추이하지 않는 것은?

① 출력 ② 1차 전류 ③ 역률 ④ 2차 전류

해설 비례 추이(proportional shift) : 비례 추이는 권선형 유도 전동기의 기동 전류 제한, 기동 토크 증가, 속도 제어 등에 이용되며 토크, 전류, 역률, 동기 와트, 1차 입력 등에 적용된다.

36 유도 전동기의 손실 중 측정하거나 계산으로 구할 수 없는 손실은?

① 기계손 ② 철손 ③ 구리손 ④ 표유 부하손

해설
- 회전할 때 생기는 구리손은 부하 전류에 의한 1차, 2차 권선의 저항손이다.
- 표유 부하손 : 측정하거나 계산할 수 없는 손실로 부하에 비례하여 변화한다.

37 정지 상태에 있는 3상 유도 전동기의 슬립 값은 얼마인가?

① ∞ ② 0 ③ 1 ④ −1

해설 슬립(slip) : s
- 기동 시(정지 상태) : $N=0 \rightarrow s=1$
- 동기 속도로 회전 시 : $N=N_s \rightarrow s=0$

38 다음 중 회전기의 회전자 접속 방향에 발생하는 전자력을 변환하여 직선 운동을 하는 모터는?

① 리니어 모터 ② 서보 모터
③ 스테핑 모터 ④ 2중 농형 유도 전동기

정답 34 ③ 35 ① 36 ④ 37 ③ 38 ①

해설 리니어 전동기 : 회전하는 전동기의 원리를 직선 운동에 응용한 것으로 볼 스크루(ball screw)와 같은 직선 구동을 위한 보조 기구 없이 직선적인(linear) 방향으로 선형 운동을 하는 전동기이다.

39 **다이오드를 사용한 정류 회로에서 다이오드를 여러 개 직렬로 연결하여 사용하는 경우의 설명으로 가장 옳은 것은?**

① 고조파 전류를 감소시킬 수 있다.
② 출력 전압의 맥동률을 감소시킬 수 있다.
③ 입력 전압을 증가시킬 수 있다.
④ 부하 전류를 증가시킬 수 있다.

해설
- 직렬로 연결 : 분압에 의하여 입력 전압을 증가시킬 수 있다. – 과전압으로부터 보호
- 병렬로 연결 : 분류에 의하여 부하 전류를 증가시킬 수 있다. – 과전류로부터 보호

40 **3단자 사이리스터가 아닌 것은?**

① SCS ② SCR ③ TRIAC ④ GTO

해설 ① SCS : 4단자 단일 방향성 ② SCR : 3단자 단일 방향성
③ TRIAC : 3단자 양방향성 ④ GTO : 3단자 단일 방향성

제3과목 전기 설비 - 20문항

41 **전선의 공칭 단면적에 대한 설명으로 옳지 않은 것은?**

① 소선 수와 소선의 지름으로 나타낸다.
② 단위는 mm^2로 표시한다.
③ 전선의 실제 단면적과 같다.
④ 연선의 굵기를 나타내는 것이다.

해설 전선의 공칭 단면적은 전선의 실제 단면적과는 다르다.
예 (소선 수/소선 지름) → (7/0.85)로 구성된 연선의 공칭 단면적은 $4mm^2$이며, 계산 단면적은 $3.97mm^2$이다.

정답 39 ③ 40 ① 41 ③

42 4심 캡타이어 케이블 심선의 색상은?

① 흑, 백, 적, 청 ② 흑, 백, 적, 황
③ 흑, 백, 적, 녹 ④ 흑, 백, 적, 회

해설 캡타이어 케이블 색상
- 2심 : 흑, 백
- 3심 : 흑, 백, 적 or 흑, 백, 녹
- 4심 : 흑, 백, 적, 녹

43 다음 그림의 접속 방법은?

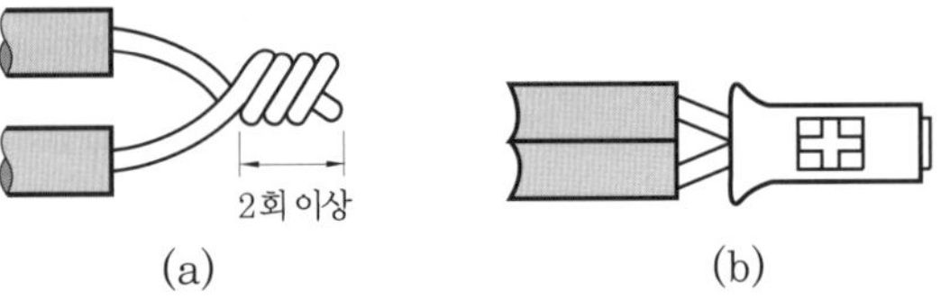

① 직선 접속 ② 종단 접속 ③ 슬리브 직선 접속 ④ 분기 접속

해설 그림 (a)는 가는 단선의 종단 접속, 그림 (b)는 직선 겹침용 슬리브에 의한 종단 접속이다.

44 절연 내력을 시험할 때는 관련 규정에서 정한 시험 전압을 연속하여 몇 분간 가하여야 하는가?

① 1분 ② 3분 ③ 5분 ④ 10분

해설 선로와 대지 사이, 권선과 대지 사이에 시험 전압을 연속하여 10분간 가하여야 한다.

45 배전반 및 분전반과 연결된 배관을 변경하거나 이미 설치되어 있는 캐비닛에 구멍을 뚫을 때 필요한 공구는?

① 오스터 ② 클리퍼 ③ 토치램프 ④ 녹아웃 펀치

해설 녹아웃 펀치(knock out punch) : 캐비닛에 구멍을 뚫을 때 필요한 공구이다.

정답 42 ③ 43 ② 44 ④ 45 ④

46 피시 테이프(fish tape)의 용도는?

① 전선을 테이핑하기 위해서 사용
② 전선관의 끝마무리를 위해서 사용
③ 전선관에 전선을 넣을 때 사용
④ 합성수지관을 구부릴 때 사용

해설 피시 테이프(fish tape) : 전선관에 전선을 넣을 때 사용되는 평각 강철선이다.

47 고압 배전 선로의 주상 변압기의 2차 측에 실시하는 변압기 중성점 접지 공사의 접지 저항값을 계산하는 식으로 옳은 것은? (단, I_g는 지락 전류이며, 고압 배전 선로에는 고저압 전로의 혼촉 시 2초 이내 1초를 초과하여 자동적으로 전로를 차단하는 장치가 포함되어 있다.)

① $\dfrac{150}{I_g}$
② $\dfrac{300}{I_g}$
③ $\dfrac{600}{I_g}$
④ $\dfrac{900}{I_g}$

해설 변압기 중성점 접지(KEC 142.5)

- 일반적으로 변압기의 고압 특고압 선로 1선 지락 전류로 150을 나눈 값과 같은 저항 값 이하
- 1초 초과 2초 이내 전로를 자동적으로 차단하는 장치를 설치할 때는 300을 나눈 값과 이하
- 1초 이내에 전로를 자동적으로 차단하는 장치를 설치할 때는 600을 나눈 값과 이하

48 저압 전로에 사용하는 과전류 차단기용 퓨즈에서 정격 전류가 32A인 퓨즈는 40A가 흐르는 경우 몇 분 이내에는 동작되지 않아야 하는가?

① 30
② 60
③ 120
④ 180

해설 다음 표에서 32A는 '16A 이상 63A 이하'에 해당되고, 40A는 32A의 1.25배이므로 60분 이내에는 동작되지 않아야 한다.

퓨즈의 용단 특성(KEC 212.3.4)

정격 전류의 구분	시간	정격 전류의 배수	
		불용단 전류	용단 전류
4A 초과 16A 미만	60분	1.5배	1.9배
16A 이상 63A 이하	60분	1.25배	1.6배
63A 초과 160A 이하	120분	1.25배	1.6배

정답 46 ③ 47 ② 48 ②

17회

49 위험물 등이 있는 곳에서의 저압 옥내 배선 공사 방법이 아닌 것은?

① 케이블 공사 ② 합성수지관 공사
③ 금속관 공사 ④ 애자 사용 공사

해설 위험물 등이 존재하는 장소(셀룰로이드, 성냥, 석유류 등)(KEC 242.4) : 금속판 공사, 합성수지관 공사 또는 케이블 공사 등에 의할 것

50 화약고 등의 위험 장소의 배선 공사에서 전로의 대지 전압은 몇 V 이하로 하도록 되어 있는가?

① 300 ② 400 ③ 500 ④ 600

해설 화약류 저장소 등의 위험 장소(KEC 242.5) : 화약고는 전기 설비를 시설하여서는 안 된다. 다만, 백열전등, 형광등 또는 이들에 전기를 공급하기 위한 경우는 전로의 대지 전압은 300V 이하로 해야 한다.

51 저압 크레인 또는 호이스트 등의 트롤리선을 애자 사용 공사에 의하여 옥내의 노출 장소에 시설하는 경우 트롤리선의 바닥에서의 최소 높이는 몇 m 이상으로 설치하는가?

① 2 ② 2.5 ③ 3.5 ④ 4

해설 저압 접촉 전선(KEC 232.81) : 트롤리선의 바닥에서의 최소 높이 3.5m 이상

참고 트롤리선(trolley wire) : 주행 크레인이나 전동차 등과 같이 전동기를 보유하는 이동 기기에 전기를 공급하기 위한 접촉 전선을 트롤리선이라 한다.

52 캡타이어 케이블을 조영재에 따라 시설하는 경우 케이블 상호, 케이블과 박스, 기구와의 접속 개소와 지지점간의 거리는 접속 개소에서 몇 m 이하로 하는 것이 바람직한가?

① 0.1 ② 0.15 ③ 0.3 ④ 0.5

해설 접속 개소에서 0.15m 이하로 하는 것이 바람직하다.

정답 49 ④ 50 ① 51 ③ 52 ②

53 금속관 공사에서 수직 배관 내의 전선의 굵기가 250 mm^2를 초과할 경우 지지점의 간격은 몇 m 이하마다 지지하여야 하는가?

① 20　② 16　③ 12　④ 8

해설 수직 배관 내의 전선 : 수직으로 배관한 금속관 내의 전선은 표의 간격 이하마다 적당한 방법으로 지지하여야 한다.

전선의 굵기와 지지점의 간격

전선의 굵기(mm^2)	50 이하	100 이하	150 이하	250 이하	250 초과
지지점의 간격(m)	30	25	20	15	12

54 저압 접촉 전선을 애자 공사에 의해 옥측 또는 옥외에 은폐된 장소에 시설할 수 있는 경우로 옳은 것은?

① 점검할 수 없는 은폐된 장소
② 점검할 수 없고 습한 장소
③ 점검할 수 있고 습한 장소
④ 점검할 수 있고 물이 고이지 않는 장소

해설 옥측 또는 옥외에 시설하는 접촉 전선의 시설(KEC 235.4) : 점검할 수 있고 또한 물이 고이지 않도록 시설해야 한다.

55 지선의 중간에 넣는 애자는 무엇인가?

① 저압 핀 애자　② 구형 애자　③ 인류 애자　④ 내장 애자

해설 구형 애자 : 인류용과 지선용이 있으며, 지선용은 지선의 중간에 넣어 양측 지선을 절연하는 애자

56 계기용 변류기(CT)의 정격 2차 전류는 몇 A인가?

① 5　② 15　③ 25　④ 50

해설 계기용 변류기(CT)의 2차 정격 전류는 5A이다.

정답 53 ③　54 ④　55 ②　56 ①

17회

57 가공 전선로의 지지물에 시설하는 지선으로 연선을 사용할 경우에는 소선이 최소 몇 가닥 이상이어야 하는가?

① 3가닥 ② 4가닥 ③ 5가닥 ④ 6가닥

해설 지선의 시설(KEC 331.11) : 지선에 연선을 사용할 경우
- 소선 3가닥 이상의 연선일 것
- 소선의 지름이 2.6mm 이상의 금속선을 사용한 것일 것

58 MOF는 무엇의 약호인가?

① 계기용 변압기 ② 계기용 변압 변류기
③ 계기용 변류기 ④ 시험용 변압기

해설 계기용 변압 변류기(MOF : Metering Out Fit) : 전력 수급용 전력량 계시

59 조명 기구를 반간접 조명 방식으로 설치하였을 때, 상향 광속의 양(%)은?

① 0~10 ② 10~40 ③ 40~60 ④ 60~90

해설 조명 기구의 배광

조명 방식	직접 조명	반직접 조명	전반 확산 조명	반간접 조명	간접 조명
상향 광속	0~10 %	10~40 %	40~60 %	60~90 %	90~100 %

60 저압 옥내 배선 검사의 순서가 맞게 배열된 것은?

① 절연 저항 측정 - 점검 - 통전 시험 - 접지 저항 측정
② 점검 - 절연 저항 측정 - 접지 저항 측정 - 통전 시험
③ 점검 - 통전 시험 - 절연 저항 측정 - 접지 저항 측정
④ 통전 시험 - 점검 - 접지 저항 측정 - 절연 저항 측정

해설 배선 시험 순서 : 점검 → 절연 저항 시험 → 접지 저항 시험 → 통전 시험

정답 57 ① 58 ② 59 ④ 60 ②

18회 CBT 실전문제

제1과목 전기 이론 - 20문항

01 진공 중에 10μC와 20μC의 점전하를 1m의 거리로 놓았을 때 작용하는 힘(N)은?

① 18×10^{-1} ② 2×10^{-2} ③ 9.8×10^{-9} ④ 98×10^{-9}

해설 $F=9\times10^9\times\dfrac{Q_1\cdot Q_2}{r^2}=9\times10^9\times\dfrac{10\times10^{-6}\times20\times10^{-6}}{1^2}$

$=9\times10^9\times\dfrac{2\times10^{-10}}{1}=18\times10^{-1}\text{N}$

02 다음 중 극성이 있는 콘덴서는?

① 바리콘 ② 탄탈 콘덴서
③ 마일러 콘덴서 ④ 세라믹 콘덴서

해설 탄탈 콘덴서(tantal condenser)

- 전극에 탄탈륨이라는 재료를 사용하는 전해 콘덴서의 일종이다.
- 극성이 있으며, 콘덴서 자체에 (+)의 기호로 전극을 표시한다.

03 환상 솔레노이드 내부의 자기장의 세기에 관한 설명으로 옳은 것은?

① 자기장의 세기는 권수에 반비례한다.
② 자기장의 세기는 권수, 전류, 평균 반지름과는 관계가 없다.
③ 자기장의 세기는 평균 반지름에 비례한다.
④ 자기장의 세기는 전류에 비례한다.

해설 환상 솔레노이드(solenoid) $H=\dfrac{NI}{2\pi r}$[AT/m]

정답 01 ① 02 ② 03 ④

04 유전율 ε의 유전체 내에 있는 전하 Q[C]에서 나오는 전기력선의 수는?

① Q ② $\frac{Q}{\varepsilon_0}$ ③ $\frac{Q}{\varepsilon}$ ④ $\frac{Q}{\varepsilon_s}$

해설 가우스의 정리 : 전하량 Q[C]를 둘러싼 폐곡면을 관통하고, 밖으로 나가는 전기력선의 총 수

$$N = \frac{Q}{\varepsilon} = \frac{Q}{\varepsilon_0 \varepsilon_s}\text{개}$$

05 자속 밀도 2Wb/m^{2}의 평등 자장 안에 길이 20cm의 도선을 자장과 60°의 각도로 놓고 5A의 전류를 흘리면 도선에 작용하는 힘은 몇 N인가?

① 0.1 ② 0.75 ③ 1.732 ④ 3.46

해설 $F = BlI\sin\theta = 2 \times 20 \times 10^{-2} \times 5 \times \frac{\sqrt{3}}{2} = 1.732\,\mathrm{N}$

06 어느 코일에서 0.1초 동안에 1A의 전류가 변화할 때 코일에 유도되는 기전력이 20V이면, 이 코일의 자체 인덕턴스는 몇 H인가?

① 1 ② 2 ③ 3 ④ 4

해설 $v = L\frac{dI}{dt}$ [V]에서, $L = \frac{v \cdot dt}{dI} = \frac{20 \times 0.1}{1} = 2\,\mathrm{H}$

07 다음 설명의 (㉠), (㉡)에 들어갈 내용으로 옳은 것은?

"히스테리시스 곡선에서 종축과 만나는 점은 (㉠)이고, 횡축과 만나는 점은 (㉡)이다."

① ㉠ 보자력, ㉡ 잔류 자기 ② ㉠ 잔류 자기, ㉡ 보자력
③ ㉠ 자속 밀도, ㉡ 자기 저항 ④ ㉠ 자기 저항, ㉡ 자속 밀도

해설 히스테리시스 곡선에서 종축과 만나는 점은 잔류 자기이고, 횡축과 만나는 점은 보자력이다.

정답 04 ③ 05 ③ 06 ② 07 ②

08 다음 중 1V와 같은 값을 갖는 것은?

① 1 J/C ② 1 Wb/m ③ 1 Ω/m ④ 1 A · s

해설 1V는 1C의 전하가 두 점 사이를 이동할 때 얻거나 또는 잃는 에너지가 1J일 때의 전위차이다.

∴ 1V=1 J/C

09 직류 250V의 전압에 두 개의 150V용 전압계를 직렬로 접속하여 측정하면 각 계기의 지싯값 V_1, V_2는 각각 몇 V인가? (단, 전압계의 내부 저항은 Ⓥa=15kΩ, Ⓥb=10kΩ 이다.)

① $V_1 = 250,\ V_2 = 150$ ② $V_1 = 150,\ V_2 = 100$

③ $V_1 = 100,\ V_2 = 150$ ④ $V_1 = 100,\ V_2 = 250$

해설 전압계 내부 저항 비 = 15 : 10 = 3 : 2

∴ $V_1 : V_2 = 3:2 = 150:100$

10 저항 R_1, R_2를 병렬로 연결하고 전 전류가 I[A]라면, R_1에 흐르는 전류 I_1은?

① $(R_1+R_2)I$ ② $\dfrac{R_2}{R_1+R_2}I$ ③ $\dfrac{R_1}{R_1+R_2}I$ ④ $\dfrac{R_1R_2}{R_1+R_2}I$

해설 병렬 회로의 전류 분배

$I_1 = \dfrac{R_2}{R_1+R_2}I\,[\mathrm{A}]$, $I_2 = \dfrac{R_1}{R_1+R_2}I\,[\mathrm{A}]$

11 $R=10\Omega$, $X_L=15\Omega$, $X_C=15\Omega$의 직렬 회로에 100V의 교류 전압을 인가할 때 흐르는 전류(A)는?

① 6 ② 8 ③ 10 ④ 12

해설 $X_L = X_C$이므로, 직렬 공진 회로이다. ∴ $I = \dfrac{V}{R} = \dfrac{100}{10} = 10\,\mathrm{A}$

정답 08 ① 09 ② 10 ② 11 ③

12 콘덴서의 용량이 1kHz에서 50Ω이면 50Hz에서는 몇 Ω인가?

① 1000 ② 750 ③ 500 ④ 250

해설 • $X_C = \frac{1}{2\pi f C}[\Omega]$: 용량 리액턴스(X_C)는 주파수(f)에 반비례한다.

• 주파수가 1/20배로 감소하면, X_C는 20배로 증가한다.

∴ $X_C = 20 \times 50 = 1000\Omega$

13 다음 그림과 같은 RL 병렬 회로에서 $R = 25\Omega$, $\omega L = \frac{100}{3}\Omega$일 때, 200V의 전압을 가하면 코일에 흐르는 전류 $I_L[\mathrm{A}]$은?

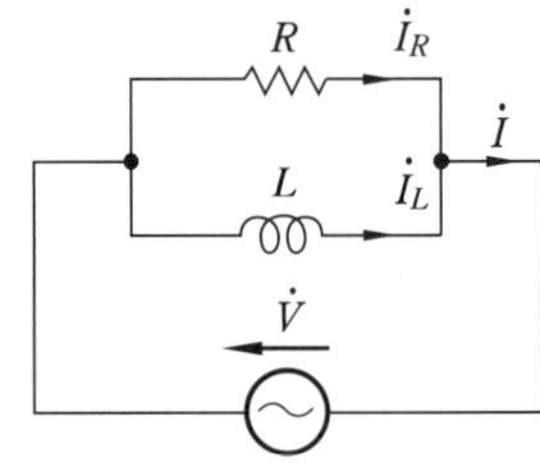

① 3.0 ② 4.8 ③ 6.0 ④ 8.2

해설 $I_L = \frac{V}{\omega L} = \frac{200}{\frac{100}{3}} \fallingdotseq 6\mathrm{A}$

참고 $I_R = \frac{V}{R} = \frac{200}{25} = 4\mathrm{A}$

14 $\dot{E} = 100 + j20$ [V]와 $\dot{I} = 20 - j30$ [A]일 때 유효 전력 P는 몇 W인가?

① 1400 ② 1600 ③ 2000 ④ 2600

해설 복소 전력 표시

$\dot{P} = \dot{V} \times \overline{I} = (100 + j20) \times (20 + j30) = 2000 + j3000 + j400 - 600$

$= 1400 + j3400[\mathrm{W}]$

∴ 유효 전력 = 1400W

정답 12 ① 13 ③ 14 ①

15 다음 중 어드미턴스에 대한 설명으로 옳은 것은?

① 교류에서 저항 이외에 전류를 방해하는 저항 성분
② 전기 회로에서 회로 저항의 역수
③ 전기 회로에서 임피던스의 역수의 허수부
④ 교류 회로에서 전류의 흐르기 쉬운 정도를 나타낸 것으로서 임피던스의 역수

해설 어드미턴스(admittance) : $\dot{Y} = G + jB$

- 교류 회로에서 전류의 흐르기 쉬운 정도를 나타낸 것이다.
- 임피던스의 역수로 기호는 Y, 단위는 [℧]을 사용한다.

16 대칭 3상 Δ 결선에서 선전류와 상전류와의 위상 관계는?

① 상전류가 $\frac{\pi}{6}$ [rad] 앞선다.
② 상전류가 $\frac{\pi}{6}$ [rad] 뒤진다.
③ 상전류가 $\frac{\pi}{3}$ [rad] 앞선다.
④ 상전류가 $\frac{\pi}{3}$ [rad] 뒤진다.

해설 대칭 3상 Δ 결선에서 상전류 I_p는 선전류 I_l보다 위상이 $\frac{\pi}{6}$ [rad]만큼 앞선다.

참고 대칭 3상 Y 결선의 경우 : 선간 전압은 상전압보다 위상이 $\frac{\pi}{6}$ [rad] 앞선다.

17 파고율, 파형률이 모두 1인 파형은?

① 사인파 ② 고조파 ③ 구형파 ④ 삼각파

해설 구형파는 실횻값=평균값= 최댓값이므로 파고율, 파형률이 모두 1이다.

18 3분 동안에 180000J의 일을 하였다면 전력은?

① 1kW ② 30kW ③ 1000kW ④ 3240kW

해설 $P = \frac{W}{t} = \frac{180000}{3 \times 60} \times 10^{-3} = 1\,\text{kW}$

정답 15 ④ 16 ① 17 ③ 18 ①

19 같은 크기의 저항 4개를 접속하여 얻어지는 경우 중에서 소비 전력이 가장 큰 것은?

① 직렬과 병렬은 관계없다. ② 둘 다 같다.
③ 모두 병렬로 접속 ④ 모두 직렬로 접속

해설 $P = \frac{V^2}{R}$ [W]에서, 전압은 일정하므로 소비 전력은 저항에 반비례한다.

∴ 모두 병렬로 접속 시 합성 저항이 작아서 소비 전력이 가장 크다.

20 니켈의 원자가는 2.0이고 원자량은 58.70이다. 화학 당량의 값은?

① 117.4 ② 60.70 ③ 56.70 ④ 29.35

해설 화학 당량$= \frac{\text{원자량}}{\text{원자가}} = \frac{58.7}{2} = 29.35$

제2과목 전기 기기 - 20문항

21 측정이나 계산으로 구할 수 없는 손실로 부하 전류가 흐를 때 도체 또는 철심 내부에서 생기는 손실을 무엇이라 하는가?

① 구리손 ② 히스테리시스 손
③ 맴돌이 전류손 ④ 표유 부하손

해설 표유 부하손(stray load loss)은 측정이나 계산에 의하여 구할 수 없는 손실로, 부하가 걸렸을 때에 도체 또는 철심 내부에 생기는 손실이다.

22 동기 조상기를 과여자로 사용하면 어떻게 되는가?

① 콘덴서로 작용 ② 일부 부하 뒤진 역률 보상
③ 리액터로 작용 ④ 저항손의 보상

해설 동기 조상기의 위상 특성 곡선

- 부족 여자 : 유도성 부하로 동작 → 리액터로 작용
- 과여자 : 용량성 부하로 동작 → 콘덴서로 작용

정답 19 ③ 20 ④ 21 ④ 22 ①

23 **기중기, 전기 자동차, 전기 철도와 같은 곳에 가장 많이 사용되는 전동기는?**

① 가동 복권 전동기 ② 차동 복권 전동기
③ 분권 전동기 ④ 직권 전동기

해설 직류 전동기 용도

종류	용도
타여자	압연기, 권상기, 크레인, 엘리베이터
분권	• 직류 전원 선박의 펌프, 환기용 송풍기, 공작 기계 • 정속도
직권	• 전차, 권상기, 크레인 • 가동 횟수가 빈번하고 토크의 변동도 심한 부하
가동 복권	크레인, 엘리베이터, 공작 기계, 공기 압축기

24 **다음 중 전동기 회전 방향의 표준은?**

① 풀리(pulley) 있는 쪽에서 보아 시계 방향
② 풀리 반대쪽에서 보아 시계 방향
③ 단자 있는 쪽에서 보아 넘어오는 방향
④ 스위치 있는 쪽에서 보아 넘어오는 방향

해설 전동기 회전 방향의 표준은 부하가 연결되어 있는 반대쪽에서 보아 시계 방향을 표준으로 한다. 즉, 풀리(pulley) 반대쪽에서 보아 시계 방향이다.

25 **동기 발전기의 돌발 단락 전류를 주로 제한하는 것은?**

① 누설 리액턴스 ② 역상 리액턴스
③ 동기 리액턴스 ④ 권선 저항

해설 ㉠ 누설 리액턴스

• 누설 자속에 의한 권선의 유도성 리액턴스 $x_l = \omega L$을 누설 리액턴스라 한다.
• 돌발(순간) 단락 전류를 제한한다.

㉡ 동기 리액턴스 : $x_s = x_a + x_l$

• 영구(지속) 단락 전류를 제한한다.

정답 23 ④ 24 ② 25 ①

26 3상 동기기의 제동 권선을 사용하는 주목적 중 가장 적합한 것은?

① 출력이 증가한다.
② 효율이 증가한다.
③ 역률을 개선한다.
④ 난조를 방지한다.

해설 제동 권선의 역할

- 난조 방지
- 동기 전동기 기동 토크 발생
- 불평형 부하시의 전류 전압 파형을 개선
- 송전선 불평형 단락 시 이상 전압 방지

27 동기 전동기에 대한 설명으로 틀린 것은?

① 정속도 전동기이고, 저속도에서 특히 효율이 좋다.
② 역률을 조정할 수 있다.
③ 난조가 일어나기 쉽다.
④ 직류 여자기가 필요하지 않다.

해설 동기 전동기는 기동 토크가 작고 난조를 일으킬 염려가 있으며, 여자기, 즉 직류 전원을 필요로 하는 결점이 있다.

28 3000/100V인 단상 주상 변압기가 있다. 1차, 2차의 임피던스는 각각 $40+j\,150$ [Ω] 및 $0.05+j\,0.2$[Ω]이다. 1차에 환산한 등가 임피던스는?

① $85+j\,330$[Ω]
② $105+j\,340$[Ω]
③ $210+j\,450$[Ω]
④ $305+j\,520$[Ω]

해설 $a=\dfrac{3000}{100}=30$

- $R_1{}'=r_1+a^2\,r_2=40+30^2\times0.05=85\,\Omega$
- $X_1{}'=x_1+a^2\,x_2=150+30^2\times0.2=330\,\Omega$

$\therefore\ Z_1{}'=R_1{}'+j\,X_1{}'=85+j330\,\Omega$

정답 **26** ④ **27** ④ **28** ①

29 직류 발전기의 전기자 반작용의 영향이 아닌 것은?

① 절연 내력의 저하
② 유도 기전력의 저하
③ 중성축의 이동
④ 자속의 감소

해설 전기자 반작용이 직류 발전기에 주는 현상

㉠ 전기적 중성축이 이동된다.
- 발전기 : 회전 방향
- 전동기 : 회전 방향과 반대 방향

㉡ 주자 속이 감소하여 기전력이 감소된다.

30 변압기의 자속에 관한 설명으로 옳은 것은?

① 전압과 주파수에 반비례한다.
② 전압과 주파수에 비례한다.
③ 전압에 반비례하고 주파수에 비례한다.
④ 전압에 비례하고 주파수에 반비례한다.

해설 $\phi = \dfrac{E}{4.44fN} = k \cdot \dfrac{E}{f}$[Wb]

∴ 자속 ϕ는 전압 E에 비례하고, 주파수 f에 반비례한다.

31 변압기의 정격 출력으로 맞는 것은?

① 정격 1차 전압×정격 1차 전류
② 정격 1차 전압×정격 2차 전류
③ 정격 2차 전압×정격 1차 전류
④ 정격 2차 전압×정격 2차 전류

해설 변압기의 정격 출력
- 정격 용량(출력)=정격 2차 전압 V_{2n}×정격 2차 전류 I_{2n}
- 단위는 VA, kVA 또는 MVA로 나타낸다.

32 유도 전동기의 동기 속도를 N_s, 회전 속도를 N이라 하면 슬립 s는?

① $s = \dfrac{N_s - N}{N_s}$
② $s = \dfrac{N - N_s}{N_s}$
③ $s = \dfrac{N_s - N}{N}$
④ $s = \dfrac{N - N_s}{N}$

정답 29 ① 30 ④ 31 ④ 32 ①

18회

해설 슬립(slip) : 회전 자기장의 동기 속도 N_s [rpm]와 회전자의 속도 N [rpm] 사이에 속도의 차이($N_s - N$)와 동기 속도 N_s와의 비를 슬립(slip) s라 한다.

$$s = \frac{N_s - N}{N_s}$$

33 다음 변압기 극성에 관한 설명으로 틀린 것은?

① 우리나라에서는 감극성이 표준으로 되어 있다.
② 1차와 2차 권선에 유기된 전압의 극성이 서로 반대이면 감극성이다.
③ 3상 결선 시 극성을 고려해야 한다.
④ 병렬 운전 시 극성을 고려해야 한다.

해설 1차와 2차 권선에 유기된 전압의 극성이 서로 반대이면 가극성이다.

34 2차 전압 200V, 2차 권선 저항 0.03Ω, 2차 리액턴스 0.04Ω인 유도 전동기가 3%의 슬립으로 운전 중이라면 2차 전류(A)는?

① 20 ② 100 ③ 200 ④ 254

해설 회전자가 슬립 s로 회전하고 있을 때 2차 전류

$$I_2 = \frac{sE_2}{\sqrt{{r_2}^2 + (sx_2)^2}}\text{[A]에서, } sx_2 \ll r_2 \text{ 이므로}$$

$$I_2 \fallingdotseq \frac{sE_2}{r_2} = \frac{0.03 \times 200}{0.03} = 200\,\text{A}$$

35 3상 권선형 유도 전동기의 기동 시 2차 측에 저항을 접속하는 이유는?

① 기동 토크를 크게 하기 위해
② 회전수를 감소시키기 위해
③ 기동 전류를 크게 하기 위해
④ 역률을 개선하기 위해

해설 권선형 유도 전동기의 기동 – 2차 저항법 : 기동할 때에는 2차 회로의 저항을 적당히 조절, 비례 추이를 이용하여 기동 전류는 감소시키고 기동 토크를 증가시킨다.

정답 33 ② 34 ③ 35 ①

36 **일정한 방향으로만 회전하는 유도 전동기의 회전 방향의 표준은?**

① 부하가 연결된 쪽에서 보아 시계 방향
② 부하가 연결된 반대쪽에서 보아 시계 방향
③ 부하가 연결된 반대쪽에서 보아 반시계 방향
④ 유도 전동기에 따라 다르다.

해설 회전 방향 : 부하가 연결되어 있는 반대쪽에서 보아 시계 방향을 표준으로 하고 있다.

37 **다음 제동 방법 중 급정지하는 데 가장 좋은 제동법은?**

① 발전 제동 ② 회생 제동
③ 단상 제동 ④ 역전 제동

해설 역전 제동(plugging)

- 전동기를 매우 빨리 정지시킬 때 쓴다.
- 전동기가 회전하고 있을 때 전원에 접속된 3선 중에서 2선을 빨리 바꾸어 접속하면, 회전 자장의 방향이 반대로 되어 회전자에 작용하는 토크의 방향이 반대가 되므로 전동기는 빨리 정지한다.

38 **보호 계전기의 동작 사항에 대한 설명이 잘못된 것은?**

① 과전압 계전기 : 계전기의 전압 코일에 계기용 변압기의 2차 전압을 걸어주고 전압이 이상 상승하거나 저하했을 때 일정 값에 따라 접점이 개로하여 동작한다.
② 과전류 계전기 : 변류기(CT) 1차 측에 접속되어 주 회로에 과부하 및 단락 사고가 발생하면 변류기 1차 측 전류가 계전기 정정 값 이상으로 검출되어 동작한다.
③ 거리 계전기 : 거리 계전기는 전압과 전류를 일정량으로 하여 전압과 전류의 비가 일정한 값 이하로 될 경우 동작하는 계전기이다. 계전기의 설치 지점으로부터 단락 또는 지락점의 방향과 고장 발생점까지의 전기적 거리(임피던스)를 판별하여 동작한다.
④ 부족 전류 계전기 : 전류의 크기가 일정한 값 이하로 되었을 때 동작하는 계전기이며, 일반적으로 보호 목적보다는 제어 목적으로 사용되는 경우가 많다.

해설 과전류 계전기 : 변류기(CT) 2차 측에 접속되어 주 회로에 과부하 및 단락 사고가 발생하면 변류기 2차 측 전류가 계전기 정정 값 이상으로 검출되어 동작한다.

정답 36 ② 37 ④ 38 ②

39 주상 변압기의 고압 측에 탭을 여러 개 만든 이유는?

① 역률 개선
② 단자 고장 대비
③ 선로 전류 조정
④ 선로 전압 조정

해설 탭 절환 변압기 : 주상 변압기에 여러 개의 탭을 만드는 것은 부하 변동에 따른 선로 전압을 조정하기 위해서이다.

40 온도 변화에 따라 저항 값이 부(−)의 온도 계수를 갖는 열 민감성 소자로 온도의 자동 제어에 사용되는 반도체는?

① 다이오드
② Cds
③ 배리스터
④ 서미스터

해설 서미스터(thermistor)

- 일반적인 금속과는 달리 온도가 올라갈수록 저항이 감소하는 전기적 성질, 즉 부(−)의 온도 계수를 갖는다.
- 열적 신호를 전기적 신호로 바꾸어 주는 온도 측정 장치, 자동 온도 조절 장치 등에 이용된다.

제3과목 전기 설비 - 20문항

41 다음 중 전선 약호가 CV인 케이블은?

① 비닐 절연 비닐 시스 케이블
② 고무 절연 클로로프렌 시스 케이블
③ 가교 폴리에틸렌 절연 비닐 시스 케이블
④ 미네랄 인슐레이션 케이블

해설 ① VV ② PN ③ CV ④ MI

42 인입용 비닐 절연 전선의 공칭 단면적 14 mm^2되는 연선의 구성은 소선의 지름이 1.6 mm일 때 소선 수는 몇 가닥으로 되어 있는가?

① 3
② 4
③ 6
④ 7

정답 39 ④ 40 ④ 41 ③ 42 ④

해설

연선의 공칭 단면적(mm^2)	연선의 구성(소선 수/지름)
14	7/1.6
8	7/1.2
5.5	7/1.0

43 전선과 기구 단자 접속 시 나사를 덜 죄었을 경우 발생할 수 있는 위험과 거리가 먼 것은?

① 누전 ② 화재 위험 ③ 과열 발생 ④ 저항 감소

해설 나사를 덜 죄었을 경우 접촉 부분의 저항이 증가하게 된다.
∴ 전선을 나사로 고정할 경우에 진동 등으로 헐거워질 우려가 있는 장소는 2중 너트, 스프링 와셔 및 나사 풀림 방지 기구가 있는 것을 사용하여야 한다.

44 최대 사용 전압이 220V인 3상 유도 전동기가 있다. 이것의 절연 내력 시험 전압은 몇 V로 하여야 하는가?

① 330 ② 500 ③ 750 ④ 1050

해설 회전기의 절연 내력 시험 전압(KEC 133-1)

최대 사용 전압	시험 전압
최대 사용 전압이 7kV 이하	최대 사용 전압의 1.5배의 전압 (500V 미만으로 되는 경우에는 500V)
최대 사용 전압이 7kV 초과	최대 사용 전압의 1.25배의 전압 (10.5kV 미만으로 되는 경우에는 10.5kV)

45 피뢰기의 약호는?

① LA ② PF ③ SA ④ COS

해설 ① LA(Lightning Arrester) : 피뢰기
② PF(Power Fuse) : 파워 퓨즈
③ SA(Surge Absorber) : 서지 흡수기
④ COS(Cut-Out Switch) : 컷아웃 스위치

정답 43 ④ 44 ② 45 ①

46 **큰 건물의 공사에서 콘크리트 조영재에 구멍을 뚫어 볼트를 시설할 때 사용하는 공구는?**

① 파이프 렌치　② 클리퍼　③ 녹아웃 펀치　④ 드라이브이트

해설 드라이브이트 툴(driveit tool)

- 큰 건물의 공사에서 드라이브 핀을 콘크리트에 경제적으로 박는 공구이다.
- 화약의 폭발력을 이용하기 때문에 취급자는 보안상 훈련을 받아야 한다.

47 **기동 시 발생하는 기동 전류에 대해 동작하지 않는 퓨즈의 종류로 옳은 것은?**

① 플러그 퓨즈　② 전동기용 퓨즈
③ 온도 퓨즈　④ 텅스텐 퓨즈

해설 전동기용 퓨즈

- 전동기용 퓨즈는 전동기 보호용으로 적합한 특성을 가진 퓨즈이다.
- 전동기의 기동 시에는 기동 전류가 흐르기 때문에 이 기동 전류에 의해 기능이 저하되거나 용단되지 않도록 하는 특성이 정해져 있다.

48 **저압 구내 가공 인입선으로 DV 전선 사용 시 사용할 수 있는 최소 굵기는 몇 mm 이상인가? (단, 전선의 길이가 15m 이하인 경우이다.)**

① 2.6　② 1.5　③ 2.0　④ 4.0

해설
- 전선의 길이가 15m 이하 : 2.0mm 이상
- 전선의 길이가 15m 초과 : 2.6mm 이상

49 **폭연성 분진이 있는 위험 장소에서 전동기에 접속하는 부분에서 가요성을 필요로 하는 부분의 배선에는 어떤 부속을 사용해야 하는가?**

① 방폭형 유연성 부속　② 분진형 부속
③ 분진 방폭형 유연성 부속　④ 방수형 유연성 부속

해설 폭연성 분진 위험 장소(KEC 242.2.1) : 가요성을 필요로 하는 부분의 배선에는 방폭형 부속품 중 분진 방폭형 유연성 부속을 사용할 것

정답 46 ④　47 ②　48 ③　49 ③

50 **가스 증기 위험 장소의 배선 방법으로 적합하지 않은 것은?**

① 옥내 배선은 금속관 배선 또는 합성수지관 배선으로 할 것
② 전선관 부품 및 전선 접속함에는 내압 방폭 구조의 것을 사용할 것
③ 금속관 배선으로 할 경우 관 상호 및 관과 박스는 5턱 이상의 나사 조임으로 견고하게 접속할 것
④ 금속관과 전동기의 접속 시 가요성을 필요로 하는 짧은 부분의 배선에는 안전 증가 방폭 구조의 플렉시블 피팅을 사용할 것

해설 가스 증기 위험 장소(KEC 242.3.1) : 배선은 금속 전선관 배선 또는 케이블 배선에 의할 것

51 **수용가 설비의 전압 강하에서 수용가 설비의 인입구로부터 기기까지의 전압 강하는 저압으로 수전하는 경우 조명은 (ⓐ)%, 기타는 (ⓑ)% 이하여야 한다. ⓐ, ⓑ의 값은?**

① ⓐ – 2, ⓑ – 3
② ⓐ – 3, ⓑ – 5
③ ⓐ – 6, ⓑ – 8
④ ⓐ – 10, ⓑ – 12

해설 수용가 설비의 전압 강하(KEC 232.3.9)

설비의 유형	조명(%)	기타(%)
A – 저압으로 수전하는 경우	3	5
B – 고압 이상으로 수전하는 경우 [a]	6	8

㈜ a : 가능한 한 최종 회로 내의 전압 강하가 A유형의 값을 넘지 않도록 하는 것이 바람직하다.

참고 사용자의 배선 설비가 100m를 넘는 부분의 전압 강하는 미터당 0.005% 증가할 수 있으나, 이러한 증가분은 0.5%를 넘지 않아야 한다.

52 **1종 금속 몰드 배선 공사를 할 때 동일 몰드 내에 넣는 전선 수는 최대 몇 본 이하로 하여야 하는가?**

① 3 ② 5 ③ 10 ④ 12

해설 금속 몰드에 넣는 전선 수

- 1종 : 10본 이하
- 2종 : 피복 절연물을 포함한 단면적의 총합계가 몰드 내 단면적의 20% 이하

정답 50 ① 51 ② 52 ③

53 합성수지제 가요 전선관으로 옳게 짝지어진 것은?

① 후강 전선관과 박강 전선관
② PVC 전선관과 PF 전선관
③ PVC 전선관과 제2종 가요 전선관
④ PF 전선관과 CD 전선관

해설 합성수지제 가요 전선관 : PF(Plastic Flexible) 전선관, CD(Combine Duct) 전선관

54 가공 전선로의 지지물에 하중이 가하여지는 경우에 그 하중을 받는 지지물의 기초의 안전율은 일반적으로 얼마 이상이어야 하는가?

① 1.5
② 2.0
③ 2.5
④ 4.0

해설 지지물의 기초 안전율(KEC 331.7) : 안전율은 2.0 이상이어야 한다.

55 도로를 횡단하여 시설하는 지선의 높이는 지표상 몇 m 이상이어야 하는가?

① 5m
② 6m
③ 8m
④ 10m

해설 지선의 시설(KEC 331.11) : 지선의 높이

- 도로 횡단 시 : 5m 이상 (단, 교통에 지장을 초래할 염려가 없는 경우 4.5m 이상)
- 보도의 경우 : 2.5m 이상

56 절연 전선으로 가선된 배전 선로에서 활선 상태인 경우 전선의 피복을 벗기는 것은 매우 곤란한 작업이다. 이런 경우 활선 상태에서 전선의 피복을 벗기는 공구는?

① 전선 피박기
② 애자 커버
③ 와이어 통
④ 데드 엔드 커버

해설 전선 피박기 : 활선 상태에서 전선의 피복을 벗기는 공구이다.

57 화재 시 소방대가 조명 기구나 파괴용 기구, 배연기 등 소화 활동 및 인명 구조 활동에 필요한 전원으로 사용하기 위해 설치하는 것은?

① 상용 전원 장치
② 유도등
③ 비상용 콘센트
④ 비상등

정답 53 ④ 54 ② 55 ① 56 ① 57 ③

해설 비상 콘센트 설비 : 소방 활동 시에 사용하는 조명, 연기 배출기 등에 전원을 공급하는 설비이다.

58 전자 개폐기에 부착하여 전동기의 과부하 보호에 사용되는 자동 장치는?

① 온도 퓨즈
② 열동 계전기
③ 배선용 차단기
④ 수은 계전기

해설 열동 계전기(thermal relay) : 전류의 발열 작용을 이용한 시한(時限) 계전기

참고 과부하 계전기는 주 회로에 접속된 과부하 전류 히터의 발열로 바이메탈(bimetal)이 작용하여 전자석의 회로를 자동 차단하는 열동 계전기로 되어 있다.

59 건축물의 종류에서 은행, 상점, 사무실의 표준 부하는 얼마인가?

① 10VA/m²
② 20VA/m²
③ 30VA/m²
④ 40VA/m²

해설 건물의 종류별 표준 부하

건축물의 종류	표준부하(VA/m²)
공장, 공회당, 사원, 교회, 영화관, 연회장	10
기숙사, 호텔, 병원, 학교, 음식점, 대중목욕탕	20
사무실, 은행, 상점, 미용원	30
주택, 아파트	40

60 다음 심벌이 나타내는 것은?

① 지진 감지기
② 누전 감지기
③ 개폐기
④ 전류 제한기

해설 지진(Earth Quake)

정답 58 ② 59 ③ 60 ①

19회 CBT 실전문제

제1과목 전기 이론 - 20문항

01 다음 그림과 같이 박 검전기의 원판 위에 금속 철망을 씌우고 양(+)의 대전체를 가까이 했을 경우에는 알루미늄박은 움직이지 않는데 그 작용은 금속 철망의 어떤 현상 때문인가?

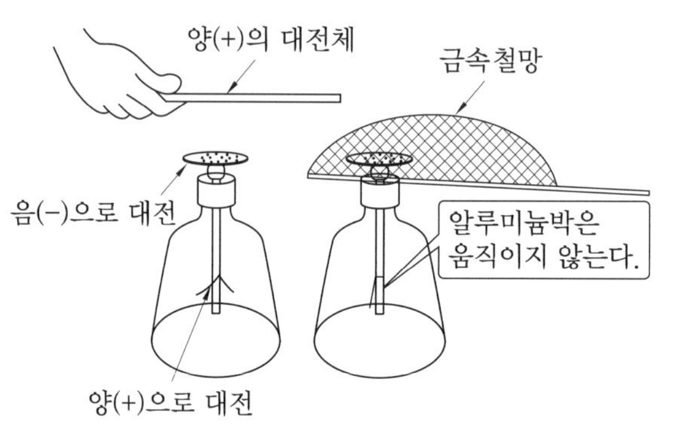

① 정전 유도 ② 정전 차폐 ③ 자기 유도 ④ 대전

해설 정전 차폐 : 정전 실드라고도 하며, 접지(接地)된 금속 철망에 의해 대전체를 완전히 둘러싸서 외부 정전계에 의한 정전 유도를 차단하는 것으로 강자성체가 사용된다.

02 다음 중 자기장의 크기를 나타내는 단위는?

① A/Wb ② Wb/A ③ A/C ④ AT/m

해설 자기장의 정의

- 자기장 중의 어느 점에 단위 정 자하 (+1 Wb) 를 놓고, 이 자하에 작용하는 자력의 방향과 크기를 그 점에서의 자기장의 방향, 크기로 나타낸다. 단위는 AT/m이다.
- 1 AT/m의 자기장 크기는 1 Wb의 자하에 1 N의 자력이 작용하는 자기장의 크기를 나타낸다.

정답 01 ② 02 ④

03 비유전율 2.5의 유전체 내부의 전속 밀도가 2×10^{-6} C/m^2 되는 점의 전기장의 세기는?

① 18×10^4 V/m ② 9×10^4 V/m ③ 6×10^4 V/m ④ 3.6×10^4 V/m

해설 $D=\varepsilon E$ [C/m^2]에서, $E=\dfrac{D}{\varepsilon_0\cdot\varepsilon_s}=\dfrac{2\times10^{-6}}{8.855\times10^{-12}\times2.5}=9\times10^4\text{V/m}$

04 다음 물질 중 강자성체로만 이루어진 것은?

① 철, 구리, 아연 ② 알루미늄, 질소, 백금,
③ 철, 니켈, 코발트 ④ 니켈, 탄소, 안티몬 아연

해설 강자성체 : 철(Fe), 니켈(Ni), 코발트(Co), 망간(Mn)

19회

05 콘덴서 중 극성을 가지고 있는 콘덴서로서 교류 회로에 사용할 수 없는 것은?

① 마일러 콘덴서 ② 마이카 콘덴서
③ 세라믹 콘덴서 ④ 전해 콘덴서

해설 전해 콘덴서는 극성을 가지므로 직류 회로에 사용된다.

06 다음 중 자기 회로에서 사용되는 단위가 아닌 것은?

① AT/Wb ② Wb ③ AT ④ kW

해설 ① 자기 저항 R : AT/Wb ② 자속 ϕ : Wb
③ 기자력 F: AT ④ 전력 : kW

07 1AH는 몇 C인가?

① 7200 ② 3600 ③ 120 ④ 60

해설 $Q=I\cdot t=1\times60\times60=3600\text{C}$

정답 03 ② 04 ③ 05 ④ 06 ④ 07 ②

08 평등 자장 내에 있는 도선에 전류가 흐를 때 자장의 방향과 어떤 각도로 되어 있으면 작용하는 힘이 최대가 되는가?

① 30° ② 45° ③ 60° ④ 90°

해설 $F = BlI\sin\theta$ [N]에서
$\sin 90° = 1$이므로 $\theta = 90°$일 때 전자력 F는 최대가 된다.

09 다음 그림과 같은 회로의 a, b 단자에서 본 합성 저항(Ω)은 얼마인가?

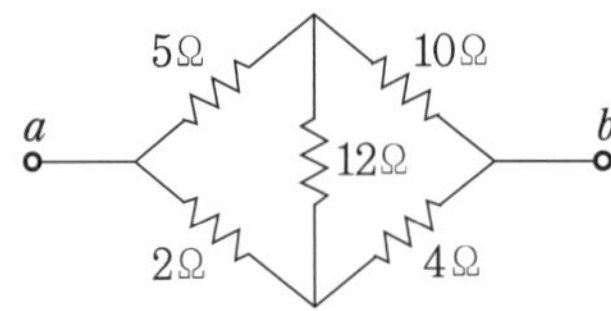

① 11.6 ② 7.6 ③ 7.0 ④ 4.3

해설 평형 브리지 회로이므로 가운데 12Ω 저항 회로는 무시한다.

$$\therefore R_{ab} = \frac{(5+10)\times(2+4)}{(5+10)+(2+4)} = \frac{15\times 6}{15+6} \fallingdotseq 4.3\,\Omega$$

10 어떤 사인파 교류가 0.05s 동안에 3Hz였다. 이 교류의 주파수(Hz)는 얼마인가?

① 3 ② 6 ③ 30 ④ 60

해설 $f = \dfrac{1}{T} = \dfrac{1}{\dfrac{0.05}{3}} = 60\text{Hz}$

11 다음 중 틀린 것은?

① 실횻값 = 최댓값 ÷ $\sqrt{2}$

② 최댓값 = 실횻값 ÷ 2

③ 평균값 = 최댓값 × $\dfrac{2}{\pi}$

④ 최댓값 = 실횻값 × $\sqrt{2}$

정답 08 ④ 09 ④ 10 ④ 11 ②

해설 정현파 교류의 표시

- 최댓값 = 실횻값 $\times \sqrt{2}$
- 평균값 = 최댓값 $\times \dfrac{2}{\pi}$

12 전선의 길이를 2배로 늘리면 저항은 몇 배가 되는가? (단, 체적은 일정하다.)

① 1　② 2　③ 4　④ 8

해설 • 체적은 일정하다는 조건하에서, 길이를 n 배로 늘리면 단면적은 $\dfrac{1}{n}$ 배로 감소한다.

- $R = \rho \dfrac{l}{A}$ 에서, $R_n = \rho \dfrac{nl}{\dfrac{A}{n}} = n^2 \cdot \rho \dfrac{l}{A} = n^2 R$

$\therefore R' = 2^2 \times R = 4R$

13 저항 R=15Ω, 자체 인덕턴스 L=35mH, 정전 용량 C=300μF의 직렬 회로에서 공진 주파수 f_0 는 약 몇 Hz인가?

① 40　② 50　③ 60　④ 70

해설 $f_0 = \dfrac{1}{2\pi\sqrt{LC}} = \dfrac{1}{2\pi\sqrt{35\times10^{-3}\times300\times10^{-6}}} \fallingdotseq 50\text{Hz}$

14 임피던스 $\dot{Z} = 6 + j8\ [\Omega]$에서 컨덕턴스는 얼마인가?

① 0.06 ℧　② 0.08 ℧

③ 0.1 ℧　④ 1.0 ℧

해설 $G = \dfrac{R}{R^2+X^2} = \dfrac{6}{6^2+8^2} = \dfrac{6}{100} = 0.06$ ℧

참고 $B = \dfrac{X}{R^2+X^2} = \dfrac{8}{6^2+8^2} = 0.08$ ℧

정답 12 ③　13 ②　14 ①

15 역률이 70%인 부하에 전압 100V를 가해서 전류 5A가 흘렀다. 이 부하의 피상 전력(VA)은 얼마인가?

① 250 ② 350 ③ 357 ④ 500

해설 $P_a = VI = 100 \times 5 = 500\text{VA}$

참고 $P = VI\cos\theta = 100 \times 5 \times 0.7 = 350\,\text{W}$

16 3상 220V, △결선에서 1상의 부하가 $Z = 8 + j6\,[\Omega]$이면 선전류(A)는 얼마인가?

① 11 ② $22\sqrt{3}$ ③ 22 ④ $\dfrac{22}{\sqrt{3}}$

해설 $|Z| = \sqrt{R^2 + X^2} = \sqrt{8^2 + 6^2} = 10\,\Omega$

$\therefore\ I_l = \sqrt{3} \cdot I_p = \sqrt{3} \times \dfrac{V}{Z} = \sqrt{3} \times \dfrac{220}{10} = 22\sqrt{3}\ \text{A}$

17 같은 정전 용량의 콘덴서 3개를 Δ결선으로 하면 Y 결선으로 한 경우의 몇 배 3상 용량으로 되는가?

① $\dfrac{1}{\sqrt{3}}$ ② $\dfrac{1}{3}$ ③ 3 ④ $\sqrt{3}$

해설 Δ-Y 결선의 합성 용량 비교 : 같은 정전 용량의 콘덴서 3개를 Δ 결선으로 하면 Y 결선으로 하는 경우보다 그 3상 합성 정전 용량이 3배가 된다.

참고 같은 저항의 결선일 때는 반대로 Y 결선의 합성 용량이 3배가 된다.

18 저항 100Ω의 부하에서 10 kW의 전력이 소비되었다면 이때 흐르는 전류(A) 값은?

① 1 ② 2 ③ 5 ④ 10

해설 $P = I^2 R\,[\text{W}]$에서,

$I = \sqrt{\dfrac{P}{R}} = \sqrt{\dfrac{10 \times 10^3}{100}} = 10\text{A}$

정답 15 ④ 16 ② 17 ③ 18 ④

19 종류가 다른 두 금속을 접합하여 폐회로를 만들고 두 접합점의 온도를 다르게 하면 이 폐회로에 기전력이 발생하여 전류가 흐르게 되는 현상을 지칭하는 것은?

① 줄의 법칙(Joule's law) ② 톰슨 효과(Thomson effect)
③ 펠티에 효과(Peltier effect) ④ 제베크 효과(Seebeck effect)

해설 제베크 효과(Seebeck effect)

- 두 종류의 금속을 접속하여 폐회로를 만들고, 두 접속점에 온도의 차이를 주면 기전력이 발생하여 전류가 흐른다.
- 열전 온도계, 열전 계기 등에 응용된다.

20 묽은 황산(H_2SO_4) 용액에 구리(Cu)와 아연(Zn)판을 넣으면 전지가 된다. 이때 양극(+)에 대한 설명으로 옳은 것은?

① 구리판이며 수소 기체가 발생한다. ② 구리판이며 산소 기체가 발생한다.
③ 아연판이며 산소 기체가 발생한다. ④ 아연판이며 수소 기체가 발생한다.

해설 전지의 원리(볼타 전지)

- 묽은 황산(H_2SO_4) 용액에 구리(Cu)와 아연(Zn) 전극을 넣으면, 아연(Zn)판은 음(−)의 전위를 가지는 음극이 되고, 구리(Cu)판은 양(+)의 전위를 가지는 양극이 된다.
- 분극 작용 : 전류를 얻게 되면 구리판(양극)의 표면이 수소 기체에 의해 둘러싸이게 되는 현상으로, 전지의 기전력을 저하시키는 요인이 된다.

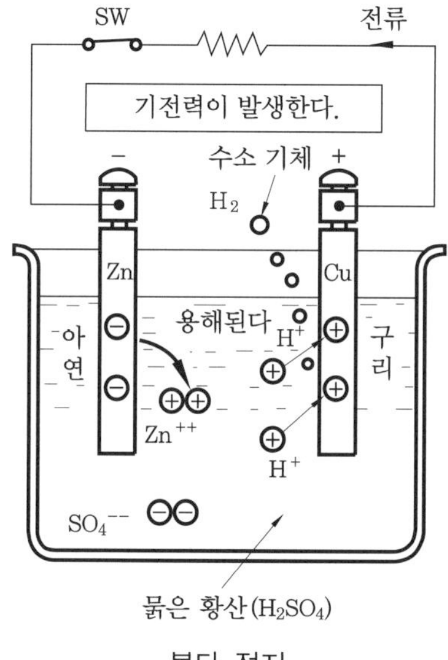

볼타 전지

정답 19 ④ 20 ①

제2과목 전기 기기 - 20문항

21 직류 발전기에서 자기 저항이 가장 큰 곳은?

① 브러시 ② 계자 철심 ③ 전기자 철심 ④ 공극

해설 공극은 자극편과 전기자 철심 표면 사이를 공극이라 하며, 자기 저항이 가장 크다.

22 2대의 직류 발전기를 병렬 운전할 때 부하 분담을 많이 받는 쪽은?

① 저항이 같으면 유도 전압이 작은 쪽
② 유도 전압이 같으면 전기자 저항이 작은 쪽
③ 유도 전압이 같으면 전기자 저항이 큰 쪽
④ 저항이나 유도 전압의 대소에 관계없이 같다.

해설 부하 분담은 유도 기전력이 크든가 전기자 저항이 작은 쪽이 많이 분담한다.

23 정격 속도로 운전하는 분권 전동기의 단자에 220V를 가했을 때 전기자 전류가 30A, 전기자 저항이 0.26Ω이라 하면 역기전력은 약 몇 V인가?

① 217.8 ② 212.2 ③ 202.4 ④ 227.8

해설 $E = V - R_a I_a = 220 - 0.26 \times 30 = 212.2\text{V}$

24 다음 중 직류 전동기의 속도 제어 방법으로만 구성된 것은?

① 저항 제어, 전압 제어, 계자 제어 ② 계자 제어, 주파수 제어, 저항 제어
③ 주파수 제어, 전압 제어, 저항 제어 ④ 전압 제어, 위상 제어, 저항 제어

해설 직류 전동기의 속도 제어

- 저항 제어 : 저항 R_a 변화
- 전압 제어 : 전압 V 변화
- 계자 제어 : 자속 ϕ 변화

$$N = K_1 \frac{V - I_a R_a}{\phi} [\text{rpm}]$$

정답 21 ④ 22 ② 23 ② 24 ①

25 3상 66000kVA, 22900V 터빈 발전기의 정격 전류는 약 몇 A인가?

① 8764 ② 3367 ③ 2882 ④ 1664

해설 $I_n = \dfrac{P}{\sqrt{3}\ V} = \dfrac{66000}{\sqrt{3} \times 22.9} \fallingdotseq 1664\,\mathrm{A}$

26 다음 중 단락비가 큰 동기 발전기를 설명하는 것으로 옳은 것은?

① 동기 임피던스가 작다. ② 단락 전류가 작다.
③ 전기자 반작용이 크다. ④ 전압 변동률이 크다.

해설 단락비가 큰 동기기

- 동기 임피던스가 작으며, 전기자 반작용이 작다.
- 단락 전류가 크다.
- 전압 변동률이 작고, 안정도가 높다.

27 동기기의 손실에서 고정손에 해당되는 것은?

① 계자 철심의 철손 ② 브러시의 전기손
③ 계자 권선의 저항손 ④ 전기자 권선의 저항손

해설 고정손(무부하손) : 기계손(마찰손+풍손), 철손(히스테리시스 손+ 와류손)

참고 가변손(부하손) : 브러시의 전기손, 계자 권선의 저항손, 전기자 권선의 저항손

28 동기 전동기의 용도가 아닌 것은?

① 압연기 ② 분쇄기
③ 송풍기 ④ 크레인

해설 동기 전동기의 용도

- 저속도 대용량 : 시멘트 공장의 분쇄기, 각종 압축기, 송풍기, 제지용 쇄목기, 동기 조상기
- 소용량 : 전기 시계, 오실로그래프, 전송 사진

정답 25 ④ 26 ① 27 ① 28 ④

29 1차 900Ω, 2차 100Ω인 회로의 임피던스 정합용 변압기의 권수비는?

① 81 ② 9 ③ 3 ④ 1

해설 임피던스 정합은 1차와 2차의 임피던스를 같게 하는 것이다,

$Z_1 = a^2 Z_2$ 에서, $a = \sqrt{\dfrac{Z_1}{Z_2}} = \sqrt{\dfrac{900}{100}} = 3$

30 변압기 명판에 표시된 정격에 대한 설명으로 틀린 것은?

① 변압기의 정격 출력 단위는 kW이다.
② 변압기 정격은 2차 측을 기준으로 한다.
③ 변압기의 정격은 용량, 전류, 전압, 주파수 등으로 결정된다.
④ 정격이란 정해진 규정에 적합한 범위 내에서 사용할 수 있는 한도이다.

해설 변압기의 정격 출력 단위는 피상 전력의 단위인 kVA이다.

31 변압기 온도 시험을 하는 데 가장 좋은 방법은?

① 반환 부하법 ② 실 부하법 ③ 단락 시험법 ④ 내전압 시험법

해설 반환 부하법 : 전력을 소비하지 않고, 온도가 올라가는 원인이 되는 철손과 구리손만을 공급하여 시험하는 방법으로 가장 좋은 방법이다.

32 다음 중 변압기를 병렬 운전하기 위한 조건이 아닌 것은?

① 각 변압기의 극성이 같을 것
② 각 변압기의 권수비가 같을 것
③ 각 변압기의 출력이 반드시 같을 것
④ 각 변압기의 임피던스 전압이 같을 것

해설 병렬 운전 조건

• 극성이 같고, 정격 전압과 권수비가 같을 것
• 백분율 임피던스 강하가 같고, 내부 저항과 리액턴스 비가 같을 것

정답 29 ③ 30 ① 31 ① 32 ③

33 주파수 50Hz용의 3상 유도 전동기를 60Hz 전원에 접속하여 사용하면 그 회전 속도는 어떻게 되는가?

① 20% 늦어진다. ② 변치 않는다. ③ 10% 빠르다. ④ 20% 빠르다.

해설 $N_s = \frac{120}{P} \cdot f$ [rpm]에서, 회전수 N_s는 주파수 f에 비례한다.

$\therefore \frac{60}{50} = 1.2$배로 주파수가 증가했으므로, 회전 속도는 20% 빠르다.

34 크로잉(crawing) 현상의 원인은?

① 운전 중 회전자 권선의 1선이 단선 ② 공극에 고조파분 회전 자계 발생
③ 전원 단자의 1선이 단선 ④ 과부하가 걸릴 경우

해설 크로잉(crawing) 현상

- 유도 전동기에서는 회전자 권선을 감은 방법과 슬롯 수가 적당하지 않으면 토크 곡선에 凹, 凸이 생기는 현상이다.
- 이것은 고조파 회전 자계 때문에 발생한다.

35 유도 전동기에 대한 설명 중 옳은 것은?

① 유도 발전기일 때의 슬립은 1보다 크다.
② 유도 전동기의 회전자 회로의 주파수는 슬립에 반비례한다.
③ 전동기 슬립은 2차 동손을 2차 입력으로 나눈 것과 같다.
④ 슬립이 크면 클수록 2차 효율은 커진다.

해설 유도 전동기의 전기적 특성

- 회전자 회로의 주파수는 슬립(s)에 비례한다. $f_s = s f_1$ [Hz]
- 슬립(s)은 2차 동손을 2차 입력으로 나눈 것과 같다.

  2차 저항손(P_{cs}) $= s \times$ 2차 입력(P_2) $\therefore s = \frac{P_{cs}}{P_2}$
- 슬립(s)이 크면 클수록 2차 효율은 작아진다. $\eta_2 = \frac{P_0}{P_2} = 1 - s$

참고 유도 발전기는 $N > N_s$이므로 슬립은 부(−)가 된다.

정답 33 ④ 34 ② 35 ③

36 **다음 설명에서 빈칸 ㉠~㉢에 알맞은 것은?**

> 권선형 유도 전동기에서 2차 저항을 증가시키면 기동 전류는 (㉠)하고, 기동 토크는 (㉡)하며, 2차 회로의 역률이 (㉢) 되고, 최대 토크는 일정하다.

① ㉠ 감소, ㉡ 증가, ㉢ 좋아지게
② ㉠ 감소, ㉡ 감소, ㉢ 좋아지게
③ ㉠ 감소, ㉡ 증가, ㉢ 나빠지게
④ ㉠ 증가, ㉡ 감소, ㉢ 나빠지게

해설 권선형 유도 전동기에서 2차 저항을 증가시키면 기동 전류는 감소하고, 기동 토크는 증가하며, 2차 회로의 역률이 좋아지게 되고, 최대 토크는 일정하다.

37 **전동기의 회전 방향을 바꾸어 주는 방식을 설명한 것이다. 틀린 것은?**

① 직류 분권 전동기의 역회전 운전 – 전기자 회로를 반대로 접속한다.
② 3상 농형 유도 전동기의 역회전 운전 – 3상 전원 중 2상의 결선을 바꾸어 결선한다.
③ 직류 직권 전동기의 역회전 운전 – 전원의 극성을 반대로 한다.
④ 콘덴서형 단상 유도 전동기의 역회전 운전 – 운전 권선과 기동 권선을 바꾸어 결선한다(콘덴서는 어느 한 권선과 직렬연결).

해설 직류 직권 전동기의 역회전 운전 : 전기자 회로 또는 계자 회로의 접속을 반대로 한다.

참고 전원의 극성을 반대로 하면 전기자 회로와 계자 회로의 전류 방향이 동시에 반대가 되므로 회전 방향이 바꾸어지지 않는다.

38 **역내 전압이 높고, 온도 특성이 우수하고 높은 전압, 큰 전류의 정류에 가장 적당한 정류기는 어느 것인가?**

① 게르마늄 정류기
② 셀렌 정류기
③ 산화제일구리 정류기
④ 실리콘 정류기

해설 실리콘 정류기(silicon rectifier)의 특성
- 역내 전압이 높고 온도 특성이 우수하며, 역방향 전류가 극히 적다.
- 높은 전압, 큰 전류의 정류에 가장 적당하다.
- 소형, 경량이며 수명이 길다.
- 보수가 용이하다.

정답 36 ① 37 ③ 38 ④

39 저항만의 부하에서 사이리스터를 이용한 전파 정류 회로의 출력식이 옳게 표시된 것은?

① $E_d = 0.9\,V(1+\cos\alpha)$　② $E_d = 0.45\,V(1+\cos\alpha)$

③ $E_d = 0.9\,V\cos\alpha$　④ $E_d = 0.45\,V\cos\alpha$

해설 단상 전파 정류 회로

- 저항만의 부하 : $E_d = 0.45\,V(1+\cos\alpha)[\mathrm{V}]$
- 유도성 부하 : $E_d = 0.9\,V\cos\alpha\,[\mathrm{V}]$

40 교류 전동기를 직류 전동기처럼 속도 제어하려면 가변 주파수의 전원이 필요하다. 주파수 f_1에서 직류로 변환하지 않고, 바로 주파수 f_2로 변환하는 변환기는?

① 사이클로 컨버터　② 주파수원 인버터

③ 전압·전류원 인버터　④ 사이리스터 컨버터

해설 사이클로 컨버터(cyclo converter)

- 어떤 주파수의 교류를 직류 회로로 변환하지 않고, 그 주파수의 교류로 변환하는 직접 주파수 변환 장치이다.
- 전원 주파수와 출력 주파수 사이에 일정비의 관계를 가진 정비식 사이클로 컨버터와 출력 주파수를 연속적으로 바꿀 수 있는 연속식 사이클로 컨버터가 있다.
- 사이리스터를 사용하는 것은 전력용 주파수 변환 장치로서가 아니라 교류 전동기의 속도 제어용으로서이다.

참고 교류 전동기의 속도 제어를 위한 교류 전력의 주파수 변환($f_1 \rightarrow f_2$) 장치이다.
CF－VF : Constant Frequency (f_1) → Variable Frequency (f_2)

제3과목 전기 설비 - 20문항

41 다음 중 전선에 압착 단자 접속 시 사용하는 공구는?

① 니퍼　② 프레셔 툴　③ 클리퍼　④ 와이어 스트리퍼

해설 프레셔 툴(pressure tool) : 솔더리스(solderless) 커넥터 또는 솔더리스 터미널을 압착하는 것이다.

정답 39 ②　40 ①　41 ②

42 일반적인 연동선의 고유 저항은 몇 $\Omega\,\mathrm{mm^2/m}$인가?

① $\frac{1}{55}$　② $\frac{1}{58}$　③ $\frac{1}{35}$　④ $\frac{1}{28}$

해설 • 연동선 : $\rho = \frac{1}{58}\,\Omega\,\mathrm{mm^2/m}$

• 경동선 : $\rho = \frac{1}{55}\,\Omega\,\mathrm{mm^2/m}$

43 전선 2가닥의 쥐꼬리 접속 시 두 개의 선은 약 몇 도 각도로 벌려야 하는가?

① 30°　② 60°　③ 90°　④ 180°

해설 두 전선을 합쳐 펜치로 잡은 다음, 심선을 90°로 벌려야 한다.

44 전기 공사에 사용하는 공구와 작업 내용이 잘못된 것은?

① 토치램프 – 합성수지관 가공하기
② 홀 소 – 분전반 구멍 뚫기
③ 와이어 스트리퍼 – 전선 피복 벗기기
④ 피시 테이프 – 전선관 보호

해설 피시 테이프(fish tape) : 전선관에 전선을 넣을 때 사용되는 평각 강철선이다.

45 전기 공사 시공에 필요한 공구 사용법 설명 중 잘못된 것은?

① 콘크리트의 구멍을 뚫기 위한 공구로 타격용 임팩트 전기 드릴을 사용한다.
② 스위치 박스에 전선관용 구멍을 뚫기 위해 녹아웃 펀치를 사용한다.
③ 합성수지 가요 전선관의 굽힘 작업을 위해 토치램프를 사용한다.
④ 금속 전선관의 굽힘 작업을 위해 파이프 벤더를 사용한다.

해설 토치램프는 합성수지 전선관의 굽힘 작업에 사용된다(가요 전선관에는 사용되지 않는다).

정답 42 ② 43 ③ 44 ④ 45 ③

46 **알루미늄 전선과 전기 기계 기구 단자의 접속 방법으로 틀린 것은?**

① 전선을 나사로 고정하는 경우 나사가 진동 등으로 헐거워질 우려가 있는 장소는 2중 너트 등을 사용할 것
② 전선에 터미널 러그 등을 부착하는 경우는 도체에 손상을 주지 않도록 피복을 벗길 것
③ 나사 단자에 전선을 접속하는 경우는 전선을 나사의 홈에 가능한 한 밀착하여 $\frac{3}{4}$바퀴 이상 1바퀴 이하로 감을 것
④ 누름나사 단자 등에 전선을 접속하는 경우는 전선을 단자 깊이의 $\frac{2}{3}$ 위치까지만 삽입할 것

해설 누름나사 단자 등에 전선을 접속하는 경우는 전선을 정해진 위치까지 확실하게 삽입한다.

47 **지중 또는 수중에 시설하는 양극과 피방식체간의 전기 부식 방지 시설에 대한 설명으로 틀린 것은?**

① 사용 전압은 직류 60V 초과일 것
② 지중에 매설하는 양극은 75cm 이상의 깊이일 것
③ 수중에 시설하는 양극과 그 주위 1m 안의 임의의 점과의 전위차는 10V를 넘지 않을 것
④ 지표에서 1m 간격의 임의의 2점간의 전위차가 5V를 넘지 않을 것

해설 전기 부식 방지 시설(KEC 241.16) : 사용 전압은 직류 60V 이하일 것

48 **0.2kW 초과의 단상 전동기를 시설할 때 과전류 보호 장치를 시설하지 않아도 되는 전원측 전로의 과전류 차단기 정격 전류는 몇 A 이하인가?**

① 8
② 16
③ 20
④ 32

해설 단상 전동기로써 그 전원 측 전로에 시설하는 과전류 차단기의 정격 전류가 16A(배선 차단기는 20A) 이하인 경우에 해당된다. (KEC 212.6.3)

정답 46 ④ 47 ① 48 ②

49 **접지 전극의 매설 깊이는 몇 m 이상인가?**

① 0.6 ② 0.65 ③ 0.7 ④ 0.75

해설 접지극의 시설 및 접지 저항(KEC 142.2) : 매설 깊이는 지표면으로부터 지하 0.75m 이상으로 한다.

50 **코일 주위에 전기적 특성이 큰 에폭시 수지를 고진공으로 침투시키고, 다시 그 주위를 기계적 강도가 큰 에폭시 수지로 몰딩한 변압기는?**

① 건식 변압기 ② 유입 변압기 ③ 몰드 변압기 ④ 타이 변압기

해설 몰드 변압기

- 고압 및 저압 권선을 모두 에폭시로 몰드(mold)한 고체 절연 방식을 채용한다.
- 난연성, 절연의 신뢰성, 보수 및 점검이 용이, 에너지 절약 등의 특징이 있다.

51 **금속관 공사 시 관의 길이가 길 때 상호 관을 연결하면 접속 부분에서 접촉 저항이 증가한다. 이때 접지선에서 배관 끝까지 전기 저항을 몇 Ω 이하로 하는 것이 좋은가?**

① 1 ② 2 ③ 5 ④ 10

해설 접지선에서 금속관의 최종 끝에 이르는 사이의 전기 저항은 2Ω 이하를 유지하는 것이 바람직하다.

52 **금속관 배선에 대한 설명으로 잘못된 것은?**

① 금속관 두께는 콘크리트에 매입하는 경우 1.2mm 이상일 것
② 교류 회로에서 전선을 병렬로 사용하는 경우 관내에 전자적 불평형이 생기지 않도록 시설할 것
③ 굵기가 다른 절연 전선을 동일 관내에 넣은 경우 피복 절연물을 포함한 단면적이 관내 단면적의 48% 이하일 것
④ 관의 호칭에서 후강 전선관은 짝수, 박강 전선관은 홀수로 표시할 것

해설 굵기가 다른 절연 전선을 동일 관내에 넣는 경우 : 32% 이하일 것

정답 49 ④ 50 ③ 51 ② 52 ③

53 합성수지제 가요 전선관(PF관 및 CD관)의 호칭에 포함되지 않는 것은?

① 16 ② 28 ③ 38 ④ 42

해설 합성수지제 전선관의 규격(mm) : 14, 16, 22, 28, 36, 42

54 캡타이어 케이블을 조영재에 시설하는 경우로서 새들, 스테이플 등으로 지지하는 경우 지지점의 거리는 얼마로 하여야 하는가?

① 1m 이하 ② 1.5m 이하 ③ 2.0m 이하 ④ 2.5m 이하

해설 케이블 공사의 시설 조건(KEC 232.51.1)

- 케이블은 2m 이하
- 캡타이어 케이블은 1m 이하

55 애자 사용 공사에 의한 저압 옥내 배선에서 일반적으로 전선 상호간의 간격은 몇 cm 이상이어야 하는가?

① 2.5cm ② 6cm ③ 25cm ④ 60cm

해설 애자 사용 공사의 시설 조건(KEC 232.56.1)

- 전선은 절연 전선일 것
- 전선 상호간의 간격은 0.06m(6cm) 이상일 것

56 일반 주택의 저압 옥내 배선을 점검하였더니 다음과 같이 시공되어 있었다. 잘못 시공된 것은?

① 욕실의 전등으로 방습 형광등이 시설되어 있다.
② 단상 3선식 인입 개폐기의 중성선에 동판이 접속되어 있었다.
③ 합성수지관 공사의 관의 지지점간의 거리가 2m로 되어 있었다.
④ 금속관 공사로 시공하였고 절연 전선을 사용하였다.

해설 합성수지관 공사의 관의 지지점간의 거리 : 배관의 지지점 사이의 거리는 1.5m 이하로 하고, 또한 그 지지점은 관의 끝, 관과 박스의 접속점 및 관 상호간의 접속점 등에 가까운 곳(0.3m 정도)에 시설할 것

정답 53 ③ 54 ① 55 ② 56 ③

57 저압 개폐기를 생략하여도 무방한 개소는?

① 부하 전류를 끊거나 흐르게 할 필요가 있는 개소
② 인입구 기타 고장, 점검, 측정 수리 등에서 개로할 필요가 있는 개소
③ 퓨즈의 전원 측으로 분기 회로용 과전류 차단기 이후의 퓨즈가 플러그 퓨즈와 같이 퓨즈 교환 시에 충전부에 접촉될 우려가 없을 경우
④ 퓨즈에 접근하여 설치한 개폐기인 경우의 퓨즈 전원 측

해설 퓨즈가 플러그 퓨즈와 같이 퓨즈 교환 시에 충전부에 접촉될 우려가 없을 경우

58 무대·오케스트라 박스·영사실 기타 사람이나 무대 도구가 접촉될 우려가 있는 장소에 시설하는 저압 옥내 배선의 사용 전압은?

① 400V 이하 ② 500V 이상 ③ 600V 미만 ④ 700V 이상

해설 전시회, 쇼 및 공연장의 전기 설비(KEC 242.6) : 사용 전압이 400V 이하이어야 한다.

59 천장에 작은 구멍을 뚫어 그 속에 등 기구를 매입시키는 방식으로 건축의 공간을 유효하게 하는 조명 방식은?

① 코브 방식 ② 코퍼 방식 ③ 밸런스 방식 ④ 다운 라이트 방식

해설 다운 라이트(down-light) 방식
- 천장에 작은 구멍을 뚫어 그 속에 등 기구를 매입시키는 형식이다.
- 공간을 유효하게 하는 조명 방식이다.

60 전력 회사가 수용가의 인입구에 설치하며, 미리 정한 값 이상의 전류가 흘렀을 때 일정 시간 내의 동작으로 정전시키기 위한 장치는?

① 과전압 차단기 ② 과전류 차단기 ③ 전류 제한기 ④ 배선용 차단기

해설 전류 제한기(current limiter) : 미리 정한 값 이상의 전류가 흘렀을 때 일정 시간 내의 동작으로 정전시키기 위한 장치를 말한다.

참고 예를 들면, 10A의 것은 15A를 초과하면 작용하도록 만들어지고, 20A에서는 2분 이내에, 40A에서는 10초 이내에 동작한다.

정답 57 ③ 58 ① 59 ④ 60 ③

20회 CBT 실전문제

제1과목 전기 이론 - 20문항

01 용량을 변화시킬 수 있는 콘덴서는?

① 바리콘 ② 마일러 콘덴서 ③ 전해 콘덴서 ④ 세라믹 콘덴서

해설 가변 콘덴서

- 바리콘이나 트리머 콘덴서는 축을 회전시킴으로써 마주보고 있는 극판 면적을 바꾸어 용량을 변화시킨다.
- 바리콘(varicon)은 variable condenser의 줄임말이다.

02 정전 흡인력에 대한 설명 중 옳은 것은?

① 정전 흡인력은 전압의 제곱에 비례한다.
② 정전 흡인력은 극판 간격에 비례한다.
③ 정전 흡인력은 극판 면적의 제곱에 비례한다.
④ 정전 흡인력은 쿨롱의 법칙으로 직접 계산한다.

해설 $F = \frac{1}{2}\varepsilon V^2 [\mathrm{N/m^2}]$

03 충전된 대전체를 대지(大地)에 연결하면 대전체는 어떻게 되는가?

① 방전한다. ② 반발한다.
③ 충전이 계속된다. ④ 반발과 흡인을 반복한다.

해설 대지 전위(earth potential) : 대지가 가지고 있는 전위는 보통은 0 전위로 간주되고 있으므로 충전된 대전체를 대지에 연결하면 방전하게 되며, 그 대전체의 전위는 대지와 같게 된다.

정답 01 ① 02 ① 03 ①

04 **다음 중 전자력 작용을 응용한 대표적인 것은?**

① 전동기 ② 전열기 ③ 축전기 ④ 전등

해설 전자력(electromagnetic force)

- 자기장 내에서 도선에 전류를 흐르게 하면 그 도선을 움직이게 하는 힘, 즉 전자력이 발생한다.
- 전자력에 의한 회전력을 이용한 것이 전동기이다.

05 **다음 ( ) 안에 들어갈 내용으로 옳은 것은?**

"유도 기전력의 크기는 코일을 지나는 자속의 매초 변화량에 (㉠)하고, 코일의 권수에 (㉡)한다."

① ㉠ 비례, ㉡ 반비례 ② ㉠ 반비례, ㉡ 비례
③ ㉠ 비례, ㉡ 비례 ④ ㉠ 반비례, ㉡ 반비례

해설 패러데이 법칙(Faraday's law) : 유도 기전력의 크기 v[V]는 코일을 지나는 자속의 매초 변화량과 코일의 권수에 비례한다.

$$v = -N\frac{d\phi}{dt}[\mathrm{V}]$$

- $\frac{d\phi}{dt}$: 자속의 변화율

06 **다음 ( ) 안에 들어갈 내용으로 옳은 것은?**

"회로에 흐르는 전류의 크기는 저항에 (㉠)하고, 가해진 전압에 (㉡)한다."

① ㉠ : 비례, ㉡ : 비례 ② ㉠ : 비례, ㉡ : 반비례
③ ㉠ : 반비례, ㉡ : 비례 ④ ㉠ : 반비례, ㉡ : 반비례

해설 옴의 법칙(Ohm's law) : 전류 I는 저항 R에 반비례하고, 가해진 전압 V에 비례한다.

$$I = \frac{V}{R}\,[\mathrm{A}]$$

정답 04 ① 05 ③ 06 ③

07 0.2H인 자기 인덕턴스에 5A의 전류가 흐를 때 축적되는 에너지(J)는?

① 0.2 ② 2.5 ③ 5 ④ 10

해설 $W = \frac{1}{2}LI^2 = \frac{1}{2} \times 0.2 \times 5^2 = 2.5\text{J}$

08 다음 ( ) 안에 들어갈 내용으로 옳은 것은?

"자기 인덕턴스 1H는 전류의 변화율이 1A/s일 때 ( )가(이) 발생할 때의 값이다."

① 1N의 힘 ② 1J의 에너지 ③ 1V의 기전력 ④ 1Hz의 주파수

해설 1H : 1s 동안에 1A의 전류 변화에 의하여 1V 의 유도 기전력이 발생시키는 코일의 자기 인덕턴스 용량을 나타낸다.

09 저항의 병렬접속에서 합성 저항을 구하는 설명으로 옳은 것은?

① 연결된 저항을 모두 합하면 된다.
② 각 저항값의 역수에 대한 합을 구하면 된다.
③ 저항값의 역수에 대한 합을 구하고, 다시 그 역수를 취하면 된다.
④ 각 저항값을 모두 합하고, 저항 숫자로 나누면 된다.

해설 병렬 회로의 합성 저항 $R_p = \dfrac{1}{\dfrac{1}{R_1} + \dfrac{1}{R_2}} [\Omega]$

10 다음 설명 중에서 틀린 것은?

① 코일은 직렬로 연결할수록 인덕턴스가 커진다.
② 콘덴서는 직렬로 연결할수록 용량이 커진다.
③ 저항은 병렬로 연결할수록 저항치가 작아진다.
④ 리액턴스는 주파수의 함수이다.

해설 콘덴서는 직렬로 연결할수록 용량이 작아진다. (저항과 반대)

정답 07 ② 08 ③ 09 ③ 10 ②

11 가장 일반적인 저항기로 세라믹 봉에 탄소계의 저항체를 구워 붙이고, 여기에 나선형으로 홈을 내어 소정의 저항값으로 조정한 다음, 단자를 붙이고 표면에 보호막을 칠해 만든 저항기는?

① 탄소 피막 저항기 ② 금속 피막 저항기
③ 가변 저항기 ④ 어레이(array) 저항기

해설 • 탄소 피막 저항기 : 벤젠 등 탄화수소를 1,000℃ 정도의 고온으로 가열, 세라믹스의 지지체 위에 탄소 피막을 석출(析出)시켜, 여기에 홈을 내어 소정의 저항값으로 조정한 다음, 단자를 붙이고 표면에 보호막을 칠해 만든다.

• 금속 피막 저항기
㉠ 알루미나계의 자기 기판 상에 니켈·크롬 합금 등을 증착하여 만든 금속 피막을 저항체로서 사용하는 것이다.
㉡ 성능은 권선 저항기와 가깝고, 그보다 고저항의 것을 만들 수도 있으나 탄소 피막 저항기보다 고가이다.

12 $R=2\,\Omega$, $L=10\,\mathrm{mH}$, $C=4\,\mu\mathrm{F}$으로 구성되는 직렬 공진 회로의 L과 C에서의 전압 확대율은?

① 3 ② 6 ③ 16 ④ 25

해설 $$Q=\frac{1}{R}\sqrt{\frac{L}{C}}=\frac{1}{2}\sqrt{\frac{10\times10^{-3}}{4\times10^{-6}}}$$
$$=0.5\times\sqrt{2.5\times10^{-3}\times10^{6}}=0.5\times\sqrt{2500}=25$$

13 200V, 60Hz $R-C$ 직렬 회로에서 시정수 T는 0.01s이고, 전류가 10A일 때, 저항은 1Ω이다. 용량 리액턴스(X_C)의 값으로 옳은 것은?

① 0.27Ω ② 0.05Ω ③ 0.53Ω ④ 2.65Ω

해설 $R-C$ 직렬 회로의 시정수(time constant) : $T=RC\,[\mathrm{s}]$

• $C=\frac{T}{R}=\frac{0.01}{1}=0.01\,\mathrm{F}$

• $X_C=\frac{1}{2\pi f C}=\frac{1}{2\pi\times60\times0.01}\fallingdotseq0.27\,\Omega$

정답 11 ① 12 ④ 13 ①

14 어떤 회로에 $v = 50\sin\omega t[V]$ 인가 시 $i = 4\sin(\omega t - 30°)[A]$가 흘렀다면 유효 전력은 몇 W인가?

① 173.2 ② 122.5 ③ 86.6 ④ 61.2

해설 • $v = 50\sin\omega t[V]$에서, $V = \frac{50}{\sqrt{2}} ≒ 35.36\,V$

• $i = 4\sin(\omega t - 30°)[A]$에서, $I = \frac{4}{\sqrt{2}} ≒ 2.83\,A$

• $\cos 30° = \frac{\sqrt{3}}{2} ≒ 0.866$

$\therefore\ P = EI\cos\theta = 35.36 \times 2.83 \times 0.866 ≒ 86.6\,W$

15 200V로 450A를 흐르게 하였을 때의 마력(HP)은 얼마인가?

① 100 ② 110.6 ③ 120.6 ④ 125

해설 $P = VI = 200 \times 450 = 90000W$

$\therefore\ HP = \frac{P}{746} = \frac{90000}{746} ≒ 120.6\,HP$

참고 마력(horsepower, HP) : 1HP=746W

16 평형 3상 교류 회로에서 Δ 결선할 때 선전류 I_l과 상전류 I_p와의 관계 중 옳은 것은?

① $I_l = 3I_p$ ② $I_l = 2I_p$ ③ $I_l = \sqrt{3}I_p$ ④ $I_l = I_p$

해설 Δ 결선 : $I_l = \sqrt{3}I_p$, $V_l = V_p$

참고 Y 결선 : $I_l = I_p$, $V_l = \sqrt{3}V_p$

17 2전력계법으로 3상 전력을 측정할 때 지싯값이 $P_1 = 450$W, $P_2 = 450$W이었다. 부하 전력(W)은?

① 900 ② 1170 ③ 1250 ④ 1750

해설 전체 전력 $= P_1 + P_2 = 450 + 450 = 900\,W$

정답 14 ③ 15 ③ 16 ③ 17 ①

18 비사인파 교류 회로의 전력에 대한 설명으로 옳은 것은?

① 전압의 제3고조파와 전류의 제3고조파 성분 사이에서 소비 전력이 발생한다.
② 전압의 제2고조파와 전류의 제3고조파 성분 사이에서 소비 전력이 발생한다.
③ 전압의 제3고조파와 전류의 제5고조파 성분 사이에서 소비 전력이 발생한다.
④ 전압의 제5고조파와 전류의 제7고조파 성분 사이에서 소비 전력이 발생한다.

해설 비사인파 교류 회로의 소비 전력 발생은 주파수가 동일한 전압, 전류 성분 사이에서 발생한다.

- 회로의 소비 전력은 순시 전력의 1주기에 대한 평균으로 구해진다.
- 주파수가 다른 전압, 전류의 곱으로 표시되는 순시 전력, 그 평균값은 0이 된다.

19 220V용 100W 전구와 200W 전구를 직렬로 연결하여 220V의 전원에 연결하면 어떻게 되는가?

① 두 전구의 밝기가 같다. ② 100W의 전구가 더 밝다.
③ 200W의 전구가 더 밝다. ④ 두 전구 모두 안 켜진다.

해설 두 전구에 흐르는 전류가 같으므로 내부 저항이 큰 100W의 전구가 더 밝다.

- L_1 : 100W 전구 : $R_1 = \dfrac{V^2}{P_1} = \dfrac{220^2}{100} = 484\,\Omega$
- L_2 : 200W 전구 : $R_2 = \dfrac{V^2}{P_2} = \dfrac{220^2}{200} = 242\,\Omega$

20 기전력 50V, 내부 저항 5Ω인 전원이 있다. 이 전원에 부하를 연결하여 얻을 수 있는 최대 전력은?

① 125W ② 250W
③ 500W ④ 1000W

해설 $P_m = \dfrac{E^2}{4R} = \dfrac{50^2}{4 \times 5} = 125\text{W}$

참고 최대 전력 전달 조건 : 내부 저항(r) = 부하 저항(R)

$$\therefore\ P_m = I^2 \cdot R = \left(\frac{E}{2R}\right)^2 \cdot R = \frac{E^2}{4R^2} \cdot R = \frac{E^2}{4R}$$

정답 18 ① 19 ② 20 ①

제2과목 전기 기기 - 20문항

21 직류 발전기의 철심을 규소 강판으로 성층하여 사용하는 주된 이유는?
① 브러시에서의 불꽃 방지 및 정류 개선
② 맴돌이 전류손과 히스테리시스 손의 감소
③ 전기자 반작용의 감소
④ 기계적 강도 개선

해설 철손=히스테리시스 손+맴돌이 전류손
- 규소 강판 : 히스테리시스 손의 감소를 위하여
- 성층 철심 : 맴돌이 전류손의 감소를 위하여

22 전기자 지름 0.2m의 직류 발전기가 1.5kW의 출력에서 1800rpm으로 회전하고 있을 때 전기자 주변 속도는 약 몇 m/s인가?
① 9.42 ② 18.84 ③ 21.43 ④ 42.86

해설 $v = \pi D \dfrac{N}{60} = 3.14 \times 0.2 \times \dfrac{1800}{60} \fallingdotseq 18.84 \text{ m/s}$

20 회

23 직류 발전기의 특성 곡선 중 상호 관계가 옳지 않은 것은?
① 무부하 포화 곡선 : 계자 전류와 단자 전압
② 외부 특성 곡선 : 부하 전류와 단자 전압
③ 부하 특성 곡선 : 계자 전류와 단자 전압
④ 내부 특성 곡선 : 부하 전류와 단자 전압

해설 내부 특성 곡선 : 부하 전류와 유기 기전력과의 관계를 나타내는 곡선

24 보통 회전 계자형으로 하는 전기 기계는 어느 것인가?
① 직류 발전기 ② 회전 변류기 ③ 동기 발전기 ④ 유도 발전기

해설 회전 계자형은 전기자를 고정자로, 계자를 회전자로 하는 3상 동기 발전기 형식이다.

정답 21 ② 22 ② 23 ④ 24 ③

25 다음 직류 전동기에 대한 설명으로 옳은 것은?

① 전동차용 전동기는 차동 복권 전동기이다.
② 직권 전동기가 운전 중 무부하로 되면 위험 속도가 된다.
③ 부하 변동에 대하여 속도 변동이 가장 큰 직류 전동기는 분권 전동기이다.
④ 직권 전동기는 속도 조정이 어렵다.

해설 직권 전동기가 운전 중 무부하로 되면 위험 속도가 된다.

참고 이유 : $N = K\dfrac{E}{\phi}$에서, 퓨즈 절단 시 자속 ϕ가 0이 되면 과속이 되어 위험하다.

26 3상 교류 발전기의 기전력에 대하여 $\frac{\pi}{2}$[rad] 뒤진 전기자 전류가 흐르면 전기자 반작용은 어떻게 되는가?

① 횡축 반작용으로 기전력을 증가시킨다.
② 교차 자화 작용으로 기전력을 감소시킨다.
③ 감자 작용을 하여 기전력을 감소시킨다.
④ 증가 작용을 하여 기전력을 증가시킨다.

해설
- $\frac{\pi}{2}$[rad] 뒤진 전류 : 감자 작용으로 기전력을 감소시킨다.
- $\frac{\pi}{2}$[rad] 앞선 전류 : 증가 작용으로 기전력을 증가시킨다.

27 8극 900rpm의 교류 발전기로 병렬 운전하는 극수 6의 동기 발전기 회전수(rpm)는?

① 675 ② 900 ③ 1200 ④ 1800

해설 $N_s = \dfrac{120}{p} \cdot f\,[\text{rpm}]$에서,

$$f = \frac{p \cdot N_s}{120} = \frac{8 \times 900}{120} = 60\text{Hz}$$

$$\therefore N' = \frac{120}{p'} \cdot f = \frac{120}{6} \times 60 = 1200\text{rpm}$$

정답 25 ② 26 ③ 27 ③

28 계자 전류를 가감함으로써 역률을 개선할 수 있는 전동기는?

① 동기 전동기 ② 유도 전동기 ③ 복권 전동기 ④ 분권 전동기

해설 동기 전동기는 계자 전류를 가감하여 전기자 전류의 크기와 위상을 조정할 수 있어 역률을 개선할 수 있다(위상 특성 곡선).

29 3상 100kVA, 13200/200V 변압기의 저압측 선전류의 유효분은 약 몇 A인가? (단, 역률은 80%이다.)

① 100 ② 173 ③ 230 ④ 260

해설 $I_2 = \dfrac{P_2}{\sqrt{3}\,V_2} = \dfrac{100\times10^3}{\sqrt{3}\times200} \fallingdotseq 288\text{A}$

$\therefore\ I_a = I_2\cos\theta = 288\times0.8 = 230\text{ A}$

참고 무효분 $I_r = I_2\sin\theta = 288\times0.6 \fallingdotseq 173\text{A}$

30 변압기를 운전하는 경우 특성의 악화, 온도 상승에 수반되는 수명의 저하, 기기의 소손 등의 이유 때문에 지켜야 할 정격이 아닌 것은?

① 정격 전류 ② 정격 전압 ③ 정격 저항 ④ 정격 용량

해설 변압기의 정격(rating) : 명판에 기록되어 있는 출력, 전압, 전류, 주파수 등을 말하며, 변압기의 사용 한도를 나타내는 것이다.

31 변압기유를 사용하는 가장 큰 목적은?

① 절연 내력을 낮게 하기 위해서

② 녹이 슬지 않게 하기 위해서

③ 절연과 냉각을 좋게 하기 위해서

④ 철심의 온도 상승을 좋게 하기 위해서

해설 변압기 기름은 변압기 내부의 철심이나 권선 또는 절연물의 온도 상승을 막아주며, 절연을 좋게 하기 위하여 사용된다.

정답 28 ① 29 ③ 30 ③ 31 ③

32 권수비 30인 변압기의 저압 측 전압이 8V인 경우 극성 시험에서 가극성과 감극성의 전압 차이는 몇 V인가?

① 24　② 16　③ 8　④ 4

해설 전압 차이 : $V - V' = 2V_2 = 2 \times 8 = 16\text{V}$

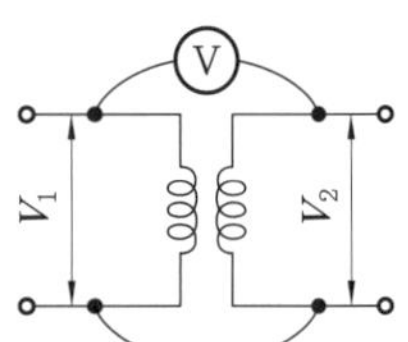

극성 시험 접속도

참고
- $V = V_1 + V_2$
- $V' = V_1 - V_2$

$\therefore V - V' = V_1 + V_2 - (V_1 - V_2) = 2V_2\,[\text{V}]$

풀이
1. 권수비 $a = \dfrac{V_1}{V_2} = 30$에서, $V_1 = a \cdot V_2 = 30 \times 8 = 240\text{V}$
2. 감극성 $V_1 - V_2 = 240 - 8 = 232\text{V}$
3. 가극성 $V_1 + V_2 = 240 + 8 = 248\text{V}$

$\therefore$ 전압 차이 $248 - 232 = 16\text{V}$

33 6극 60Hz 3상 유도 전동기의 동기 속도는 몇 rpm인가?

① 200　② 750　③ 1200　④ 1800

해설 $N_s = \dfrac{120f}{p} = \dfrac{120 \times 60}{6} = 1200\text{rpm}$

34 최근 들어 위치 이동의 정밀성을 향상시키기 위하여 서보 시스템에서 고속의 필요성이 대두되면서 그 효용성이 높이 평가되고 있는 전동기는?

① 유도 동기 전동기　② 초동기 전동기
③ 단상 동기 전동기　④ 리니어 전동기

해설 리니어 전동기
- 회전하는 전동기의 원리를 직선 운동에 응용한 것으로 볼 스크루(ball screw)와 같은 직선 구동을 위한 보조 기구 없이 직선적인(linear) 방향으로 선형 운동을 하는 전동기이다.
- 특히 최근 들어 위치 이동의 정밀성을 향상시키기 위하여 서보 시스템에서 고속의 필요성이 대두되면서 그 효용성이 높이 평가되고 있다.

정답 32 ② 33 ③ 34 ④

35 슬립 $s = 5\%$, 2차 저항 $r_2 = 0.1\,\Omega$ 인 유도 전동기의 등가 저항 $R[\Omega]$은 얼마인가?

① 0.4 ② 0.5
③ 1.9 ④ 2.0

해설 $R = \dfrac{r_2}{s} - r_2 = \dfrac{0.1}{0.05} - 0.1 = 2 - 0.1 = 1.9\Omega$

36 교류 전동기의 기동 방식 중에서 권선형 전동기에만 적용되는 것은?

① 기동 보상기 ② 기동 저항기
③ 직입 기동 방식 ④ Y−Δ 기동법

해설 권선형 유도 전동기의 기동 − 2차 저항법 : 2차 권선 자체는 저항이 작은 재료로 쓰고, 슬립 링을 통하여 외부에서 조절할 수 있는 기동 저항기를 접속한다.

20 회

37 유도 전동기에서 슬립이 가장 큰 상태는?

① 무부하 운전 시 ② 경부하 운전 시
③ 정격 부하 운전 시 ④ 기동 시

해설 슬립(slip) : s

- 무부하 시 : $s = 0 \rightarrow N = N_s$ ∴ 동기 속도로 회전
- 기동 시 : $s = 1 \rightarrow N = 0$ ∴ 정지 상태

38 통전 중인 사이리스터를 턴 오프(turn off)하려면 어떻게 해야 하는가?

① 순방향 애노드(anode) 전류를 유지 전류 이하로 한다.
② 순방향 애노드(anode) 전류를 증가시킨다.
③ 게이트 전압을 0 또는 −로 한다.
④ 역방향 애노드(anode) 전류를 통전한다.

해설 유지 전류(holding current) : 게이트를 개방한 상태에서 사이리스터가 도통(turn on) 유지하기 위한 최소의 순전류이다.

정답 35 ③ 36 ② 37 ④ 38 ①

39 **최소 동작 전류값 이상이면 일정한 시간에 동작하는 한시 특성을 갖는 계전기는?**

① 정한시 계전기　② 반한시 계전기
③ 순한시 계전기　④ 반한시성 정한시 계전기

해설 동작 시한에 의한 분류

① 정한시 계전기 : 최소 동작 값 이상의 구동 전기량이 주어지면, 일정 시한으로 동작하는 것이다.
② 반한시 계전기 : 동작 전류가 작을수록 시한이 길어지는 계전기이다.
③ 순한시 계전기 : 동작 시간이 0.3초 이내인 계전기를 말한다.
④ 반한시성 정한시 계전기 : 어느 한도까지의 구동 전기량에서는 반한시성이나, 그 이상의 전기량에서는 정한시성의 특성을 가진 계전기이다.

40 **탁상 선풍기용 전동기의 속도 조정은 어떻게 하는가?**

① 2차 저항 가감　② 주파수 조정
③ 전압 조정　④ 극수 변환

해설 직렬 리액턴스와 값을 탭으로 조정하여 전동기 공급 전압을 가감한다.

제3과목 전기 설비 - 20문항

41 **전선의 식별에 있어서 L1, L2, L3의 색상을 순서적으로 맞게 표현된 것은?**

① 갈색, 흑색, 회색　② 흑색, 청색, 녹색
③ 회색, 갈색, 황색　④ 녹색, 청색, 갈색

해설 전선의 식별(KEC 121.2)

상(문자)	색상
L1	갈색
L2	흑색
L3	회색
N	청색
보호 도체(접지선)	녹색-노란색

정답 39 ① 40 ③ 41 ①

42 다음 중 굵은 알루미늄선을 박스 안에서 접속하는 방법으로 적합한 것은?

① 링 슬리브에 의한 접속
② 비틀어 꽂는 형의 전선 접속기에 의한 방법
③ 터미널 러그에 의한 접속
④ 맞대기용 슬리브에 의한 압착 접속

해설 터미널 러그(terminal lug)에 의한 접속

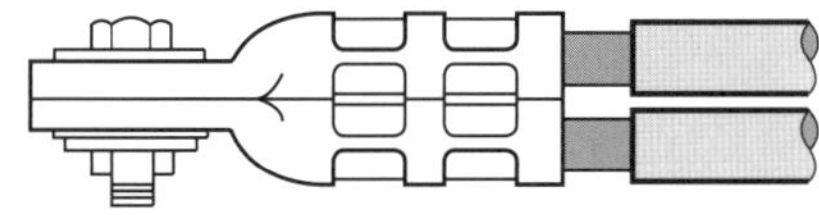

43 옥내 배선의 접속함이나 박스 내에서 접속할 때 주로 사용하는 접속법은?

① 슬리브 접속
② 쥐꼬리 접속
③ 트위스트 접속
④ 브리타니아 접속

해설 쥐꼬리 접속(rat tail joint) : 박스 안에서 가는 전선을 접속할 때 주로 적용된다.

44 다음 그림과 같이 단선의 쥐꼬리 접속에서 주로 사용하는 접속 기구의 명칭은?

① 슬리브형 접속기 ② 와이어 커넥터
③ 압착형 접속기 ④ 분기 접속기

해설 와이어 커넥터(wire connector) : 정션 박스 내에서 절연 전선을 쥐꼬리 접속을 할 때 절연을 위해 사용된다.

정답 42 ③ 43 ② 44 ②

45 **다음 공구 중 금속관 가공 공사에 필요하지 않은 것은?**

① 오스터 ② 프레셔 툴
③ 파이프 커터 ④ 벤더

해설 프레셔 툴(pressure tool) : 솔더리스(solderless) 커넥터 또는 솔더리스 터미널을 압착하는 공구이다.

46 **접지 도체를 철주 기타의 금속체를 따라서 시설하는 경우, 접지극을 지중에서 그 금속체로부터 몇 m 이상 떼어 매설하면 되는가?**

① 0.5 ② 1.0 ③ 1.5 ④ 2.0

해설 접지극의 시설 및 접지 저항(KEC 142.2) : 금속체로부터 1m 이상 떼어 매설하여야 한다.

47 **변압기의 중성점 접지 저항 값을 결정하는 가장 큰 요인은?**

① 변압기의 용량
② 고압 가공 전선로의 전선 연장
③ 변압기 1차 측에 넣는 퓨즈 용량
④ 변압기 고압 또는 특고압 측 전로의 1선 지락 전류의 암페어 수

해설 변압기 중성점 접지 저항 값 결정(KEC 142.5) : 일반적으로 변압기의 고압·특고압 측 전로 1선 지락 전류로 150을 나눈 값과 같은 저항 값 이하

48 **일반적으로 분기 회로의 개폐기 및 과전류 차단기는 저압 옥내 간선과의 분기점에서 전선의 길이가 몇 m 이하의 곳에 시설하여야 하는가?**

① 3m ② 4m ③ 5m ④ 8m

해설 개폐기 및 과전류 차단기 시설 : 저압 옥내 간선에서 분기하여 전기 기계·기구에 이르는 분기 회로 전선에는 분기점에서 전선의 길이가 3 m 이하인 곳에 개폐기 및 과전류 차단기를 시설하여야 한다.

정답 45 ② 46 ② 47 ④ 48 ①

49 저압 연접 인입선은 인입선에서 분기하는 점으로부터 몇 m를 넘지 않는 지역에 시설하고, 폭 몇 m를 넘는 도로를 횡단하지 않아야 하는가?

① 50 m, 4 m ② 100 m, 5 m ③ 150 m, 6 m ④ 200 m, 8 m

해설 연접 인입선의 시설(KEC 221.1.2)

- 인입선에서 분기하는 점에서 100m를 초과하는 지역에 미치지 아니할 것
- 폭 5m를 초과하는 도로를 횡단하지 아니할 것
- 옥내를 통과하지 아니할 것

50 성냥을 제조하는 공장의 공사 방법으로 적당하지 않는 것은?

① 금속관 공사 ② 케이블 공사
③ 합성수지관 공사 ④ 금속 몰드 공사

해설 위험물 등이 존재하는 장소(셀룰로이드, 성냥, 석유류 등) (KEC 242.4) : 배선은 금속판 배선, 합성수지관 배선 또는 케이블 배선 등에 의할 것

51 다음 중 금속관 공사의 설명으로 잘못된 것은?

① 교류 회로는 1회로의 전선 전부를 동일 관내에 넣는 것을 원칙으로 한다.
② 교류 회로에서 전선을 병렬로 사용하는 경우에는 관내에 전자적 불평형이 생기지 않도록 시설한다.
③ 금속관 내에서는 절대로 전선 접속점을 만들지 않아야 한다.
④ 관의 두께는 콘크리트에 매입하는 경우 1mm 이상이어야 한다.

해설 금속관 및 부속품의 선정(KEC 232.12.2) : 관의 두께는 콘크리트에 매입할 경우 1.2 mm 이상, 기타의 경우는 1mm 이상일 것

52 다음 중 옥측 또는 옥외에 사용하는 케이블로 옳은 것은?

① 나전선 ② 수밀형 케이블 ③ 광케이블 ④ 비닐 시스 케이블

해설 수밀형 케이블(CNCV-W)은 옥측 또는 옥외에 시설하는 경우에 사용된다.

참고 수밀성(water tightness) : 압력수가 통과하지 않는 재료

정답 49 ② 50 ④ 51 ④ 52 ②

53 교통 신호등의 전구에 접속하는 인하선의 높이가 2.5m일 때 전선의 규격(mm^2)은?

① 2.5 ② 4 ③ 10 ④ 16

해설 교통 신호등의 인하선(KEC 234.15.4) : 전선의 지표상 높이 – 2.5m 이상

54 2종 금속 몰드의 구성 부품으로 조인트 금속의 종류가 아닌 것은?

① L형 ② T형 ③ 플랫 엘보 ④ 크로스형

해설 조인트 금속의 종류 : 플랫(flat) 엘보, external 엘보, internal 엘보, 크로스(cross)형, 티(T)형, 코너박스

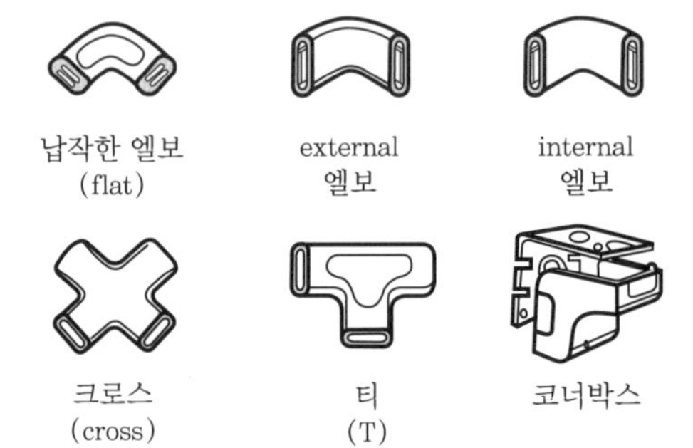

55 가공 전선로의 지지물에 지선을 사용해서는 안 되는 곳은?

① 목주 ② A종 철근 콘크리트주
③ A종 철주 ④ 철탑

해설 지선의 시설(KEC 331.11) : 철탑은 지선을 사용하여 그 강도를 분담시켜서는 안 된다.

56 배전 선로 공사에서 충전되어 있는 활선을 움직이거나 작업권 밖으로 밀어낼 때 또는 활선을 다른 장소로 옮길 때 사용하는 활선 공구는?

① 전선 피박기 ② 활선 커버 ③ 데드 앤드 커버 ④ 와이어 통

해설 와이어 통(wire tong) : 핀 애자나 현수 애자의 장주에서 활선을 작업권 밖으로 밀어낼 때 사용하는 활선 공구(절연봉)이다.

정답 53 ① 54 ① 55 ④ 56 ④

57 변류비가 150/5인 변류기가 있다. 이 변류기에 연결된 전류계의 지시가 3A였다고 하면 측정하고자 하는 전류는 몇 A인가?

① 30 ② 60 ③ 90 ④ 120

해설 $I_1 = a \times I_2 = \frac{150}{5} \times 3 = 90\,\mathrm{A}$

58 가정용 전등에 사용되는 점멸 스위치를 설치하여야 할 위치에 대한 설명으로 가장 적당한 것은?

① 접지 측 전선에 설치한다. ② 중성선에 설치한다.
③ 부하의 2차 측에 설치한다. ④ 전압 측 전선에 설치한다.

해설 전등 점멸용 점멸 스위치를 시설할 때

- 반드시 전압 측 전선에 시설하여야 한다.
- 이유 : 접지 측 전선에 접지 사고가 생기면 누설 전류가 생겨서 화재의 위험성이 있고, 또 점멸 역할도 할 수 없게 되기 때문이다.

59 전동기의 기동 시 발생하는 기동 전류에 대해 동작하지 않는 퓨즈의 종류로 옳은 것은?

① 플러그 퓨즈 ② 전동기용 퓨즈
③ 온도 퓨즈 ④ 텅스텐 퓨즈

해설 전동기용 퓨즈 : 전동기 보호용으로 적합한 특성을 가진 퓨즈이다.

- 플러그 퓨즈(plug fuse) : 특수 유리제 등의 플러그 안에 퓨즈를 넣은 것
- 온도 퓨즈 : 과열 보호용 스위치
- 텅스텐 퓨즈 : 소전류이고 정밀한 제한을 요하는 곳에 사용

60 배전반을 나타내는 그림 기호는?

①  ②  ③  ④ 

해설 ① 분전반 ② 배전반 ③ 제어반 ④ 단자반

정답 57 ③ 58 ④ 59 ② 60 ②

전기기능사 필기 CBT 실전문제

2024년 6월 20일 인쇄
2024년 6월 25일 발행

저　자 : 김평식
펴낸이 : 이정일

펴낸곳 : 도서출판 **일진사**
www.iljinsa.com
(우) 04317 서울시 용산구 효창원로 64길 6
전　화 : 704-1616 / 팩스 : 715-3536
이메일 : webmaster@iljinsa.com
등　록 : 제1979-000009호 (1979.4.2)

값 22,000 원

ISBN : 978-89-429-1943-7